Ann M. Castro

Die Vogelschule

Erste Hilfe für Papageien, Sittiche und andere Vögel

Das Leben und die Gesundheit jedes Papageis, auch wenn es sich „nur" um einen Wellensittich handelt, ist genau soviel wert, wie das dieses wunderschönen Spix-Aras. Jedes Tier verdient es, geschützt, gepflegt und umsorgt zu werden.

Ann M. Castro

Die Vogelschule

Erste Hilfe für Papageien, Sittiche und andere Vögel

www.dievogelschule.com

Mit 186 Farbaufnahmen. In einigen Fällen haben wir uns dazu entschlossen, auch Fotos abzubilden, die qualitativ nicht perfekt sind, dafür aber einen bestimmten Punkt besonders gut illustrieren.

Die Deutsche Bibliothek verzeichnet diese Publikation in der Deutschen Nationalbibliografie; detaillierte bibliografische Daten sind im Internet über http://dnb.ddb.de abrufbar.

Castro, Ann:
Die Vogelschule: Erste Hilfe für Papageien, Sittiche und andere Vögel / Ann M. Castro. 3. Auflage – Die Vogelschule
www.dievogelschule.com

Alle Angaben in diesem Buch sind sorgfältig geprüft und geben den neuesten Wissensstand bei der Veröffentlichung wieder. Da sich das Wissen aber laufend weiterentwickelt und vergrößert, muss jeder Anwender prüfen, ob die Angaben nicht durch neuere Erkenntnisse überholt sind. Eine Haftung der Autorin bzw. des Verlags und seiner Beauftragten für Personen-, Sach- und Vermögensschäden ist ausgeschlossen.

Layout und Bildbearbeitung: Ann M. Castro
Titelbild von Miguel Castro y Roetgens
Umschlaginnenseite: Jan van Arkel

Fachlektorat: Dr. rer. nat Gabi Geduldig; Dr. vet. med. Katja Trinkaus, Fachtierärztin für Wirtschafts-, Wild- und Ziergeflügel.

Druck: Customized Business Services GmbH, Ferdinand-Jühlke-Straße 7, 99095 Erfurt

ISBN 978-3-939770-02-2

für Inti

Abbildungsverzeichnis

Veterinarian Drs. Peter Bastiaansen, Beeksestraat 15, NL-4841 GA Prinsenbeek: S. 121 (unten), 123-2 (links), 127-4, 134, 139, 140-4, 145-4, 150, 155-2 (Mitte, unten), 159-2, 163-3, 170-4, 172-2, 175-2 (links, oben), 176-2, 177-2, 179-2, 187 (unten links), 188 (unten), 191

Ann Castro: S. 18 (oben), 28, 29, 31, 32, 36, 40, 57-2, 66, 67, 69-2, 71-2, 72-2, 73-3, 74, 75, 76, 78-3, 79-3, 80, 83, 104, 115, 121 (oben), 123 (rechts), 124, 125, 135-2, 149-2, 161-2 (oben und Mitte), 173, 194, 205

Miguel Castro y Roetgens: Titelbild, S. 59, 62, 65, 105-3, 143, 206

Deutsche Homöopathie-Union: 85, 86-2 (links), 87-2 (unten), 88-2

Dr. vet. med. Michael Eichner, Barbarossahof 19, D-99092 Erfurt: S. 45 , 99 (oben), 101 (oben), 102, 116 (rechts), 138-2 (oben), 155 (oben), 167-2, 187-3 (rechts und oben)

Joe Freed: S. 23, 117

Sven Friesicke: S. 147 (links), 164-2, 203

Stefanie Gebke: S. 119, 136 (unten), 166-2

Dagmar Heidebluth: S. 101 (unten) , 112-2, 114, 132

Sabine Kraak: S. 25, 111, 147 (rechts)

Monika Nebel: 175 (unten rechts)

Sigrid Rhodes: 183

Lena Schenk: S. 14, 16, 18 (unten), 20, 21, 27-3, 33, 35, 43-2, 45 (oben), 47, 48, 54-3, 55-2, 56, 60, 63-2, 70, 90, 96, 109, 113, 116 (links), 133, 136 (oben), 137, 138-2 (unten), 146, 152, 161 (unten), 181, 188 (oben), 208, 218, 231

Mareike Schumann: 141, 142

Franz Stempfle, DHU: 86-2 (rechts), 87-1 (oben)

Jan van Arkel: Buchinnenumschlag links, S. 38

Danksagung

Von ganzem Herzen möchte ich meinen Freunden danken, die immer für mich da sind, egal wie verrückt das Leben gerade mal wieder ist. Ganz herzlich bedanken möchte ich mich zusätzlich bei Lena Schenk für ihre aktive und unermüdliche Hilfe bei der Erstellung dieses Buches, beim Korrekturlesen und Fotografieren.

Mein ganz besonderer Dank gilt den vogelkundigen Tierärzten, die mich bei diesem Projekt unterstützt haben: Frau Dr. Gabi Geduldig und Frau Dr. Katja Trinkaus, die sich unendlich viel Mühe beim fachlichen Lektorat machten, ausgezeichnete Anregungen gaben und für interessante Diskussionen zur Verfügung standen. Dr. Michael Eichner und Drs. Peter Bastiaansen für die vielen Bilder aus ihrem Praxisalltag, die sie mir zur Verfügung gestellt haben, und ihre Tipps und Anregungen. Vielen Dank auch an Herrn Peter Hengsbach, Franz Stempfle und die DHU für ihre Unterstützung bei den homöopathischen Themenbereichen mit Bildern und Kommentaren.

Mein Dank gilt auch ganz besonders Jan van Arkel, der mir nicht nur großzügig seine Kontakte und Bilder zur Verfügung stellte, sondern auch am Ball blieb, damit alles wie am Schnürchen lief.

Lieben Dank auch an Joe Freed, Stefanie Gebke, Sabine Kraak, Monika Nebel, Sigrid Rhodes und Mareike Schumann für die zur Verfügung gestellten Bilder.

Ich danke meinen Eltern, die mich die Sorge für andere Lebewesen gelehrt und schon früh an medizinische Themen herangeführt haben.

Zu guter Letzt möchte ich mich auch ganz besonders herzlich bei meinen Leserinnen und Lesern sowie meinen Vogelschule-Mitgliedern bedanken, die mich immer wieder aufs Neue in meinem Bestreben anspornen, das Wissen um Papageienvögel zu vergrößern und zu verbreiten.

„Die Gesundheit ist ein Zustand des vollständigen körperlichen, geistigen und sozialen Wohlergehens und nicht nur das Fehlen von Krankheit oder Gebrechen."

Verfassung der Weltgesundheitsorganisation
Unterzeichnet in New York am 22. Juli 1946

Inhalt

TEIL B: IM NOTFALL

Teil C: Übersichten

1. Vorwort

Zu den schlimmsten Dingen, die einem Vogelbesitzer widerfahren können, gehören die plötzliche Erkrankung oder Verletzung eines seiner Tiere.

Oft bekomme ich von Vogelhaltern mit verletzten oder erkrankten Tieren nachts oder am Wochenende Hilferufe, da der vogelkundige Tierarzt nicht erreicht werden kann. Natürlich helfe ich so gut es geht, aber allzu oft ist der Halter für eine solche Situation überhaupt nicht vorbereitet. Grundlegende Erste-Hilfe-Mittel und -Kenntnisse fehlen, und kostbare Zeit geht verloren. Deshalb habe ich mich dazu entschlossen, dieses Buch zu schreiben. Es soll Sie auf medizinische Notfälle Ihrer gefiederten Schützlinge vorbereiten. Es soll für Sie ein Leitfaden sein, mit dessen Hilfe Sie im Notfall Ihrem Tier gezielt und sicher mit größtmöglichem Nutzen helfen können. Zum einen wird das Buch Ihnen Anleitungen geben, wie Sie viele Krankheiten und Unfälle vermeiden können. Es hilft Ihnen aber auch, für den Notfall wirklich gut vorbereitet zu sein, indem die notwendigen Mittel und Vorgehensweisen bei Notfällen im Einzelnen erläutert werden. Durch detaillierte Symptombeschreibungen hilft Ihnen das Buch dabei, zu erkennen, was Ihrem Vogel eigentlich fehlt, damit Sie ihn gezielt behandeln können. Dabei soll dieses Buch jedoch auf keinen Fall den Gang zum Tierarzt ersetzen. Es soll lediglich dazu dienen, dass Sie eine Erstversorgung durchführen können, die Ihr Tier so weit stabilisiert, damit Sie es überhaupt zum Tierarzt bringen können. Außerdem soll es Ihnen im allerschlimmsten Notfall zur Seite stehen, der sicherlich der Albtraum eines jeden Vogelbesitzers ist, nämlich der Situation, wenn Ihr Tier plötzlich erkrankt ist oder sich verletzt hat und Sie keinen vogelkundigen Tierarzt erreichen können.

Ihre
Ann Castro.

Frei lebende Kakadus in Sydney

2. Gebrauchsanleitung

Im Notfall muss alles ganz schnell gehen. Deshalb möchte ich Sie bitten, sich im Vorfeld mit der Funktionsweise dieses Buches vertraut zu machen.

Das Buch ist inhaltlich in drei Teile aufgeteilt: „Vorbereitung“, „Im Notfall“ und „Übersichten“.

Vorbereitung

Wie der Name schon andeutet, befassen sich die Themen des ersten Teils mit Informationen betreffend Ihrer Vorbereitung auf einen Notfall. Dazu gehören natürlich auch die Vermeidung und das frühzeitige Erkennen von Erkrankungen und Unfällen. Gerade bei Papageienvögeln sind viele Erkrankungen haltungsbedingt. Oftmals werden Erkrankungen auch viel zu spät erkannt. Dem wird im Kapitel „Vermeiden ist besser als Heilen“ Rechnung getragen. Darin werden sowohl die Optimierung von Haltung und Umfeld als auch Vorsorgemaßnahmen, damit Erkrankungen frühzeitig erkannt werden können, besprochen. Das Folgekapitel befasst sich mit der eigentlichen Vorbereitung auf den Notfall. Dazu gehören die Zusammenstellung aller benötigten Utensilien, die Vorbereitung Ihrerseits, Ihrer etwaiger Helfer und Ihrer Tiere. Auf gut Deutsch – Sie sollten nach Möglichkeit den Ernstfall üben, bevor er eintritt. Da viele Halter erhebliche Schwierigkeiten bei der medizinischen Erstversorgung ihrer kranken oder verletzten Tiere haben, werden im Kapitel „Gewusst wie!“ Vorgehensweisen und Kniffe erläutert, die Ihnen die Durchführung der erforderlichen Maßnahmen wesentlich erleichtern sollen. In den letzten zwei Abschnitten der Vorbereitungssektion finden Sie Informationen und Erläuterungen zur Zusammenstellung einer konventionellen und ergänzend dazu einer homöopathischen Notfallapotheke.

Im Notfall

Der zweite Teil, „Im Notfall", gibt Ihnen in zwei Kapiteln, Allgemeine und Spezifische Maßnahmen, klar strukturierte Anleitungen, wie Sie im Notfall vorgehen müssen. Da die letztendliche Genesung Ihres Vogel auch sehr stark von der anschließenden Betreuung abhängt, geht des letzte Kapitel dieses Abschnittes detailliert auf die erforderliche weitere Betreuung nach dem Tierarztbesuch ein.

Übersichten

Damit Sie die benötigten Informationen schnell finden können, enthält der Übersichtenteil die wesentlichen Informationen in gebündelter Form. Das Symptome- und Schlagwortregister gibt Ihnen eine umfassende Auflistung von Symptomen und Schlagworten, damit Sie im Notfall möglichst schnell festlegen können, wie Sie Ihrem Tier am besten helfen können. Das Glossar gibt Ihnen unter anderem Kurzübersichten zu verschiedenen Erkrankungen, die keine Notfälle im eigentlichen Sinne sind, jedoch bei Papageienvögeln häufig vorkommen. Außerdem werden einige Fachwörter, die Ihr Tierarzt möglicherweise benutzen könnte oder die Sie in der Fachliteratur finden werden, erläutert. Dies soll Ihnen die Kommunikation mit Ihrem vogelkundigen Tierarzt und das Verständnis erleichtern. Zu guter Letzt gibt Ihnen die Bibliografie die Möglichkeit, Ihr Wissen weiter zu vertiefen.

Gruppe Aras in Singapur

TEIL A

VORBEREITUNG

3. Vermeiden ist besser als Heilen
4. Vorbereitung ist alles
5. Gewusst wie
6. Die Notfallapotheke
7. Die homöopathische Notfallapotheke

Eine ausgewogene Ernährung leistet einen wichtigen Beitrag zur Gesundheitsvorsorge.

3. Vermeiden ist besser als Heilen

Als Papageienbesitzer haben Sie viele Möglichkeiten, zur Gesundheit Ihrer Tiere beizutragen.

Zu den möglichen Maßnahmen gehören die Vermeidung von Krankheiten und Unfällen genauso wie die Früherkennung, damit rechtzeitig eingegriffen werden kann.

Gefahren im Haushalt

Zweifelsohne ist das Vermeiden von Erkrankungen und Verletzungen besser als das Heilen. Um Verletzungen und Vergiftungen vorzubeugen, sollten Sie ein papageiensicheres Umfeld schaffen. Einige der wichtigsten Gefahrenquellen im Haushalt werden nachfolgend beschrieben:

Glasscheiben und Spiegel

Unerfahrene Flieger oder solche, die neu in Ihrer Umgebung sind, erkennen oftmals Glas und Spiegel nicht als Barrieren. Daraus resultierende Flüge gegen Hindernisse aus Glas und Spiegel können zu schweren Verletzungen führen oder sogar tödlich für das betroffene Tier enden. Deshalb sollten Sie Glas und Spiegel für das Tier deutlich als Hindernis erkennbar machen. Dazu können Sie, bis das Tier sich an diese Art von Hindernissen gewöhnt hat, z.B. Gardinen vorziehen, Kreppbandstreifen in solchen Abständen aufkleben, dass das Tier nicht durchfliegen könnte, selbst wenn die Glasscheiben fehlen würden, oder putzen Sie Glas und Spiegel einfach eine Zeitlang nicht, sodass sie als Hindernis erkennbar sind.

Küche

Die Küche ist ein Ort vieler Gefahren für Papageien. Heiße Oberflächen, Speisen und Getränke führen schnell zu Verbrennungen. Auch können beim Kochen

Ein süßes Bild, wie Sherry, Fino und Pepe aus dem Topf Spaghetti futtern. Doch wenn der Topf beim nächsten Mal auf dem Herd kocht und sie dann darauf landen, könnten sie sich lebensgefährlich verbrennen.

entstehende Dämpfe, Rauch, aber auch Fettspritzer schädlich und mitunter lebensgefährlich für Ihre Vögel sein, von etwaigen Reinigungschemikalien mal ganz abgesehen. Deshalb sollten Papageien niemals frei und schon gar nicht unbeaufsichtigt in einer Küche umherfliegen, in der gekocht oder gebacken wird. Von einer Daueruntergbringung in der Küche ist ebenfalls nachdrücklich abzuraten!

Öl

Behälter, die Öl enthalten, sollten stets abgedeckt werden, sodass freifliegende Papageien keinen Zugang dazu haben. Wird das Gefieder in größerem Umfang mit Öl verunreinigt, z.B. weil der Vogel hineingefallen ist, funktioniert die Wärmeregulierung nicht mehr. Das Tier kann schnell lebensgefährlich auskühlen.

Teflon- und Antihaftbeschichtungen

Teflondämpfe sind für Ihre Papageien lebensgefährlich! Die Dämpfe können entstehen, wenn Sie Gerätschaften mit Antihaftbeschichtungen überhitzen. Dies ist leider schnell geschehen, z.B. durch Vorwärmen oder weil Sie vergessen haben, die Geräte selbst oder bei Kochgeschirr den Herd abzuschalten. Aufgrund der tödlichen Gefahr, die von Teflon ausgeht, sollten Sie dringend erwägen, antihaftbeschichtete Gerätschaften komplett aus Ihrem Haushalt zu verbannen. Teflonhaltige Gerätschaften sind unter anderem antihaftbeschichtete Töpfe und Pfannen, Fondues, Raclettes, Waffel- und Bügeleisen.

Nahrungsmittel

Manche Nahrungsmittel, die von uns Menschen gut vertragen werden, sind Gift für unsere Papageien.

Salz

Papageienvögel schwitzen nicht. Deshalb fällt ihren Körpern die Entgiftung sehr schwer. Salz, das zuhauf in menschlichen Lebensmitteln angewendet wird, kann ein Papagei nur schwer ausscheiden. Deshalb sollten Sie Ihre Vögel nicht mit salzhaltigen Speisen füttern.

Avocados und Schokolade

Verboten sind Schokolade und Avocados, da diese Inhaltsstoffe enthalten, die tödlich sein können. Schokolade kann außerdem langfristig zu Gefäßschäden führen.

Seile, Schnüre und Textilien

Seile, Schnüre und Textilien können in mehrfacher Hinsicht gefährlich für Papageienvögel sein. Immer wieder strangulieren sich Papageien beim Spielen mit

Im Haushalt lauern viele Gefahren: Schützen Sie Ihre Vögel, indem Sie giftige Nahrungs- und Putzmittel wegschließen.

Schnüren, mit denen Spielzeuge im Käfig angebracht wurden. Achten Sie deshalb darauf, dass Spielzeug nur mit ganz kurzen Schnüren befestigt wird. Schneiden Sie überflüssige Enden ab. Seile können zur Todesfalle werden, wenn diese entweder sehr lose gedreht sind oder sich beim Spielen aufgedreht haben. Schnell hat ein Papagei seinen Kopf dazwischen gesteckt und sich darin aufgehängt. Entfernen Sie deshalb alle losen Seile aus der Umgebung Ihrer Tiere. Ein weiterer Gefahrenpunkt sind Fäden an ausgeriffelten Seilen oder Textilien. Sie können sich um Gliedmaße wickeln und die Durchblutung abschnüren. Dies kann zum Verlust des Gliedmaßes führen, wenn es nicht rechtzeitig erkannt und die Faser entfernt wird.

Andere Haustiere

Eine der häufigsten Verletzungs- und Todesursachen für Papageien in Privathaltung sind andere Haustiere. Oft wird vergessen, dass es sich bei Hund und Katze um Raubtiere handelt. Die davon ausgehende Gefahr wird von den Besitzern leider völlig unterschätzt. Weist man die Halter auf die mögliche Gefahr hin, wird versichert, dass das Tier sehr lieb und gut befreundet mit dem Papagei sei oder aufs Wort gehorche. Leider wollen die meisten Halter von ihren Haustieren nichts Böses glauben. Sie vergessen, dass der Hinweis auf die Gefahr völlig wertungsfrei ist. Hunde und Katzen sind Raubtiere, auch wenn sie domestiziert und wohl erzogen sind. Natürliche Instinke lassen sich nicht wegtrainieren. Auch wenn das Tier sich in Ihrer Anwesenheit einwandfrei gegenüber Ihren Papageien verhält, kann das Drama seinen Lauf nehmen, sobald Sie aus dem Zimmer gehen. Oft reichen nur wenige Minuten für den tödlichen Unfall. Man ist eben ans Telefon gegangen oder hat die Haustür einem Besucher aufgemacht. Die Zeit reicht völlig. Manchmal, seltener, passieren auch Unfälle in Gegenwart des Besitzers – der Papagei zwickt den Hund und dieser schnappt zu. So schnell können Sie gar nicht reagieren, selbst wenn Sie unmittelbar neben den Tieren sitzen. Auch wenn Sie jahrelang kein Problem hatten, zählt dies nicht als Argument. Es geht so lange gut, bis es irgendwann einmal schief geht. Dies kann auch nach Jahren des friedlichen Zusammenlebens passieren. Auf der nächsten Seite zeige ich Ihnen ein schreckliches Bild von einem sechzehn Jahre alten hellroten Ara. Dieser wurde vom sechs Monate alten Golden Retriever Welpen der Familie getötet, obwohl er durch ein Kindergitter ausgesperrt war. Der Jagdtrieb war eben stärker. Amos ist nur ein grausiges Beispiel von vielen. Auch die Größe des Vogels macht keinen Unterschied. Mir sind genauso Fälle von Wellensittichen wie von großen Hyazintharas bekannt, die von Hunden getötet wurden. Vergessen Sie bitte auch nicht Frettchen und andere kleinere Raubtiere, die ebenfalls in Windeseile einen entsetzlichen Schaden anrichten können. Halten Sie die Tiere strikt getrennt, besonders in Ihrer Abwesenheit.

Schwermetalle

Papageienvögel erkranken sehr oft an Schwermetallvergiftungen, da sie so neugierig sind und alles anknabbern. Leider bemerken die Besitzer dies oft nicht. Deshalb ist es sehr wichtig, dass schwermetallhaltige Objekte aus dem Umfeld der Tiere entfernt werden. Leider ist dies leichter gesagt als getan, da Schwermetall in den verschiedensten Haushaltsgegenständen und auch in Papageienzubehör versteckt ist.

Ich hoffe, dass Sie niemals zu solch einem grausigen Anblick nach Hause kommen müssen.
Bitte seien Sie vorsichtig!

Blei

Blei finden Sie hauptsächlich in alten Lackanstrichen, Gardinenschnüren, Tiffanylampen und -dekorationen sowie in Angel- und Tauchzubehör. Räumen Sie weg, was Sie wegräumen können, und lassen Sie Ihre Vögel nicht an alten Fensterbrettern und -rahmen oder an den Gardinen spielen.

Zink

Zink ist giftig für Papageien und kann sowohl akute als auch chronische Vergiftungen hervorrufen. Akute Zinkvergiftungen entstehen, wenn das Tier einen Zinkpartikel verschluckt. Dazu gehören abgeknabberte Tropfnasen an feuerverzinkten Volierengittern oder Teile von verzinkten Gegenständen, wie z.B. verzinkte Glöckchen, die oft Bestandteil von Spielzeugen sind. Eine chronische Zinkvergiftung entsteht durch die fortwährende Aufnahme von kleinsten Mengen Zink über einen längeren Zeitraum.

Käfigmaterialien

Eine der Hauptursachen für Zinkvergiftungen sind verzinkte Volieren- bzw. Käfiggitter. Die Behauptung, dass hochwertig verzinktes Material ungefährlich sei, ist schlichtweg falsch. Die Gründe hierfür erläutere ich Ihnen nachfolgend.

Feuerverzinkung

Bei der Feuerverzinkung wird das zu verzinkende Material in ein Zinkbad getaucht. Die resultierende Beschichtung ist dick und deshalb insbesondere für Außenanwendungen geeignet, bei denen das Material stärker beansprucht wird. Bei feuerverzinktem Material entstehen oft Tropfnasen, die von den Vögeln abgeknabbert und verschluckt werden können. Dies führt zu einer akuten Zinkvergiftung, die sich schnell in dramatischen Vergiftungserscheinungen äußert.

Galvanische Verzinkung

Bei der galvanischen Verzinkung wird in einem elektrolytischen Prozess eine dünne Schicht Zink auf das zu schützende Material aufgebracht. Tropfnasen gibt es hierbei in der Regel nicht. Aber Papageienvögel benutzen ihre Schnäbel als Kletterhilfen. So werden ständig kleinste Mengen Zink abgerieben und aufgenommen. Diese reichern sich mit der Zeit im Körper an und führen zu einer chronischen Zinkvergiftung. Dies gilt auch für die kleineren Arten mit schwächeren Schnäbeln, wie z.B. Wellensittiche! Eine chronische Zinkvergiftung führt zu schwerwiegenden Organ- insbesondere Leberschäden mit Todesfolge. Dabei entwickeln sich die Symptome oft so schleichend, dass der Halter sie erst spät bemerkt und eine Heilung des Vogels unmöglich ist, da die Organschäden nicht rückgängig gemacht werden können. Hinzu kommt, dass bei chronischen Zinkvergiftungen die Schwellenwerte für Zink bei einer Blutuntersuchung nicht überschritten werden, sodass die Erkrankung nicht richtig diagnostiziert und demnach auch nicht behandelt wird.

Durch Essigwasser unschädlich?

Immer wieder liest man in Internetforen den Tipp, einen verzinkten Käfig mit Essigwasser abzuwaschen, um ihn für die Vögel unschädlich zu machen. Dies ist hochgefährlich! Damit das Material ungefährlich ist, müssten Sie allen Zink von der Gitteroberfläche entfernen. Dies ist mit Essigwasser schlichtweg nicht möglich. Bedenken Sie auch, dass das Gittermaterial, wenn man tatsächlich das Zink zuverlässig entfernen könnte, nunmehr völlig ungeschützt wäre und in kürzester Zeit rosten würde. Da erscheint es doch sinnvoller, von vorneherein ein anderes Material zu wählen.

Die Sache mit dem „Altern“

Ein weiterer beliebter Tipp, der in Foren und auch von Volierenbauern weitergegeben wird, ist, Zinkkäfige an der freien Luft „altern“ zu lassen. Auch dies ist Unfug. Wenn verzinkte Gegenstände durch „Altern“ das Zink verlieren würden, dann wäre Zink als Materialschutz völlig unwirksam. Auch die Behauptung, dass durch das „Altern“ eine Oxydschicht entsteht, die zu hart ist als dass Papageienvögel sie abwetzen könnten, ist unwahr. Genau wie von der Zinkschicht, werden auch von der Oxydschicht durch die ständige Abreibung kleinste Mengen durch den Vogel aufgenommen, mit der resultierenden Gefahr einer chronischen Zinkvergiftung. Also ist auch dieser Tipp falsch und kann Ihren Tieren ihr Leben kosten.

Jahrelange Haltung in einem Messingkäfig und völlig falsche Ernährung haben bei Glatze und Mutzel zu schweren gesundheitlichen Problemen geführt.

Messing

Messingkäfige sind ebenfalls gefährlich. Messing ist eine Metalllegierung, die zu mindestens einem Drittel aus Zink besteht. Besonders schlimm ist die Praxis Apfel- und andere Obststücke zwischen die Gitterstäbe zu stecken. Die Obstsäure löst nach und nach das Metall auf, sodass die Vögel mit dem Obst ständig kleine Mengen Zink zu sich nehmen. Dies kann eine chronische Zinkvergiftung verursachen.

Pulverbeschichtete Käfige

Die Lösung aller Probleme wird von pulverbeschichteten Käfigen versprochen. Leider ist auch dies falsch. Zwischen dem Stahl und der Pulverbeschichtung befindet sich häufig eine Zinkschicht, um den Stahl vor dem Rosten zu schützen. Dies ist nicht nur ein Problem, wenn die Pulverbeschichtung abgenagt und so die zinkhaltige Zwischenschicht freigelegt wird. Während des Herstellungsprozesses kann Zink aus der Zwischenschicht in die Pulverbeschichtung gelangen. Diese wird dadurch mit Zink angereichert und birgt somit ein Risiko für die Vögel. Außerdem sind manche Pulverbeschichtungen von vorneherein zinkhaltig. Um Ihren Käfig auf Zink zu testen, müssen Sie einen Gitterstab entfernen und ins Labor schicken. Da Sie den Käfig durch die Probeentnahme geschädigt haben, ist es unwahrscheinlich, dass der Händler oder Hersteller ihn zurücknehmen wird. Außerdem ist der Test nicht ganz billig. Testen ist daher nicht wirklich praktikabel. Deshalb sollten Sie auch von pulverbeschichteten Käfigen absehen.

Fazit

Ihren Tieren zuliebe sollten Sie auf Käfige und Volieren aus Zink, Messing oder pulverbeschichtetem Material verzichten. Investieren Sie lieber in eine hochwertige Voliere aus Edelstahl – erkennbar daran, dass Edelstahl nicht oder nur schwach magnetisch ist. Da die meisten handelsüblichen Käfige, die erforderlichen Mindestmaße erheblich unterschreiten, wäre dies gleichzeitig auch eine gute Gelegenheit für Sie, die Haltungsbedingungen Ihrer Vögel zu verbessern. Kaufen oder bauen Sie sich eine große Voliere. Noch besser wäre die Einrichtung eines Vogelzimmers, in dem Ihre Lieblinge viel Platz zum Toben haben. Solche Vogelzimmer erfreuen sich zunehmender Beliebtheit bei Haltern.

Haltung

Als verantwortungsbewusster Papageienbesitzer sollten Sie die Haltung und die Ernährung Ihrer Tiere optimieren, damit das Immunsystem Ihrer Vögel stark ist und mit möglichst vielen krankheitserregenden Keimen selbst fertig werden kann. Die Faktoren, die erheblich zur Gesundheit und zum Wohlbefinden Ihres Papageis beitragen, leiten sich aus den natürlichen Lebensräumen der Tiere – meist feuchttropische Gebiete – und deren Lebensweisen ab.

Glücklich nur mit Partner

Papageien sind Schwarmtiere. Außerdem pflegen die meisten Arten eine Paarbindung und verbringen ihr ganzes Leben mit einem Partner. Der Mensch ist nicht in der Lage, einem Papagei seinen Partner zu ersetzen. Auch ist es unwahrscheinlich, dass Sie die nächsten dreißig bis sechzig Jahre in der Lage sein werden, vierundzwanzig Stunden am Tag, sieben Tage die Woche mit Ihrem Papagei zu verbringen. Da Papageien Beutetiere sind, haben Partner und Schwarm neben der sozialen auch eine Sicherheitsfunktion. Ein einzelner Papagei in der freien Wildbahn ist wortwörtlich Freiwild für Raubtiere. Er befindet sich somit in einer lebensbedrohlichen Situation, wenn er alleine ist. Dies gilt auch für den Papagei als Heimtier. Allein gelassen zu werden, während Sie zur Arbeit, einkaufen oder ins Kino gehen, ist enorm stressig für ihn. Stress schwächt das Immunsystem. Es ist also leicht nachvollziehbar, dass ein einzeln gehaltener Papagei viel anfälliger für Krankheiten sein dürfte als ein Tier, dass mit Partner oder sogar im Schwarm lebt. Hinzu kommt, dass mehrere Tiere zusammen geistig und auch kör-

Das Herumschmusen und Spielen mit einem Partner können wir Menschen – bei aller Liebe – nicht ersetzen.

perlich aktiver sind. Dies trägt ebenfalls zur Erhaltung einer guten Gesundheit bei.

Käfiggrösse

Papageien müssen fliegen können, um körperlich und geistig gesund zu bleiben. Ihr ganzer Organismus ist darauf ausgerichtet. Über die richtige Haltung von Papageien wurde 1995 von einer Expertenkommission ein Gutachten verfasst. Dieses „Gutachten über die Mindestanforderungen an die Haltung von Papageien“ wird von Regierungsbeauftragten wie z.B. Amtstierärzten oder der Unteren Naturschutzbehörde herangezogen, um zu beurteilen, ob Papageien und Sittiche tierschutzgemäß gehalten werden. Es ist unwahrscheinlich, dass bei einer Privatperson die Haltung kontrolliert wird. Dennoch ist dieses Gutachten, gerade für den Privathalter, der seine Tiere liebt und ihnen deshalb und nicht aus Angst vor Kontrollen ein gutes Zuhause bieten möchte, ein guter Anhaltspunkt für die tierschutz-

Dieser Käfig ist in jeder Hinsicht völlig unzulänglich: viel zu klein, aus giftigem Messing, gedrechselte Sitzstangen, die zu Fußgeschwüren führen können, Spielzeug mit giftigen Zinkbestandteilen, wenig Beschäftigungsmöglichkeiten und in der dunkelsten Ecke des Zimmers aufgestellt. Außerdem wurde Leo ohne artgerechten Partner gehalten – kein Wunder, dass er zum Problemvogel wurde.

gemäße Haltung. Das Gutachten kann in seiner Vollversion auf der Webseite des Bundesministerium für Ernährung, Landwirtschaft und Verbraucherschutz (www.bmelv.de) nachgelesen bzw. heruntergeladen und ausgedruckt werden. Da es mir so sehr am Herzen liegt, gebe ich Ihnen anbei eine Kurzübersicht dieses Gutachtens: Generell gilt, dass Papageien als Schwarmtiere, die zudem meistens lebenslänglich mit dem gleichen Partner verpaart sind, mindestens paarweise in Käfigen mit den anbei aufgelisteten Mindestmaßen gehalten werden müssen. Da es sich bei den angegebenen Käfigmaßen um Mindesthaltungsanforderungen handelt, kann es von Bundesland zu Bundesland Abweichungen nach oben bezüglich der Größe geben. Auskunft gibt Ihnen das für Sie zuständige Regierungspräsidium oder Ihr Amtstierarzt.

Luftfeuchtigkeit

Fast alle Papageien stammen aus feuchttropischen Gebieten mit einer Luftfeuchtigkeit von über 90%. Die Luftfeuchtigkeit in unseren Wohnräumen beträgt jedoch meist nur 40-50%. Durch die daraus resultierende Austrocknung der Schleimhäute werden diese anfälliger gegenüber Keimen, wie z.B. Aspergillose-Sporen. Diese können sich auf der derart geschwächten Schleimhaut gut ansiedeln und ausbreiten. Hinzu kommt, dass auch das Gefieder und die Haut der Tiere durch die Trockenheit leiden und gereizt werden, was unter anderem zu Rupfen führen kann. Deshalb sollten Sie für die meisten Papageienarten – Ausnahmen sind z.B. Wellen- und Nymphensittiche, die aus trockenen Gebieten stammen – die Luftfeuchtigkeit unbedingt auf mindestens 60%, besser wären 70%, erhöhen. Kaufen Sie sich dazu einen Luftbefeuchter nebst Hygrometer, um die tatsächlich erzeugte Luftfeuchtigkeit überprüfen zu können. Denken Sie daran, mindestens einmal täglich zu stoß-

Mindestanforderungen an die Haltung von Papageien

Sittiche

Gesamtlänge der Vögel	Käfig- bzw. Volierenmaße (Breite x Tiefe x Höhe)
< 25cm	1,0m x 0,5m x 0,5m
25cm - 40cm	2,0m x 1,0m x 1,0m
> 40cm	3,0m x 1,0m x 2,0m

Kurzschwänzige Papageien

Gesamtlänge der Vögel	Käfig- bzw. Volierenmaße (Breite x Tiefe x Höhe)
< 25cm	1,0m x 0,5m x 0,5m
25cm - 40cm	2,0m x 1,0m x 1,0m
> 40cm	3,0m x 1,0m x 2,0m

Aras

Gesamtlänge der Vögel	Käfig- bzw. Volierenmaße (Breite x Tiefe x Höhe)
< 40cm	2,0m x 1,0m x 1,5m
40cm - 60cm	3,0m x 1,0m x 2,0m
> 60cm	4,0m x 2,0m x 2,0m

Loris und andere Fruchtfresser

Gesamtlänge der Vögel	Käfig- bzw. Volierenmaße (Breite x Tiefe x Höhe)
< 20cm	1,0m x 0,5m x 0,5m
> 20cm	2,0m x 1,0m x 1,0m

lüften, damit Sie kein Schimmelproblem an Ihren Wänden bekommen. Außerdem sollten Sie den Luftbefeuchter sorgfältigst warten. Es sammeln sich sonst, insbesondere in den Filtern, Keime an. So wird der gut gemeinte Luftbefeuchter zur gesundheitsgefährdenden „Keimschleuder“ für Ihre Vögel. Bei Luftbefeuchtern, die nach dem Verdampfungsprinzip arbeiten, werden Keime durch das Erhitzen abgetötet.

Luftaustausch

Bei der Wohnungshaltung wird die Luft meist viel zu selten ausgetauscht. Dadurch kann es zu einer Ansammlung von Aspergillose-Sporen und anderen Keimen kommen, die Ihre Tiere krank machen können. Da eine Erkrankung auch vom Infektionsdruck, also der Konzentration der schädlichen Keime, abhängt, ist es wichtig, diesen durch häufiges Lüften zu verringern. Zusätzlich fliegen die meisten Papageien in Wohnungshaltung zu wenig, sodass der Atmungstrakt nicht genügend durchspült wird, was ebenfalls der Aspergillose entgegen wirkt. Gönnen Sie Ihren Tieren täglichen mehrstündigen Freiflug. Dabei sollten Sie bedenken, dass Papageien Tag- und nicht Nachttiere sind. Es reicht nicht aus, sie lediglich Abends nach der Arbeit aus dem Käfig zu lassen, in dem sie ihren ganzen Tag verbringen mussten. Außerdem zählt die Schmusestunde mit Ihnen nicht als Freiflug. Die Tiere sollten während des Freiflugs tatsächlich fliegen. Besser wäre es natürlich, wenn Sie Ihre Papageien in einer Voliere oder einem Vogelzimmer halten würden, die groß genug sind, dass die Tiere tatsächlich den ganzen Tag fliegen können. Am Allerbesten wäre eine Außenvoliere, die gleichzeitig auch für eine ausreichende Versorgung mit UV-Licht, Luftfeuchtigkeit und Unterhaltung sorgen würde.

Licht

Papageien benötigen viel natürliches Sonnenlicht. Ideal wäre regelmäßiger Aufenthalt in einer Außenvoliere. Können Sie dies nicht darstellen, müssen Sie dem Tier künstliches UV-Licht im papageienspezifischen Spektrum, z.B. durch eine Arcadia Bird-Lamp, zur Verfügung stellen. Durch Glas gefiltertes Licht verliert den UV-Anteil. Den Käfig an das Fenster zu stellen, mag den Vögeln zwar Abwechslung bieten, aber lebenswichtiges UV-Licht bekommen sie dadurch nicht.

Ernährung

Einseitige Ernährung, insbesondere durch Körnerfutter, ist eines der größten Probleme in der Papageienhaltung. Viele Erkrankungen sind ernährungsbedingt oder werden durch eine Mangelernährung gefördert. Generell gilt, dass das Futter abwechslungs- und nährstoffreich sein sollte. Handelsübliches Körnerfutter mag eine Komponente Ihres Futterangebotes sein. Es sollte aber auf keinen Fall die einzige

Durch das Anbringen von Obst und Gemüse als Spielzeug bekommt man oft selbst mäkelige Fresser dazu, sich gesünder zu ernähren.

Palmöl

bleiben. Durch Körnerfutter allein kann der Nährstoffbedarf Ihrer Papageien nicht gedeckt werden. Es enthält nicht die von dem Tier benötigten Vitamine und Mineralstoffe. Insbesondere der Mangel an Vitamin A schwächt die Schleimhäute des Atmungstraktes Ihrer Papageien und begünstigt die Einnistung von Pilzsporen, die zur gefürchteten Aspergillose führen. Hinzu kommt, dass das Körnerfutter selbst häufig erheblich mit Aspergillose-Sporen und anderen Keimen befallen ist, durch die Ihre Papageien ebenfalls schwer erkranken können. Nüsse sind zwar allgemein fetthaltig, aber reich an wichtigen Nährstoffen und sollten deshalb in Maßen auf dem Speiseplan Ihrer Papageien stehen. Erd- und Zirbelnüsse sind oftmals hochgradig mit Aspergillose-Sporen befallen und deshalb für Papageien verboten. Ausnahme sind geröstete und geschälte Erdnüsse in Lebensmittelqualität und Pinienkerne. Ohnehin sollten alle Nüsse, die Sie füttern, geschält und in Lebensmittelqualität sein. Damit Ihre Vögel nicht verfetten, sollte der Hauptbestandteil ihrer Ernährung jedoch frisches oder schockgefrorenes und im Wasserbad aufgetautes Gemüse und ein wenig Obst sein. Da die meisten Papageien einen hohen Vitamin-A-Bedarf haben, der über das Futter abgedeckt werden muss, sollten Sie zusätzlich darauf achten, dass Sie verstärkt Provitamin-A-haltige Speisen, wie z.B. Mangos und Karotten, füttern. Zusätzlich können Sie Ihren Tieren auch täglich ein wenig rotes Palmöl, das sehr Provitamin-A-haltig ist, über das Futter geben. Leider werden Tropenwälder abgeholzt, um Platz für Palmölplantagen zu gewinnen. Achten Sie deshalb bitte unbedingt auf die Herkunft Ihres Palmöls aus ökologischer Landwirtschaft. Sie wollen sicherlich genausowenig für die Abholzung von Tropenwäldern verantwortlich sein wie ich.

Früherkennung

Auch ein optimal gehaltener Vogel kann erkranken. Leider tendieren Papageienvögel als Beutetiere dazu, Krankheiten so lange es irgendwie geht zu verbergen. Deutliche Zeichen einer Erkrankung sind deshalb häufig erst dann zu erkennen, wenn die Krankheit bereits weit

Krank oder gesund?
Regelmäßige Untersuchungen durch einen papageienkundigen Tierarzt müssen sein.

fortgeschritten ist. Das Tier ist dann so schwach, dass es nicht mehr in der Lage ist, seine Krankheitsanzeichen weiter zu verbergen. Die besten Heilungschancen bestehen jedoch, wenn eine Erkrankung möglichst frühzeitig erkannt wird. Darum sollte die eingehende Beobachtung Ihrer Vögel, insbesondere in Bezug auf Veränderungen, zum Alltag eines jeden Papageienbesitzers gehören. Es hilft, ein Tagebuch über die Tiere zu führen. Oft erkennt man erst rückblickend bestimmte Muster, da die Änderungen über kurze Zeiträume sehr subtil sein können.

Kotbegutachtung – täglich

Betrachten Sie täglich den Kot Ihrer Vögel. Dieser kann wichtige Aufschlüsse über mögliche Erkrankungen geben. Wichtig sind hierbei Menge, Konsistenz und Farbe. Dabei sollten Sie allerdings im Auge behalten, was Sie Ihren Tieren zu fressen gegeben haben, da frisches Obst und Gemüse den Kot sowohl in der Farbe, als auch in der Konsistenz verändern können. Kotveränderungen und deren wichtigste Ursachen werden im Detail in Kapitel „Spezifische Maßnahmen“ in der Rubrik „Kotveränderungen“ erläutert.

Futteraufnahme – täglich

Frisst Ihr Vogel oder gibt er dies nur vor? Dies kann ebenfalls eine Strategie Ihres Vogels sein, um seine Krankheit zu verbergen. Im Zweifelsfall können Sie versuchen, seinen Fressnapf vor und nach dem Füttern zu wiegen. Dazu müssen Sie selbstverständlich Futter, das er aus dem Napf geworfen hat, wieder einsammeln. Wenn Sie, wie es die artgerechte Haltung erfordert, mehr als einen Papageienvogel halten, wird die Überprüfung der Futteraufnahme zusätzlich erschwert. Auch hier kann der Kotabsatz ein Hinweis sein. Frisst Ihr Vogel nichts, kann er auch keinen Kot absetzen. Vorsicht ist jedoch bei der Interpretation geboten, denn Kotabsatzstörungen können auch andere Ursachen haben, wie z.B. Legenot.

Verhalten – täglich

Plötzliche Verhaltensänderungen Ihrer Papageien können ein ernst zu nehmender Hinweis auf Krankheiten und Verletzungen sein. Wenn Sie Ihre Papageien genau beobachten, bekommen Sie frühzeitige Hinweise auf Erkrankungen, die lebensrettend sein können. Insbesondere Beißen und Rupfen weisen oft auf Erkrankungen oder Verletzungen hin. Sie sollten unbedingt ernst genommen und die Ursache ergründet werden. Als Grundregel gilt: Bei plötzlichen Verhaltensänderungen sollte das Tier umgehend einem vogelkundigen Tierarzt vorgestellt werden.

Beissen

Wenn ein Tier plötzlich anfängt zu beißen, dann kann dies ein Hinweis darauf sein, dass es Schmerzen hat und nicht angefasst werden möchte. Verhaltenstherapeuten berichten immer wieder von solchen Fällen. Sie wurden aufgrund von plötzlicher Bissigkeit oder Aggressivität zur Hilfe gerufen. Doch dann stellte sich heraus, dass die Besitzer nicht bemerkt hatten, dass die Tiere sich verletzt hatten. Nachdem die Tiere genesen waren, wurden sie wieder lieb und umgänglich wie eh und je. Es handelte sich also mitnichten um eine Verhaltensstörung, sondern um einen medizinischen Notfall. Wundern Sie sich also nicht, wenn ein guter Verhaltenstherapeut für Papageien Sie zuerst für eine gründliche Untersuchung des Tieres zu einem vogelkundigen Tierarzt schickt, bevor er mit einer Verhaltenstherapie beginnt.

Rupfen

Rupfen kann vielerlei Ursachen haben: psychische und physische. Tritt das Rupfen plötzlich auf, kann es daran liegen, dass es im Umfeld einen abrupten Auslöser gab. In einem mir bekannten Fall hatte z.B. die Mutter ein Raumspray benutzt, auf welches das Tier, eine Amazone, höchst sensibel reagierte. Innerhalb von wenigen Stunden rupfte es sich fast sein komplettes Gefieder aus. Liegt eine solche Ursache nicht vor, muss das Tier gründlich auf Krankheiten, Vergiftungen,

Parasiten und Mangelerscheinungen untersucht werden. Parallel dazu sollten die Haltungsbedingungen optimiert werden. Dazu gehören ein gegengeschlechtliches artgleiches Partnertier, großzügiges Platz- und Beschäftigungsangebot, hohe Luftfeuchtigkeit, ausgewogene Ernährung, UV-Licht und überdurchschnittliche Luftqualität. In den Räumen, in denen der Vogel sich aufhält, darf auf keinen Fall geraucht werden. Auch Räucherstäbchen und Raumsprays sind unbedingt zu vermeiden. Die Behandlung eines Rupfers ist leider in der Regel eine langwierige Detektivarbeit, die leider auch oft erfolglos bleibt. Denn wenn das Verhalten sich erst einmal gefestigt hat, ist es sehr schwierig, es wieder abzustellen, selbst wenn die eigentliche Ursache beseitigt wurde. Deshalb gilt es, sehr schnell zu reagieren, wenn eines Ihrer Tiere anfängt zu rupfen. Die besten Heilungschancen haben Sie, wenn Sie die Ursache identifizieren und abstellen können, bevor das Rupfen zur Gewohnheit wird.

Lassen Sie es erst gar nicht so weit kommen. Beim ersten Anzeichen von Rupfen gehört Ihr Papagei in fachkundige Hände.

Wiegen – wöchentlich

Gewichtsverlust kann ein wichtiger Hinweis auf eine Erkrankung bei Papageien sein. Deshalb sollten Sie Ihre Vögel regelmäßig jede Woche – jeweils zur gleichen Tageszeit und nach Möglichkeit vor dem Füttern – wiegen. Im Falle eines akuten Unwohlseins Ihres Vogels, bei Erkrankungen und Verletzungen, sollte die Häufigkeit auf tägliches Wiegen erhöht werden. Über die wöchentlichen Wiegungen sollten Sie Buch führen. Nur so können Sie schleichende Gewichtsverluste, die über einen längeren Zeitraum stattfinden, deutlich erkennen. Außerdem gibt es selbst bei Papageien der gleichen Art und Unterart enorme Gewichtsunterschiede. Generelle Gewichtstabellen können deshalb nur zur groben Orientierung dienen. Auch aus diesem Grunde ist es sehr wichtig, Buch über das Gewicht Ihres Vogels zu führen. So sind Sie in der Lage festzustellen, was für Ihren Vogel ein normaler Gewichtsbereich im gesunden Zustand ist. Dies er-

Carlo kennt das wöchentliche Wiegen und lässt es problemlos durchführen

laubt es Ihnen, schnell zu erkennen, wenn Ihr Vogel Gewicht verliert. Im erkrankten Zustand bauen Papageienvögel sehr schnell ab. Ein Gewichtsverlust von zehn Prozent ist ein Warnsignal. Wenn das Tier weiter Gewicht verliert, sollten Sie umgehend zu einem vogelkundigen Tierarzt gehen. Bereits ein Gewichtsverlust von zwanzig Prozent kann lebensbedrohlich sein. In diesem Fall kann es notwendig sein, Ihren Vogel zusätzlich zur Krankheitsbehandlung zwangszuernähren.

Vorsorgeuntersuchungen

Da Papageienvögel Erkrankungen sehr gut verbergen, sind Vorsorgeuntersuchungen ein wichtiger Bestandteil einer verantwortungsvollen Papageienhaltung.

Eingangsuntersuchung

Bei der Aufnahme eines neuen Vogels sollten Sie das Tier, bevor Sie es zu Ihrem Bestand hinzugesellen, gründlich untersuchen lassen. Selbstverständlich müssen Sie das Tier mindestens bis die Testergebnisse vorliegen getrennt von Ihren anderen Vögeln in strikter Quarantäne halten. Da selbst umfassende Tests nicht alle Krankheiten zuverlässig erfassen bzw. dem Tier und unter Umständen auch Ihrer Geldbörse nicht zumutbar sind, empfehlen sich längere Quarantänezeiten von sechs bis zwölf Wochen, je nach Herkunft des Tieres. Dies erlaubt manchen Krankheiten, die sich noch in der Inkubationsphase befinden, zum Ausbruch zu kommen. Manchmal ist durch den Umzugsstress das Immunsystem des Tieres auch so weit geschwächt, dass schlummernde Krankheiten in den aktiven Zustand überwechseln und erkannt werden können. Wollen Sie ganz besonders sicher gehen, können Sie gegen Ende der Quarantänezeit bestimmte Untersuchungen erneut durchführen lassen. Die Eingangsuntersuchung erfüllt zwei Hauptzwecke. Sie überprüfen, ob Sie wirklich ein gesundes Tier erhalten haben und verhindern, dass Sie ansteckende Krankheiten in Ihren Bestand einschleppen. Auch wenn ein Tier nicht sichtbar akut erkrankt ist oder keine bedrohlichen ansteckenden Krankheiten hat, so ist oft das eine oder andere gesundheitliche Problem vorhanden, das Behandlung oder zumindest Beobachtung erfordert. Zum anderen gibt Ihnen die Eingangsuntersuchung eines gesunden Tieres Basiswerte, die Sie im Falle einer Erkrankung als Vergleichswerte verwenden können. Es hilft auch, wenn Ihr Tier dem behandelnden Tierarzt bereits bekannt ist. Ist es Ihr erster Papagei, lernen Sie durch die Eingangsuntersuchung auch Ihren vogelkundigen Tierarzt kennen und wissen dadurch, an wen Sie sich im Notfall wenden können und kennen den Weg zu ihm. Eine gründliche Eingangsuntersuchung kann die folgenden Untersuchungen beinhalten, muss aber im Einzelfall mit Ihrem vogelkundigen Tierarzt abgestimmt werden:

- Begutachtung
- PBFD
- Polyoma
- Pacheco
- PMV
- ABV
- Chlamydien
- großes Blutbild
- Kotuntersuchung
- Abstriche
- Geschlechtsbestimmung
- Röntgenuntersuchung

Jährliche Untersuchung

Bei Hunden ist die jährliche Untersuchung aufgrund der vorgeschriebenen Impfungen zur Selbstverständlichkeit geworden. Auch wenn es in Deutschland derzeit keine zugelassenen Impfungen für Papageien gibt, sollte deren jährliche Vorsorgeuntersuchung genauso selbstverständlich sein, wie die für Hunde, insbesondere in Anbetracht der Tatsache, dass Papageienvögel ihre Krankheiten verstecken solange es nur geht. Die jährliche Untersuchung dient dazu, Erkrankungen Ihrer Papageien möglichst frühzeitig zu erkennen. Da Aspergillose bei Stubenvögeln stark verbreitet ist und diese sich in den Wintermonaten aufgrund der trockenen Heizungsluft meist verschlimmert, ist der Beginn der Heizperiode im Herbst ein idealer Zeitpunkt für die jährliche Untersuchung Ihrer Vögel. So haben Sie die Möglichkeit, eine beginnende Aspergillose frühzeitig zu erkennen und zu behandeln. Auch die jährliche Vorsorgeuntersuchung sollten Sie mit Ihrem vogelkundigen Tierarzt besprechen. Je nach Art und Vorgeschichte wird er bei der Untersuchung bestimmte Schwerpunkte setzen. Die jährliche Untersuchung kann die folgenden Punkte beinhalten:

- Allgemeine Untersuchung
- Röntgenuntersuchung
- Blutbild
- Kotuntersuchung
- Abstriche

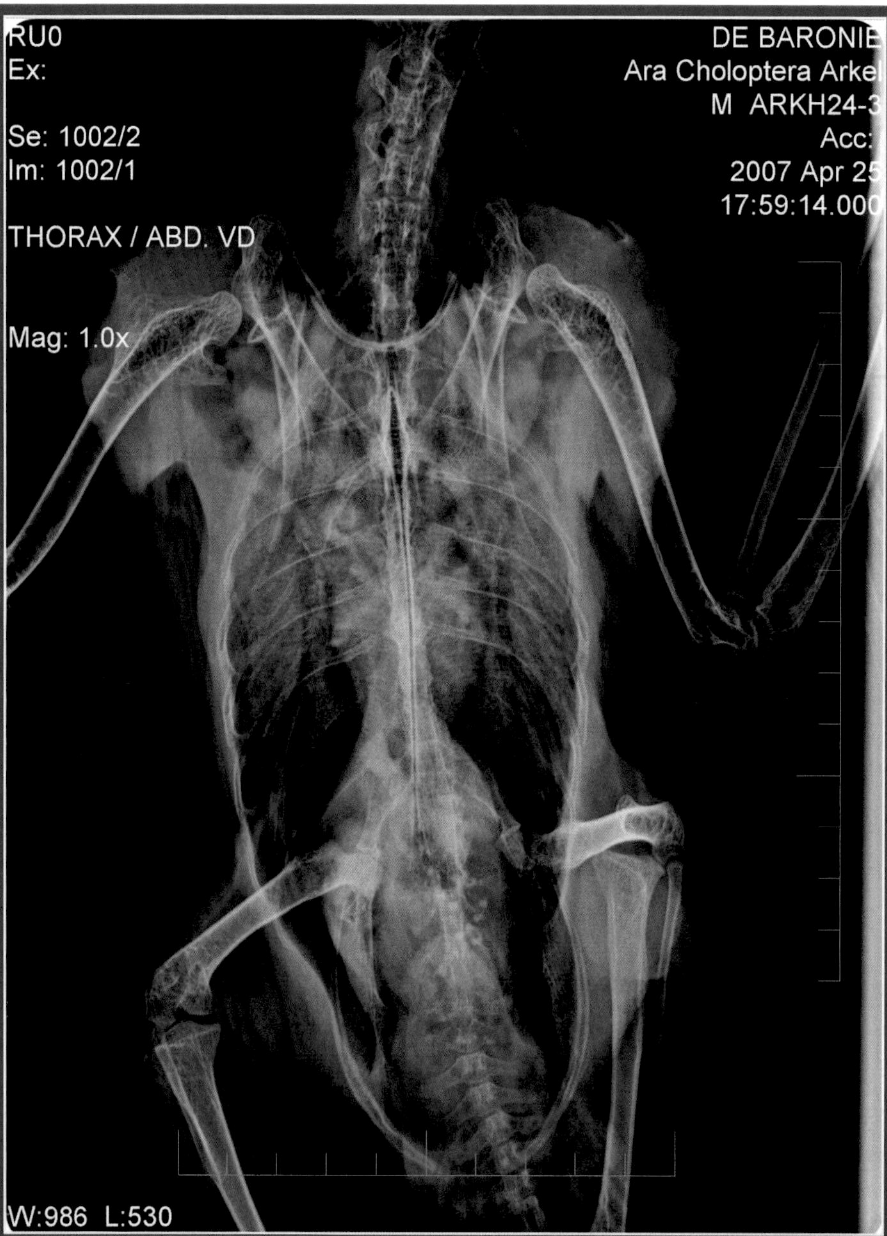

Ihr vogelkundiger Tierarzt bekommt durch ein Röntgenbild wertvolle Informationen über den Gesundheitszustand Ihres Vogels.

4. Vorbereitung ist alles

Fast jeder Vogelhalter wird früher oder später mit Unfällen oder Krankheiten seiner Tiere konfrontiert.

Leider passieren Notfälle allzu oft gerade zu den Zeiten, zu denen ein vogelkundiger Tierarzt nicht erreicht werden kann. Dies trifft viele Halter völlig unvorbereitet. In einem Durchschnittshaushalt sind erfahrungsgemäß in der Regel noch nicht einmal die grundlegendsten Mittel für die Erstversorgung eines verletzten oder kranken Vogels vorhanden. Dazu kommt, dass viele Halter völlig ahnungslos sind, wie eine derartige Versorgung vonstatten gehen sollte, selbst wenn Sie die erforderlichen Mittel zur Hand hätten. Zusätzlich stehen viele Tierbesitzer während eines Notfalls unter erheblichem Stress. Manche werden sogar ein wenig panisch, wenn sie Blut sehen, oder hilflos daneben stehen müssen, während ein geliebtes Tier offensichtlich leidet, und sind nicht in der Lage, auch nur irgendetwas Sinnvolles zu unternehmen, um Ihrem Tier zu helfen. Deshalb ist es sehr wichtig, dass Sie als Halter sich auf einen möglichen Notfall gründlich vorbereiten. Den ersten Schritt dafür haben Sie mit dem Erwerb und Lesen dieses Buches bereits getätigt. Doch nun gilt es, diese Informationen auch umzusetzen. Als Nächstes sollten Sie damit beginnen, die im Notfall möglicherweise benötigten Materialien zusammenzustellen. Anschließend sollten Sie sich mit diesen Mitteln vertraut machen und Notfallsituationen üben, damit im Ernstfall alles glatt läuft.

Notfallapotheke

Der erste Schritt in der Vorbereitung auf den Notfall ist, sich eine vogelgerechte Notfallapotheke zuzulegen. Diese können Sie selbst zusammenstellen. Die einzelnen

Bestandteile und deren Anwendung sind in den Kapiteln „Die Notfallapotheke“ und „Die homöopathische Notfallapotheke“ im Detail erläutert.
Leider werden die meisten Mittel für eine solche Notfallapotheke für Vögel normalerweise nur in Mengen verkauft, die für diesen Verwendungszweck viel zu groß sind. Viele der Mittel sind auch mit einem Verfallsdatum versehen, sodass sie regelmäßig ersetzt werden müssen. Da außerdem viele der benötigten Mittel apothekenpflichtig sind, kann dies schnell recht teuer werden. Einfacher, billiger und schneller ist es, wenn Sie eine fertig abgepackte Notfallapotheke für Vögel erstehen oder Ihren Tierarzt darum bitten, eine für Sie zusammenzustellen.

Mit Hilfe eines Stofftieres können Sie hervorragend Erste-Hilfe-Maßnahmen üben.

Vorbereitung des Halters

Unabhängig davon, wo und wie Sie die Bestandteile Ihrer Notfallapotheke für Vögel beziehen, sollten Sie sich umgehend mit deren Inhalt vertraut machen. Sie wollen im Notfall nicht kostbare Zeit mit Herumsuchen verschwenden. Packen Sie Ihre Notfallapotheke aus. Schauen Sie sich ihre Bestandteile an. Probieren Sie die Mittel aus. Üben Sie, wie Sie z.B. einen gebrochenen Flügel fixieren oder einen Fuß verbinden könnten. Es mag sich lustig anhören, aber es ist ungemein hilfreich, sich einen Stoffvogel, der ungefähr die Größe Ihrer Vögel hat, als Übungsobjekt zuzulegen. An diesem Stoffvogel können Sie ohne Stress für Ihre Tiere solche Maßnahmen wieder und immer wieder ausprobieren, bis Sie wirklich wissen, wie es geht. Bitten Sie Ihren Tierarzt darum, Ihnen die verschiedenen Handgriffe zu zeigen, wenn Sie es alleine nicht hinbekommen. Sie können ihn auch überprüfen lassen, ob Sie alles richtig machen.
Bei allem Herumüben – was gut ist! – sollten Sie jedoch unbedingt daran denken, dass Sie Bestandteile, die Sie aus der Notfallapotheke entnehmen, umgehend ersetzen müssen. Sie wollen schließlich im Notfall nicht mit leeren Händen dastehen.

Lernen Sie, sich selbst zu beruhigen

Eine liebe Freundin von mir, die eine sehr erfahrene Hyazintharazüchterin ist, gab einmal folgenden Rat an eine extrem nervöse Nachwuchszüchterin. Deren Hyazintharas saßen auf ihrem allerersten Gelege und sie machte sich und alle anderen völlig verrückt mit ihren Sorgen darüber, was alles schiefgehen könnte. Der Rat der Expertin war wie folgt: „Besorge Dir eine Flasche Rum und ein großes Glas. Jetzt wirf das Glas weg und trinke direkt aus der Flasche."

Auch wenn sich dieser Rat lustig anhört und ich Ihnen auf keinen Fall empfehle, sich im Notfall zu betrinken – schließlich müssen Sie ja noch zum Tierarzt fahren – so hat er doch einen sehr ernsten Kern. Ihre Gefühle von Stress, Angst oder Panik, die im Notfall durchaus verständlich sind, übertragen sich auf Ihre Tiere. Das hilft einem verletzten oder kranken Tier nun wirklich nicht weiter. Schaffen Sie es jedoch, ruhig und gelassen zu sein und zu handeln, so überträgt sich auch dies auf Ihr Tier. So wird auch Ihr Vogel viel entspannter sein, was ihm hilft, seine Kräfte zu sparen. Ihnen hilft es wiederum bei der Behandlung: Ihr Gehirn wird besser mit Sauerstoff versorgt, wenn Sie entspannt sind. Dies ermöglicht es Ihnen, Schritt für Schritt alles, was getan werden muss, durchzuführen, statt sich in Panik „im Kreis zu drehen". Auch Ihre Koordination verbessert sich, wenn Sie ruhig sind, sodass Sie besser in der Lage sein werden, die Erstversorgung Ihres Tieres zu bewältigen.

Leichter gesagt als getan? Ja natürlich. Aber auch hier hilft ein wenig Vorbereitung. Entspannung können Sie üben. Nehmen Sie einen an sich selbst gerichteten Satz, wie z.B. „Atme tief!". Dann atmen Sie mehrfach tief ein und aus und stellen sich dabei Situationen vor, in denen Sie glücklich und entspannt waren. Üben Sie dies täglich, z.B. in der Schlange im Supermarkt oder wenn Sie in der S-Bahn ein Mitfahrer mit einem viel zu lauten Ipod entsetzlich nervt. Recht bald werden Sie merken, dass Sie nur „Atme tief!" denken müssen und schon senken sich Ihre Schultern, Sie werden gelassener und Ihre Atmung wird tiefer. Im Notfall, wenn Sie klar denken und sich um Ihr Tier kümmern müssen, ist diese Methode, sich schnell zu beruhigen, außerordentlich hilfreich.

Vorgehensweise üben

Papageienvögel sind extrem stressempfindlich. Dies kann bei Notfällen im schlimmsten Fall zu einem Schock mit Todesfolge führen. Die Ursache für einen Schock kann ein Unfall sein, die Verletzung selbst mit den damit verbundenen Schmerzen, Stress durch andere Tiere, die das kranke Tier nicht in Ruhe lassen, aber auch Stress durch die Behandlung selbst. Letzteres ist insbesondere ein Risiko bei nicht zahmen Tieren und bei der Behandlung durch Personen, mit denen das Tier nicht vertraut ist. Im Krankheits- oder Verletzungsfall sollten Sie deshalb alles tun, um den Stress für Ihr Tier zu minimieren. Sie müssen zügig arbeiten und unnötiges Herumhantieren mit dem Vogel vermeiden. Damit Sie im Notfall schnell und gezielt handeln können, benötigen Sie einen klaren Plan. Erfahrungsgemäß sind im Notfall die Besitzer aus Angst um ihr Tier oftmals selbst recht mitgenommen. Sie sind besorgt und ängstlich bis panisch und manchmal kaum noch in der Lage, einen klaren Gedanken zu fassen. Je mehr Sie jedoch im Vorfeld Ihren Notfallplan geübt haben, umso routinierter und ohne groß nachdenken zu müssen, können Sie ihn im Ernstfall durchführen. In zwei Kapiteln stelle ich Ihnen Pläne für die verschiedenen Erste-Hilfe-Situationen vor, die Sie ganz einfach Schritt für Schritt abarbeiten können.

Das erste dieser beiden Kapitel, „Allgemeine Maßnahmen“, befasst sich, wie der Titel schon sagt, mit den Maßnahmen, die Sie in jedem Fall – unabhängig von der spezifischen Erkrankung oder Verletzung Ihres Vogels – durchführen müssen. Im Detail werden hier die allgemeinen Maßnahmen in der Reihenfolge, in der Sie sie bei einem Notfall abarbeiten sollten, vorgestellt. Damit soll Ihnen das Hintergrundwissen vermittelt werden, warum und wie diese Maßnahmen durchgeführt werden sollten. Erst nachdem Sie mit den allgemeinen Maßnahmen fertig sind, sollten Sie sich im Notfall mit der Behandlung der einzelnen Krankheiten bzw. Verletzungen befassen. Die verschiedenen Erste-Hilfe-Maßnahmen dafür sind im Detail im Kapitel „Spezifische Maßnahmen“ dargestellt. Auch mit diesen sollten Sie sich nach Möglichkeit vorab vertraut machen. Benutzen Sie bei der Suche nach den richtigen Maßnahmen bitte das Symptome- und Schlagwortregister. Dieses Kapitel hilft Ihnen anhand der vorliegenden Symptome recht schnell einzugrenzen, um welche Erkrankung oder Verletzung es sich handeln könnte. Verifizieren Sie Ihre Vermutung, indem Sie als Gegenkontrolle alle angegebenen Symptome der vermuteten Erkrankung überprüfen. Dann erst sollten Sie die Behandlung mit den spezifischen Maßnahmen beginnen.

Vorbereitung des Helfers

Viele Erste-Hilfe-Maßnahmen sind mit Hilfe einer zweiten Person leichter durchzuführen. Auch tut es seelisch gut, im Notfall nicht alleine zu sein. Wenn Sie jemanden haben, der Ihnen im Notfall zur Hand gehen kann – toll! Aber diese Person sollte sich auf den Notfall genausogut vorbereitet haben wie Sie. Und Sie sollten geübt haben, wie Sie die Maßnahmen gemeinsam durchführen können, z.B. wer hält das Tier, wer verarztet? Nichtsdestotrotz rate ich Ihnen, sich unbedingt auch auf den Fall vorzubereiten, in dem Sie alleine sind. Denn wenn die Dinge „verhext“ sind, dann können Sie außer Ihrem Tierarzt leider auch oft eingeplante Helfer nicht erreichen.

Vorbereitung Ihrer Vögel

Jeder Notfall ist leichter zu bewältigen, wenn der Patient zumindest ein wenig kooperiert. Deshalb bietet es sich an, mit Ihrem Vogel spielerisch die Versorgung im Krankheits- oder Verletzungsfall einzuüben, z.B. mit Clickertraining. Je mehr von den nachfolgend aufgelisteten Übungen Sie Ihrem Vogel im Vorfeld beigebracht haben, desto leichter wird für Sie die Versorgung im Notfall und desto geringer der für Ihren Vogel aus der Behandlung resultierende Stress:

- auf Kommando auf Ihre Hand steigen
- sich überall absetzen lassen (Behandlungstisch, Transportbox, Krankenkäfig, Waage)
- sich überall am Körper anfassen lassen
- den Kappen- oder Drei-Finger-Griff dulden
- Ihnen die Füßchen entgegen halten
- sich den Flügel strecken lassen
- sich auf den Rücken und die Seite legen lassen

Auch die Einnahme von Medikamenten kann mit Clickertraining eingeübt werden. Lily nuckelt bereitwillig aus der Spritze, während Luna – man glaubt es kaum – ihren Medlenikamentenlöffel sogar selber hält.

- aus einer Spritze Flüssigkeit zu trinken
- von einem Teelöffel zu essen
- ein Handtuch über sich legen zu lassen
- sich den Fuß verbinden zu lassen
- sich Gesicht, Schnabel und Augen mit einem feuchten Läppchen abwischen zu lassen

Ich führe diese Übungen mit meinen Vögeln oft als Teil von ausgelassenem Spiel und als Belohnung durch. Auch hier gilt: Regelmäßiges Üben macht alles viel leichter. Aber noch viel mehr gilt: Wenn Sie und Ihre Vögel dabei richtig Spaß haben, geht es wie von selbst.

Behandlungsraum

Die Vorbereitung eines Behandlungsraumes nehmen Sie am besten lange bevor irgendein Notfall ansteht in Angriff. Aufgrund des Wasseranschlusses ist als Behandlungsraum meist die Küche, wenn diese ein geschlossener Raum ist, oder das Badezimmer am geeignetsten. In diesem Raum sollte eine Ablagefläche, ein Tisch, Küchentheke oder ähnliches, zur Verfügung stehen. Diese sollte mindestens groß genug sein für die Krankenbox zuzüglich einer Behandlungsfläche, auf der Sie Ihre Utensilien ausbreiten und das Tier behandeln können.

Im Notfall muss alles „ruckzuck" gehen, damit Sie keine kostbare Zeit verschwenden. Deshalb sollten Sie den Krankenkäfig, die Kranken- oder Transportbox, Ihre Notfallapotheke, Handtücher, Kescher und etwaige sonstige Utensilien im Behandlungsraum selbst oder in dessen unmittelbarer Nähe aufbewahren. Am einfachsten machen Sie es sich, wenn Sie alle benötigten Utensilien im Krankenkäfig aufbewahren. So haben Sie mit einem Griff alles zur Hand und müssen den Käfig nur noch auf die Arbeitsfläche stellen und ausräumen. Bitte halten Sie die Transportbox jedoch immer leer. Sie müssen eventuell im Notfall Ihre Tiere sehr schnell evakuieren. Dann brauchen Sie nicht auch noch den Stress, erst die Transportboxen leerräumen zu müssen. Selbstverständlich sollte sein, dass Sie für den Notfall genügend Transportboxen für alle Tiere zur Verfügung haben. Dies bedeutet im Klartext eine Box pro Tier. Denn im Evakuierungsfall kann es sein, dass die Tiere längere Zeit in der Transportbox verbringen müssen. Das kann für die Tiere so stressig sein, dass sich auch eng verbundene Paare anfangen, heftig zu streiten. Sie sollten dann in der Lage sein, die Tiere zu trennen und separat unterbringen zu können.

Die Kranken- oder Transportbox

Sie benötigen einen Transportbehälter, um Ihren Vogel zum Tierarzt bringen zu können. Der Krankenkäfig eignet sich auf-

Transportboxen aus Kunststoff sind hygienisch, leicht und durch die großen Öffnungen ideal in der Handhabung. Mit ein paar Leckerli können Sie Ihren Papageien – so wie Luna und Lucio hier – beibringen, völlig stressfrei freiwillig in ihre Transportboxen zu gehen.

Holzkisten als Transportboxen sind unpraktisch und unhygienisch. Sie sind schwer, und durch die kleinen Öffnungen kann der Vogel nur mit Mühe und Stress herausgefangen werden. Das Holz ist außerdem schlecht zu reinigen. Kunststoffboxen sind vorzuziehen.

grund der Verletzungsgefahr beim Transport dafür nicht. Ihr Vogel kann bei abrupten Fahrmanövern mit den Gliedmaßen in den Gitterstäben hängen bleiben und sich verletzen. Außerdem wird der Krankenkäfig zu groß sein. Der Transportbehälter sollte so klein sein, dass Ihr Vogel darin die Flügel nicht austrecken kann. Dies vermindert im Fall, dass die Transportbox sich während der Fahrt abrupt bewegt (starkes Bremsen, Kurvenfahrt oder gar bei einem Unfall), die Gefahr, dass Ihr Tier sich einen Flügel bricht. Eine geeignete Transportbox ist ein geschlossener Behälter, in dem Ihr Tier gut geschützt ist. Es gibt im Zoofachhandel für kleine Papageien Nagerboxen, für mittlere Papageien Katzenboxen und für große Papageien Hundeboxen, die hervorragend für den sicheren Transport Ihrer Vögel geeignet sind. Bitte verzichten Sie während der Fahrt auf Spielzeug sowie lose Trink- oder Futterschalen, die in der Box umherfliegen und Ihr Tier verletzen könnten. Auf Futtergaben sollten Sie ohnehin besser verzichten, da ein voller Kropf eine Untersuchung für das Tier nicht gerade angenehmer macht.

Die Transportbox fungiert ebenfalls als Krankenbox. Bei akuten Erkrankungen sollten Sie Ihren Vogel zunächst dort hineinsetzen. Wichtig ist, dass die Krankenbox gut abdichtbar ist, so dass ein gutes Raumklima für das erkrankte Tier erzeugt werden kann. Eine Temperatur von 22 – 25°C und Luftfeuchtigkeit von 70% ist für viele kranke Vögel angenehm. Die Temperatur können Sie mit einer Wärmelampe, einem Heizkissen oder einer Wärmflasche am Käfigboden gut darstellen. Aber Sie müssen unbedingt darauf achten, dass Ihr Vogel nicht überhitzt und sich auch nicht verbrennen kann. Abgestellte Flügel, Hecheln und Atmung mit geöffnetem Schnabel sind deutliche Warnsignale für Überhitzen. Wenn Sie auch nur die geringsten Anzeichen dieser Art erkennen können, müssen Sie unbedingt umgehend alle Wärmequellen entfernen. Ein Vogel, der bereits eine überhöhte Temperatur durch Hitzschlag oder Fieber hat, sollte auf keinen Fall zusätzliche Wärme zugeführt bekommen. Dies könnte tödlich für ihn sein. Entfernen Sie also alle zusätzlichen Wärmequellen. Andererseits sollte Ihr Vogel natürlich auch nicht auskühlen. Ein warmer Raum reicht aber in dem Fall völlig aus.

Um Verbrennungen zu vermeiden, sollten Sie Wärmflaschen oder Heizkissen mit einem Handtuch abdecken. Dies verhindert auch das Benagen durch Ihren Vogel. Die Luftfeuchtigkeit kann mit einem Inhalator erhöht werden. Zusätzlich kann eine Wasserschale in der Krankenbox oder ein warmes, feuchtes Handtuch auf deren Boden helfen die Luftfeuchtigkeit zu erhöhen. Selbstverständlich sollte Ihr Tier nicht auf dem nassen Untergrund sitzen müssen. Da außerdem längeres Sitzen auf ei-

Krankenkäfig mit Ausstattung

ner flachen Unterlage bei Papageien zu Fußkrämpfen führen kann, sollten Sie eine Sitzstange in der Krankenbox anbringen. Die ideale Position des Sitzastes ist für langschwänzige Papageien am vorderen Drittel der Transportbox, damit er seinen Schwanz gut unterbringen kann. Für kurzschwänzige Papageien ist eine hälftige Anbringung ausreichend. Bohren Sie die Transportbox vorsichtig an beiden Seiten vor, damit der Kunststoff nicht reißt. Nehmen Sie nun einen passend abgelängten Sitzast und befestigen Sie diesen an beiden Enden mit Unterlegscheiben und Schrauben. Der Umfang des Sitzastes sollte in etwa der Fußlänge Ihres Papageis entsprechen. So kann Ihr Vogel den Sitzast gut umgreifen und hat einen sicheren Halt beim Transport.

Der Krankenkäfig

Der Krankenkäfig ist ein kleiner Käfig, in dem Ihr Tier während seiner Krankheit und Rekonvaleszenz einige Tage oder sogar Wochen untergebracht werden kann. Im akuten Krankheitsfall dient er außerdem

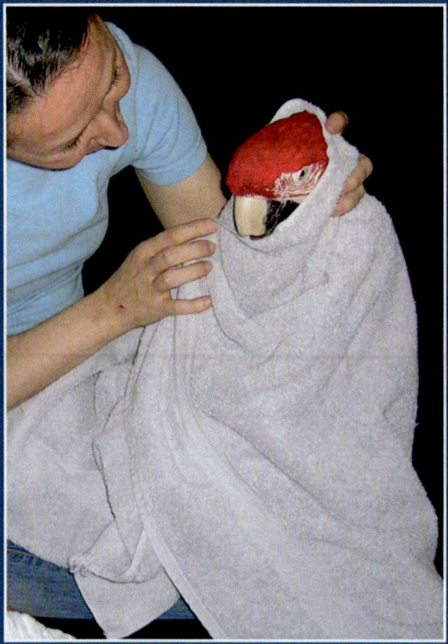

Um einen Ara sicher zu halten, benötigen Sie ein Badetuch.

Verletzungsgefahr weiter zu minimieren. Vorsicht ist bei Frotteehandtüchern geboten. Sie sind als Polster nicht geeignet, da das Tier mit seinen Krallen in den Fadenschlaufen hängen bleiben könnte. Futter- und Wasserschalen stellen Sie am besten gut erreichbar auf den Boden des Käfigs oder hängen diese in Bodennähe auf. Sie sollten für den Patienten von seiner Sitzstelle aus gut erreichbar sein, ohne dass er allzuweit klettern muss. Dies gilt natürlich ganz besonders für ein durch Erkrankung oder Verletzung bewegungsbehindertes Tier. Dabei muss aber unbedingt gewährleistet werden, dass ein solches Tier nicht unglücklich in die Wasserschale fallen und ertrinken kann.

dazu, den Vogel von den anderen Tieren zu separieren, damit Sie ihn hinsichtlich Wasser- und Futteraufnahme, Kotabsatz und Verhalten besser beobachten können. Der Krankenkäfig sollte warm und ruhig auf einen Tisch oder Ähnliches gestellt werden. Die Höhe gibt Ihrem Tier mehr Sicherheit. Den Käfig auf den Boden zu stellen, bedeutet unnötigen Stress für das Tier und sollte unbedingt vermieden werden. Die Sitzstangen im Käfig hingegen sollten dicht über dem Boden angebracht sein, damit das Tier sich nicht durch Stürze verletzen kann. Polstern Sie den Boden des Käfigs dick mit Küchenpapier, Handtüchern oder Fleecedecken aus, um die

Handtücher

Zur Erstversorgung Ihres Vogels benötigen Sie mehrere saubere Handtücher verschiedener Größen.

Ein Handtuch zum Fangen und Halten

Das Handtuch, das Sie zum Fangen und Halten des Tieres während seiner Behandlung benutzen, sollte auf die Größe des Vogels abgestimmt sein. Die kleineren Papageienarten, wie z.B. Wellensittiche und Agaporniden, fangen und halten Sie am besten mit einem kleinen, leichten Geschirrhandtuch. Graupapageien, Amazonen, die meisten Kakaduarten und andere mittelgroße Papageien können Sie gut mit einem dickeren Handtuch festhalten. Die großen Papageienarten fangen und halten Sie am besten mit einem Badetuch.

Ein Tuch zum Abdecken

Sie benötigen ferner Bade- oder sogar Betttücher, die groß genug sind, um den Krankenkäfig bzw. die Transportbox vollständig abzudecken. Die Transportbox sollte aus mehreren Gründen abgedeckt werden:

- Ein kranker Vogel ist in einem abgedunkelten Behältnis ruhiger
- Das Tier wird beim Transport und im Warteraum des Tierarztes vor Zug, Kälte und neugierigen Blicken geschützt
- In einer abgedeckten Transportbox können Sie das gewünschte Raumklima besser halten
- Bei einer Inhalationsbehandlung bleibt das Medikament besser in der Krankenbox

Von der Empfehlung, zum Inhalieren die Krankenbox in einen Plastiksack zu stellen, halte ich nichts. Damit gehen Sie, wenn etwas schieflaufen sollte, ein völlig unnötiges Erstickungsrisiko für Ihr Tier ein.

Mehrere kleine Läppchen

Sie werden bei der Behandlung eines Vogels oft kleine Läppchen benötigen, z.B. um verwundete Füße nach einem Wundreinigungsbad abzutrocknen, um sich überschüssige Salbe von den Händen zu reiben oder Behandlungsgegenstände abzuwischen. Nicht fasernder Zellstoff funktioniert auch. Handelsübliche Papierküchentücher oder Klopapier sind eher nicht geeignet, da sie sich zu leicht auflösen oder fusseln.

Kescher

Sind Ihre Vögel nicht zahm bzw. möchten Sie sie nicht zähmen, dann sollten Sie unbedingt in einen Kescher von angemessener Größe investieren. Mit ein wenig Übung können Sie auch ein nicht zahmes Tier fangen, ohne es herumzujagen.

Wärmelampe

Kranke Vögel kühlen leicht aus. Deshalb sollte eine Wärmelampe, z.B. ein Infrarotlicht, im Behandlungsraum zur Verfügung stehen. Allerdings ist es sehr wichtig, dass nur ein Teil des Krankenkäfigs angestrahlt wird, sodass der Vogel sich, wenn es ihm zu warm wird, in kühlere Bereiche zurückziehen kann.

Achtung! Vögel mit Kopfverletzung sollten nicht unter Rotlicht gesetzt werden, da die direkte Wärme die Durchblutung anregt. Dadurch wird der Druck im Schädelinneren erhöht, was zu einer Verschlimmerung des Krankheitszustandes führen kann. Natürlich dürfen auch Vögel mit Kopfverletzungen nicht auskühlen und sollten durch eine Umgebungstemperatur von circa 21° C – Raumtemperatur also – warm gehalten werden.

Achtung! Verwenden Sie niemals Wärmequellen, ohne Ihren Vogel zu beaufsichtigen. Die Gefahr, dass er überhitzen könnte, ist einfach zu groß. Achten Sie auf Warnsignale wie abgestellte Flügel, Hecheln und Atmung mit geöffnetem Schnabel.

Inhalator

Die Mehrzahl der als Stubenvögel gehaltenen Papageien leidet unter Aspergillose. Dies ist eine durch Pilzsporen hervorgerufene Erkrankung, die, wenn sie nicht behandelt wird, tödlich ist. Bei der Behandlung wird häufig auf die Medikamentengabe über eine Inhalationstherapie zurückgegriffen. Diese ist schonender für das Tier als orale Mittel, da das Medikament kaum in den Blutkreislauf übergeht und somit viel geringere Nebenwirkungen hat. Selbst wenn das Tier nicht akut an Aspergillose erkrankt ist, wird eine Inhalationstherapie oft vorsorglich bei einer Behandlung mit Antibiotika eingesetzt, da diese das Pilzwachstum begünstigen. Auch in manchen Notfallsituationen kann der Inhalator eingesetzt werden, um dem Tier Erleichterung seiner Krankheitssymptome durch Erhöhung der Luftfeuchtigkeit oder Zufuhr von Medikamenten zu verschaffen. Leider sind gute, neue Inhalationsgeräte ziemlich teuer. Wenn Sie sich jedoch vorausschauend um die Anschaffung kümmern, bevor Sie ein solches Gerät akut benötigen, können Sie mit ein bisschen Geduld und Glück oftmals einen Inhalator über Online-Auktionen recht günstig gebraucht kaufen.

Achten Sie unbedingt darauf, dass das Gerät ein sogenannter Kaltvernebler ist, da viele Medikamente hitzeempfindlich sind. Außerdem sollte die durch das Gerät erzeugte Tröpfchengröße maximal 5 µm sein. Hierbei gilt: Je kleiner die Tröpfchengröße, umso tiefer in die Atemwege kann das Medikament transportiert werden. Es gibt derzeit bereits Vernebler für den Hausgebrauch, die eine Tröpfchengröße von nur 2 µm erzeugen können. Bei gebraucht gekauften Geräten sollten Sie aus Hygienegründen den Inhalationsaufsatz und den Zuführschlauch ersetzen. Diese können Sie, zumindest bei den gängigeren Geräten, wie z.B. Pari-Boy, in jeder Apotheke bestellen.

5. Gewusst wie

Zur Vorbereitung auf den Notfall gehört auch, dass Sie die verschiedenen Behandlungsmethoden kennen und durchführen können.

Oft gibt es dabei ganz simple Tricks und Kniffe, die Ihnen die Durchführung erheblich erleichtern und auch für Ihren Vogel angenehmer machen. Diese möchte ich Ihnen im Nachfolgenden erläutern. Doch zuerst möchte ich Ihnen einige wichtige Warnsignale vorstellen, die Ihnen einen Hinweis darauf geben, dass Ihrem Vogel die Behandlung zu viel wird.

Wie bereits erwähnt, verstecken Papageien Ihre Krankheitssymptome solange sie können. Deshalb ist ein Vogel oft bereits schwer erkrankt, bevor überhaupt bemerkt wird, dass etwas mit ihm nicht stimmt. Es kann sogar sein, dass der Vogel so krank ist, dass die für eine Behandlung erforderliche Handhabung für ihn lebensbedrohlich wird. Der dadurch entstehende Stress ist dann mehr, als sein geschwächter Körper aushalten kann. Würden Sie dann mit der Behandlung fortfahren, könnte Ihnen Ihr Vogel in der Hand sterben. Scheue oder ängstliche Vögel sind besonders gefährdet. Gerade Papageien sind schnell gestresst und erleiden einen Schock. Mehr Tiere sterben am Schock als an der ursächlichen Erkrankung oder Verletzung.

Anzeichen dafür, dass das Tier durch die Behandlung zu sehr mitgenommen wird, müssen unbedingt ernst genommen werden. In einem solchen Fall müssen Sie das Tier sofort in seine Krankenbox setzen und zur Ruhe kommen lassen, bis es sich wieder erholt hat. Während das Tier sich wieder entspannt, können Sie die Zeit nutzen, um andere Maßnahmen durchzuführen, die lediglich das Umfeld des Tieres betreffen und bei denen das Tier nicht bedrängt oder angefasst werden muss. Solche Maßnahmen sind z.B. Wärme- und

Feuchtigkeitszufuhr sichern oder eine Inhalation mit Medikamenten durchführen, während Ihr Tier ruhig in der Krankenbox sitzt. Wenn Sie Ihren Vogel beobachten – und das sollten Sie, wenn er in solch einem schlechten Zustand ist – dann denken Sie bitte daran, ihn nicht direkt anzustarren, sondern ihn unauffällig von der Seite anzusehen. Sonst könnten Sie auf ihn wie ein Raubtier wirken, das seine nächste Beute fixiert. Dies wäre natürlich für ihn bedrohlich und ist kontraproduktiv. Schließlich soll er ja zur Ruhe kommen und sich wieder entspannen.

Warnsignale – Vogel absetzen!

Folgende Symptome sind ernst zu nehmende Warnsignale, dass die Behandlung Ihrem Vogel zu viel wird und dass Sie ihn besser absetzen und erst einmal in Ruhe lassen, bis er sich wieder ein bisschen erholt hat. Sie und Ihr Helfer, falls Sie einen haben, sollten bitte unbedingt auf folgende Warnsignale achten:

- ***Nachlassen der Körperspannung:*** Ihr Vogel wirkt schlaff und lässt sich hängen. Dies ist in der Regel das erste Warnsignal, dass Untersuchung oder Behandlung Ihrem Vogel zu viel werden. Setzen Sie Ihren Vogel umgehend in seine Krankenbox und geben Sie ihm ausreichend Gelegenheit, sich wieder zu erholen.
- ***Geschlossene Augen:*** Falls Ihr Vogel die Augen während der Behandlung ganz oder teilweise schließt oder das Tier schläfrig erscheint, ist dies ein ausgesprochenes Anzeichen von Schwäche. Sie sollten Ihren Vogel umgehend in seine Krankenbox setzen und sich erholen lassen.
- ***Nachlassender Fußgriff:*** Während der Behandlung sollten Sie nach Möglichkeit die Zehen Ihres Vogels einen Finger umklammern lassen. Lässt der Druck, mit dem er zugreift, nach, ist das ein ernst zu nehmendes Zeichen, dass es dem Vogel zu viel wird. Setzen Sie ihn umgehend in seine Krankenbox, bis er sich wieder etwas erholt hat.

  Achtung! Ist der Griff beider Füße unterschiedlich, ist dies ein wichtiges Krankheitssymptom, dass Sie Ihrem Tierarzt mitteilen sollten.
- ***Schwere Atemnot:*** Der Vogel atmet heftig. Halten Sie ein Stück Papier dicht an seinen Schnabel. Er sollte hineinbeißen. Tut Ihr Vogel dies nicht, hat er selbst dafür nicht mehr genug Sauerstoff und Kraft und sollte umgehend in seine Krankenbox gesetzt werden.
- ***Wenn Sie sich nicht sicher sind:*** Im Zweifelsfall sollten Sie lieber zu sehr, anstatt zu wenig vorsichtig sein. Wenn Sie sich also nicht sicher sind, ob es Ihrem Vogel zu viel wird oder nicht, sollten Sie ihn unbedingt erst einmal in seine Krankenbox setzen und beobachten.

Vogel fangen

Als Erstes müssen Sie das verletzte oder kranke Tier aus der Gruppe oder dem Käfig nehmen. Wenn das Tier zahm ist, geht das ganz einfach. Sie nehmen es auf die Hand und gehen ruhig mit ihm in den Behandlungsraum. Ist das Tier nicht zahm, müssen Sie es aus der Voliere oder dem Käfig fangen. Dazu nehmen Sie am besten ein Handtuch oder einen Kescher. Oft hilft es, erst das Zimmer abzudunkeln, da die Vögel dann eher ruhig sitzen bleiben und man sie so leichter fangen kann.

Handschuhe

Handschuhe sind zum Fangen und auch beim Behandeln nicht sehr geeignet. Sollen sie die Hände wirklich schützen, sind sie so dick und sperrig, dass man kaum noch Gefühl in den Fingern hat. Dies erhöht die Gefahr, das Tier zu verletzen oder ihm wehzutun. Außerdem sieht ein Handschuh noch genug nach Hand aus, dass der Vogel genau weiß, wohin er beißen muss, um sich zu wehren.

Es gibt noch einen wichtigen, vielleicht den wichtigsten Grund, der gegen Handschuhe spricht. Viele, vor allem ältere Papageien sind leider noch Wildfänge. Diese wurden oft unter unsäglichsten Bedingungen von mit Handschuhen bewehrten Menschen gefangen. Auch benutzen manche Züchter und Tierärzte Handschuhe, sodass auch bei Nachzuchten diese oft negativ belegt sind. Dementsprechend panisch reagieren Papageien oft auf Handschuhe. Diesen völlig unnötigen Stress müssen Sie Ihrem Tier nicht antun.

Kescher

Der Kescher ist am ehesten geeignet, einen fliegenden Vogel, der entweder nicht zahm oder der verstört ist, in einem größeren Raum zu fangen. Mit ein wenig Übung ist das ganz einfach. Ohne Übung ist es jedoch nicht empfehlenswert, da die Gefahr, dass Sie Ihr Tier durch ungeschicktes Hantieren mit dem Kescher verletzen könnten, viel zu hoch ist. Der Umgang mit dem Kescher will also geübt sein. Dies geht am besten mit der Hilfe eines gut springenden Balles, z.B. eines Tennisballs. Werfen Sie den Ball mit Wucht gegen den Boden oder eine Wand. Versuchen Sie dann mit dem Kescher den Ball so einzufangen, dass keine der harten Teile – Ring oder Stiel – mit ihm in Berührung kommen. Erst wenn Ihnen dies mühelos gelingt, sollten Sie den Kescher bei lebenden Tieren einsetzen.

Am einfachsten können Sie einen Vogel mit dem Kescher fangen, während er irgendwo sitzt. Dabei hilft es, den Raum abzudunkeln, damit der Vogel zur Ruhe kommt. Sie sollten unbedingt vermeiden, einen kranken oder verletzten Vogel zu jagen. Gehen Sie also behutsam und bedächtig beim Fangen vor. Sobald der Vogel im Kescher ist, drehen Sie den Stiel so,

Kescher: vorsichtig annähern ...

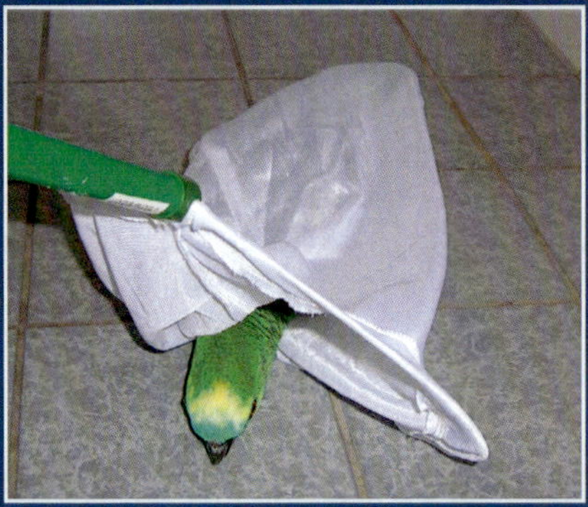
... und schwupps

... gefangen.

dass der Metallring des Keschers diesen verschließt. Anschließend gehen Sie mitsamt Vogel und Kescher in den Behandlungsraum. Falls er Ihnen beim Befreien aus dem Kescher entwischen sollte, ist Ihr Vogel dort viel leichter wieder einzufangen als in einem größeren Raum oder einer Voliere. Im Behandlungsraum angekommen, nehmen Sie Ihren Vogel vorsichtig mittels eines Handtuchs, damit Ihre Hand vor Bissen geschützt ist, aus dem Kescher. Das sichere Halten eines Vogels mit einem Handtuch ist im nachfolgenden Abschnitt erläutert.

Handtuch

Das Fangen des Vogels mit einem Handtuch ist meines Erachtens die Vorgehensweise der Wahl. Es ist recht einfach und schonend für den Vogel. Zum Fangen warten Sie am besten, bis Ihr Vogel z.B. am Käfiggitter oder in einer Ecke sitzt, und decken das Handtuch dann schnell komplett über ihn. Ist der Kopf erst einmal vom Handtuch verdeckt, wird der Vogel auch gleich viel ruhiger.

Vogel fixieren

Nach dem Fangen Ihres Vogels sollten Sie als Erstes seinen Kopf sicher fassen. So vermeiden Sie es, gebissen zu werden. Dazu verwenden Sie den sogenannten Kappen- oder Drei-Finger-Griff.

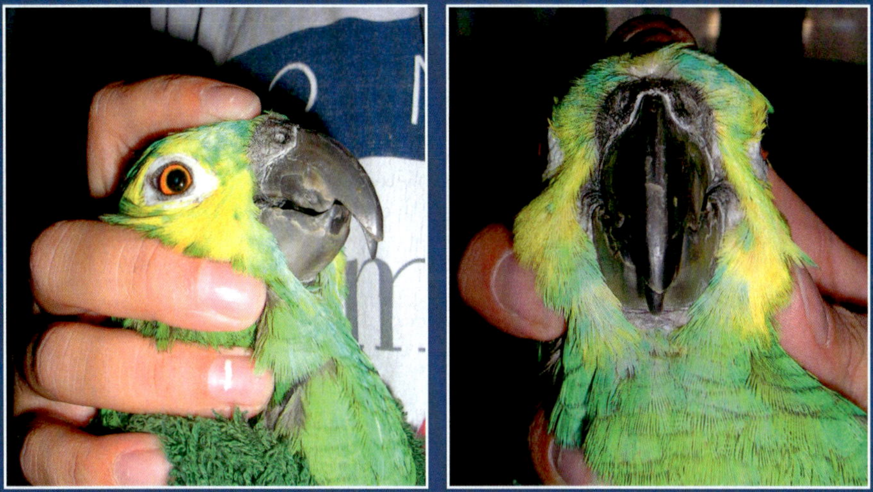

Der Kappengriff: Ihr Zeigefinger liegt über dem Scheitel des Vogels. Daumen und Mittelfinger halten den Unterkiefer jeweils rechts und links.

Kappengriff

Bei diesem Griff legen Sie Ihren Daumen an eine Wange des Vogels, Mittel-, Ring- und Kleinfinger an die andere Wange. Damit ist der Kopf Ihres Tieres nach rechts und links fixiert und er kann sich nicht aus Ihrem Griff herausdrehen. Den Zeigefinger legen Sie entlang eines gedachten Mittelscheitels über den Kopf des Vogels. Somit verhindern Sie, dass der Kopf Ihnen nach oben aus der Hand rutscht.

Fixieren

Haben Sie den Kopf sicher, müssen Sie nun den restlichen Körper fixieren. Dazu wickeln Sie den Vogel komplett, aber lose, damit Sie seine Atmung nicht behindern, in das Handtuch ein. Oft schlagen gefangene Vögel wild mit den Flügeln um sich, was das Einwickeln erheblich erschwert. Da Flügel außerdem leicht verletzt werden können, müssen Sie sehr vorsichtig beim Fixieren sein. Legen Sie die Flügel Ihres Vogels vorsichtig an den Körper Ihres Vogels an, bevor Sie ihn in das Handtuch einschlagen. Achten Sie darauf, den Vogel stets senkrecht mit dem Kopf nach oben zu halten. Die senkrechte Haltung ist wichtig, damit der Kreislauf Ihres Vogels nicht unnötig belastet wird. Wenn Sie mit Ihrem Vogel in den Behandlungsraum gehen, sollten Sie ihn senkrecht an Ihre Brust halten, sodass er seine Füße durch das Handtuch hindurch an Sie stellen kann. So fühlt er sich sicherer, als wenn Sie ihn frei in der Luft tragen.

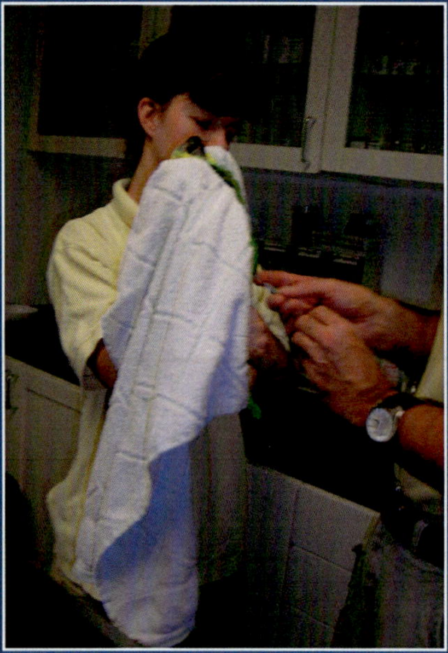

Sind Sie und Ihr Helfer ein gutes Team, erleichtert dies Ihre Behandlungsmaßnahmen ungemein.

Halten

Mit einem guten Helfer wird die Behandlung für Sie zum „Kinderspiel". Er hält den Vogel sicher, während Sie sich nur um die Behandlung selbst kümmern müssen. Ist Ihr Helfer ein Rechtshänder, hält er den Vogel normalerweise, eingewickelt in ein Handtuch, mit der linken Hand im Drei-Finger-Griff. Die rechte Hand hält von vorne – das ist wichtig, damit Sie Ihrem Vogel nicht wehtun – die Füße. Dabei sollte Ihr Helfer die Krallen des Vogels auch seine Finger umgreifen lassen. So kann er gut erkennen, ob der Fußgriff des Tieres nachlässt, und Sie warnen, wenn die Behandlung Ihrem Vogel zu viel wird. Als Behandler sollten Sie Ihren Helfer aber auch regelmäßig danach fragen, ob der Griff des Vogels nachlässt. Sie als Behandler und Vogelbesitzer sind in dieser Situation der Verantwortliche. Es wäre schlimm, wenn ein – vielleicht unerfahrener – Helfer vor Aufregung vergisst, auf die Warnsignale zu achten oder Ihnen diese mitzuteilen.

Achten Sie unbedingt ebenfalls darauf – auch wenn der sich möglicherweise stark wehrende Vogel sicher gehalten werden muss – dass Sie nicht zu fest zudrücken und seine Atmung behindern oder gar die Augen eindrücken!

Bei sehr großen Vögeln kann es sein, dass Ihre Hand nicht groß genug ist, um den Vogelkopf sicher im Kappengriff zu halten. Dann können Sie stattdessen den Vogel oben am Hals wie eine Flasche fassen. Achten Sie jedoch darauf, dass Sie keinen Druck auf den Hals ausüben. Nicht nur könnten Sie dadurch die Atmung Ihres Vogels behindern, sie könnten sogar die Blutzufuhr behindern oder den Druck im Kopf erhöhen.

Um dies zu veranschaulichen, können Sie einen mit Wasser gefüllten Plastikbeutel in Ihrer Hand drücken. Probieren Sie aus, wie sich durch den Druck das Wasser im Beutel bewegt. Packen Sie den Beutel in der Mitte so, wie Sie einen Vogelkopf oder Hals halten würden. Erhöhen Sie den Druck. Merken Sie, wie Sie das Wasser im

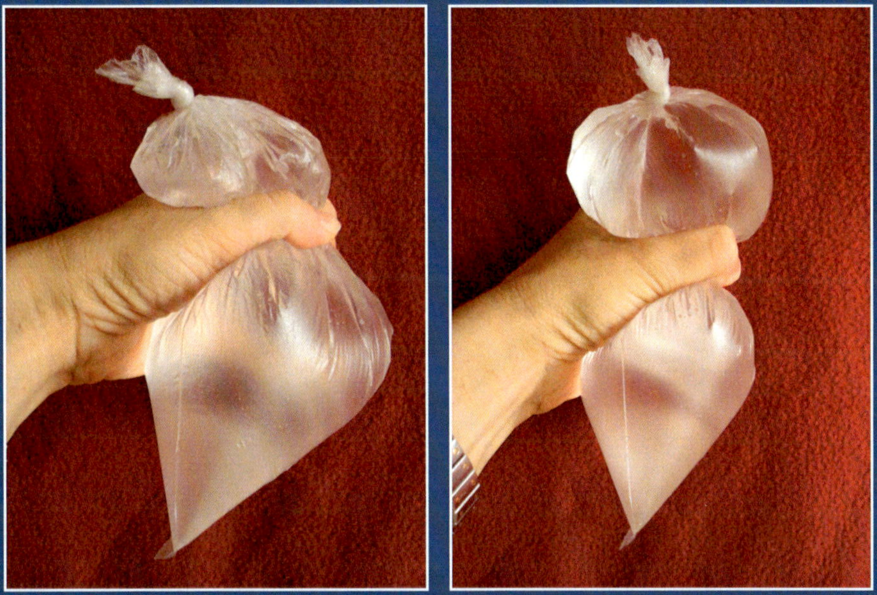

Mit einem Wasserbeutel können Sie gut die Auswirkung von Druck auf Flüssigkeiten ausprobieren: Sehen Sie, wie der Druck meiner Hand die Flüssigkeit in den „Kopf" meines Plastiktütenvogels hochjagt.

Beutel nach oben drücken? Ähnliches geschieht mit dem Blut, wenn Sie bei Ihrem Vogel zu fest zudrücken. Dadurch steigt der Druck im Kopf, wodurch Blutgefäße platzen können. Dies ist lebensgefährlich. Deshalb sollten Sie beim Halten Ihres Vogels sehr vorsichtig sein. Ihre Hand sollte starr sein, damit Ihr Vogel sich darin nicht bewegen kann, der angewandte Druck sollte aber gleichzeitig minimal sein.

Sehr kleine Vögel können Sie in einer Hand komplett fixieren. Dazu halten Sie den Kopf zwischen Daumen und Zeigefinger. Der Rücken liegt in Ihrer Hand und die Beine zwischen Ihrem kleinen Finger und dem Ringfinger. Falls Sie ohne Helfer arbeiten müssen, gibt es einige Kniffe, wie Sie den Vogel auch alleine so fixieren können, dass Sie beide Hände zum Arbeiten frei haben. Es empfiehlt sich, dies vorher – vielleicht mit einem Stofftier – gründlich zu üben. Als Erstes wickeln Sie Ihren Vogel gut in ein Handtuch ein. Er sollte sich nicht bewegen können. Dabei darf das Handtuch jedoch nicht so fest sitzen, dass es seine Atmung behindert. Außer wenn Sie am Kopf Ihres Tieres arbeiten, sollte auch dieser vom Handtuch bedeckt sein. Zum einen, weil das Tier dann ruhiger ist, zum anderen, weil Sie damit die Gefahr, gebissen zu werden, ganz erheblich reduzieren. Wenn Sie alleine arbeiten, kann es hilfreich sein, das lose Handtuchende mit einer Klemme zu fixieren, damit es sich nicht lösen kann.

Fixieren bei Kopfbehandlungen

Falls Sie am Kopf Ihres Vogels hantieren müssen, setzen Sie sich erst einmal hin. Dann klemmen Sie Ihren Vogel mitsamt Handtuch vorsichtig zwischen Ihre Oberschenkel. So haben Sie beide Hände frei zum Arbeiten. Achten Sie dabei unbedingt darauf, dass Sie mit Ihren Oberschenkeln nicht so fest zudrücken, dass Sie die Atmung Ihres Vogels behindern!

Fixieren bei Behandlungen an Körper und Gliedmassen

Bei Maßnahmen an den Flügeln, Füßen oder am Körper des Vogels benutzen Sie wahlweise einen Tisch oder Ihren Schoß als Unterlage für den Vogel. Setzen Sie den eingewickelten Vogel aufrecht auf den Tisch, direkt vor Ihren Körper. Benutzen Sie Ihren linken Arm, um das Tier an Ihrem Körper zu fixieren. Dann legen Sie vorsichtig die Gliedmaße oder den Körperbereich, der medizinisch versorgt werden muss, aus der Handtuchumwicklung frei. Während der Behandlung wird Ihr Vogel weiterhin eng an Ihren Oberkörper fixiert. Je nachdem wo Sie am Vogel hantieren, kann es für Sie auch einfacher sein, den Ellbogen aufzustützen und den Vogel nur mit Ihrem Oberarm zu fixieren. Scheuen Sie sich auch nicht, falls nötig, den rechten Arm hinzuzunehmen. All dies mag Ihnen derzeit außerordentlich schwierig erscheinen, aber ich versichere Ihnen, mit ein bisschen Übung ist es ganz leicht. Wenn ich es kann, können Sie es auch.

Behandlungen

Medikamentengabe in den Schnabel

Wenn Sie Ihrem Vogel Medikamente einflößen müssen, halten Sie seinen Kopf mit Ihrer linken Hand (wenn Sie Rechtshänder sind – sonst genau andersherum) im Kappengriff. Kleine bis mittelgroße Vögel lassen Sie mit den Füßen an Ihrem Oberkörper ruhen, sodass sie ganz senkrecht sind. Große Vögel setzt man zur Medikamentengabe am besten auf einen Tisch, wenn man alleine arbeitet. Haben Sie hingegen einen Helfer, kann dieser Kopf und Füße des Vogels halten, wobei auch hier auf eine möglichst senkrechte, kreislaufschonende Haltung des Vogels geachtet werden sollte. Spritzen Sie niemals Medikamente oder Flüssigkeiten mitten in den Schnabel. Das Tier könnte sich zu leicht verschlucken und daran ersticken. Besser ist es, wenn Sie die Spritzenspitze an die seitliche Innenseite des Schnabels halten. Dann lassen Sie das Medikament langsam einträufeln. So läuft es an der Innenseite

Zur Untersuchung habe ich Jack zwischen Oberkörper und linken Arm geklemmt. So kann ich problemlos seinen Fuß untersuchen und versorgen, denn ich habe beide Hände dazu frei. Im Ernstfall würden Sie Ihren Vogel dazu in ein Handtuch einwickeln, damit er besser stillhält und Sie vor Bissen geschützt sind.

entlang in den Schnabel, und der Vogel kann rechtzeitig schlucken. Mancher Vogel „bunkert" die Medikamente im Unterschnabel, um sie auszuspucken, sobald er losgelassen wird. Dem können Sie entgegenwirken, indem Sie den Hals Ihres Vogels bei der Medikamentengabe vorsichtig ein wenig lang und nach oben strecken. Bewährt hat sich auch anschließend eine Spritze sauberes Wasser oder lauwarmen Kräutertee hinterherzugeben, um alles herunterzuspülen. Im Einzelfall darf

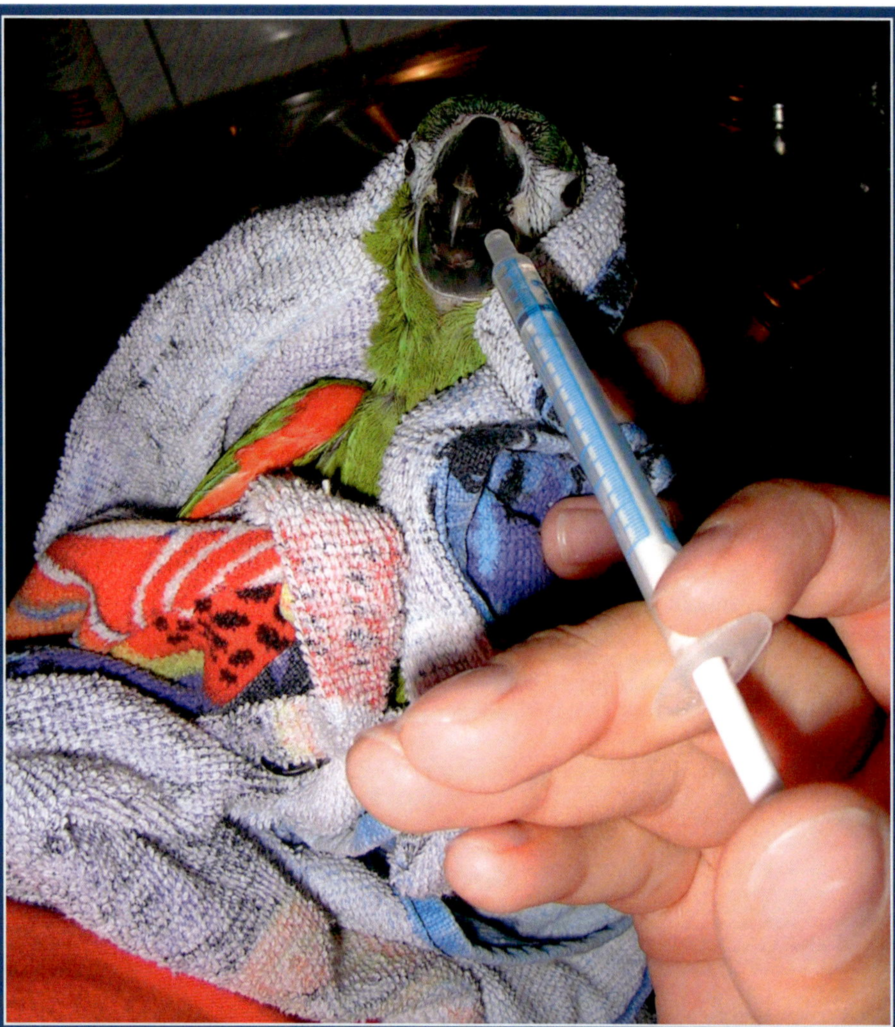

Zur Behandlung gut in ein Handtuch eingewickelt, bekommt Pepe problemlos ihre Medikamente eingeflößt.

das auch Obstsaft sein. Das müssen Sie aber unbedingt mit Ihrem vogelkundigen Tierarzt absprechen, denn manche Medikamente sind mit Obstsäften unverträglich – sie verlieren ihre Wirkung.

Achtung! Insbesondere bei Antibiotika ist es sehr wichtig, dass Sie sich genau an die vorgegebenen Eingabezeiten und -dauer halten. Wird eine antibiotische Behandlung nicht bis zum Schluss durchgeführt, kann dies zu sogenanten Resistenzen führen. Das heißt, das Bakterium wird unempfindlich gegen das Medikament, sodass es zukünftig nicht mehr wirksam ist. Ihr Tierarzt gibt Ihnen hierzu genaue Auskunft.

Spritzen

Nur in Ausnahmefällen wird Ihr Tierarzt von Ihnen erwarten, dass Sie Ihrem Tier selber Medikamente spritzen. Lassen Sie es sich von ihm in diesem Fall sehr genau erklären und führen Sie das Prozedere mindestens einmal unter seiner Aufsicht durch. Auch bei diesem Prozedere sollte das Tier möglichst senkrecht gehalten werden, da es kreislaufschonender ist. Am einfachsten ist dies natürlich mit einem Helfer zu bewerkstelligen. Haben Sie keinen Helfer, der Ihren Vogel dabei für Sie halten kann, können Sie sich mit einem Kissen behelfen. Große Kissen können oft so zurechtgeschoben werden, dass sie eine Art Rampe bilden, auf die Sie den Vogel legen können. Funktioniert das so nicht, können Sie auch aus mehreren dicken Büchern und einem Regalbrett eine Unterkonstruktion bauen, die Sie mit einem Kissen oder dickem Handtuch abpolstern. Dann wickeln Sie Ihren Vogel komplett in ein Hand- oder Badetuch ein und legen ihn auf die Rampe. Anschließend öffnen Sie das Handtuch über der Stelle am Vogel, in die Sie die Spritze verabreichen sollen, und halten sich ansonsten genau an die Anweisungen Ihres Tierarztes.

Salben und Tinkturen

Salben und manche Tinkturen werden äußerlich aufgetragen. Am besten entnehmen Sie die benötigte Menge mit einem frischen sauberen Wattestäbchen oder Holzspachtel und tragen es damit auf die betroffene Stelle auf. So verunreinigen Sie weder Tiegel, Tube noch Wunde. Achten Sie bitte darauf, dass sie das Federkleid nicht mit Salben verunreinigen. Dies ist für Ihr Tier sehr unangenehm.

Behandlungen an den Augen

Insbesondere bei Anwendungen im Augenbereich müssen Sie sehr darauf achten, dass Sie Ihren Vogel nicht verletzen, wenn er sich plötzlich bewegen sollte. Dabei hilft ein kleiner Trick. Legen Sie Ihre Handkante oder -wurzel der Hand, mit der Sie Salbe oder Tropfen auftragen wollen, auf den Vogel auf. Zuckt er, zuckt Ihre Hand mit, bleibt aber immer im gleichen Abstand zum Vogel, sodass Sie ihn nicht verletzen können.

Behandlungen am und im Schnabel

Am besten halten Sie die Taschenlampe zwischen den Zähnen. So haben Sie beide Hände zur Behandlung Ihres Vogels frei. Wollen Sie Schnabelhöhle und Rachen Ihres Vogels genauer inspizieren, kann es hilfreich sein, den Vogel einfach vorne in die Taschenlampe beissen zu lassen. So fungiert sie gleichzeitig als Schnabelsperre und Lichtquelle.

Wunden an den Füßen kann man am besten in einem Fußbad reinigen.

Wundversorgung

Wunde reinigen

Falls sich die Wunde an befiederten Körperstellen befindet: Zupfen Sie die Daunenfedern in dem Bereich aus. So können Sie die Wunde genau sehen und verhindern auch, dass Federn in der Wunde verkleben. Zur Reinigung nehmen Sie Jod-, isotonische Kochsalzlösung oder Kamillentee. Damit können Sie die Wunde entweder spülen oder mit Hilfe eines Tupfers auswaschen. Spülen geht am leichtesten, wenn Sie die Reinigungslösung in einer Spritze hochziehen oder in eine Tropfflasche füllen. Diese drücken Sie dann über der Wunde vorsichtig aus. Wunden an den Füßen können auch gut durch ein Bad des betreffenden Gliedmaßes in der Reinigungslösung gesäubert werden. Nachdem Sie die Wunde gereinigt haben, sollten Sie genau kontrollieren, ob sich Fremdkörper in der Wunde befinden, wie

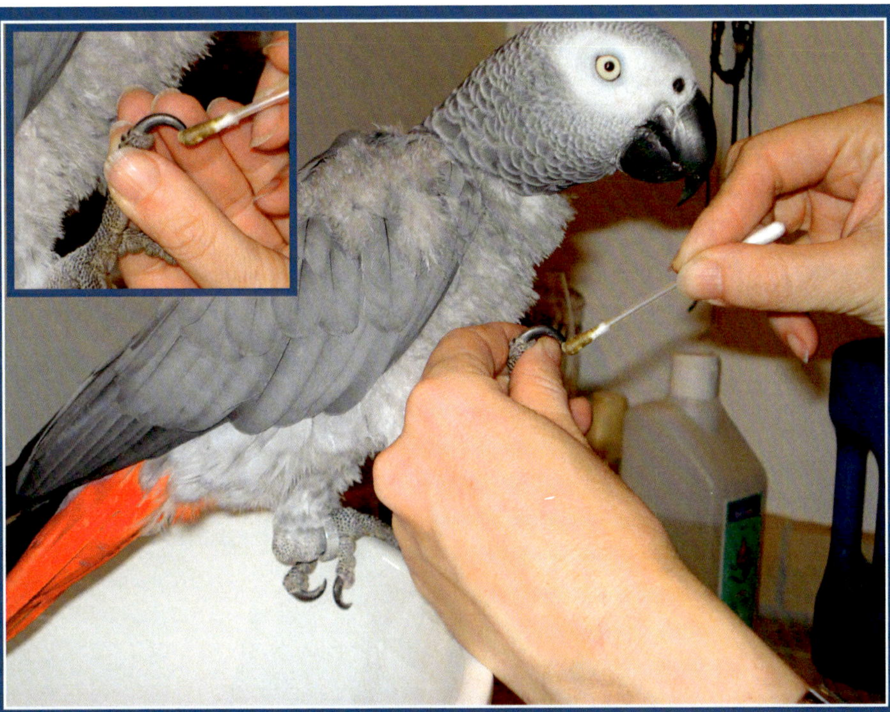

Krallenblutungen können meist mit Eisen-III-Chloridlösung gestillt werden.

z.B. Stacheln oder Splitter. Dies ist besonders wichtig, wenn Ihr Tier sich selbst benagt. Denn es kann sein, dass dieses scheinbar selbstzerstörerische Verhalten nichts anderes ist als sein Versuch, einen Fremdkörper zu entfernen. Fremdkörper können Sie vorsichtig mit Hilfe einer Pinzette aus der Wunde ziehen.

Blutung stillen

Oftmals hören Wunden von selbst auf zu bluten, wenn man das Tier zur Ruhe kommen lässt. Im Gegenzug verschlimmert Herumjagen, z.B. um das Tier zu fangen, das Bluten, da so der Blutdruck in die Höhe getrieben wird. Ist der Vogel wieder zur Ruhe gekommen und die Wunde blutet auch nach einer kurzen Wartezeit weiterhin, müssen Sie die Blutung stillen. Dazu tränken Sie einen Tupfer mit Eisen-III-Chloridlösung und drücken diesen vorsichtig auf die Wunde. Haben Sie kein Eisen-III-Chlorid zur Hand, können Sie auch Kernseife, Speisestärke oder Mehl nehmen.

Achtung! Speisestärke oder Mehl bieten einen idealen Nährboden für Bakterien und können zu schweren Entzündungen der Wunde führen. Außerdem sind sie nur sehr schwer wieder aus Wunden zu entfernen. Sie sind deshalb nur im Notfall zur Blutstillung zu verwenden, wenn Sie wirklich nichts anderes zur Hand haben. Wenn die Blutung aufgehört hat, müssen Stärke- oder Mehlreste wieder komplett aus der Wunde entfernt werden. Dies sollten Sie Ihrem vogelkundigen Tierarzt überlassen, der die Wunde gründlich reinigen und versorgen kann, damit sie sich nicht entzündet.

Achtung! Eisen-III-Chlorid ätzt und sollte nur äußerlich angewendet werden.

Hartnäckig blutende Wunden an den Hornteilen – Schnabel und Krallen – können durch vorsichtiges Auftupfen mit einem heißen Lötkolben verödet werden. Seien Sie dabei sehr vorsichtig, damit Sie Ihrem Vogel nicht aus Versehen Verbrennungen zufügen. Abgeknickte und blutende Federn schneiden Sie am besten unterhalb der Bruchstelle ab und behandeln auch sie mit Eisen-III-Chloridlösung. Bitte lesen Sie dazu auch die detaillierten Erklärungen im Kapitel „Spezifische Maßnahmen“ durch.

Wunde desinfizieren

Streichen Sie eine dünne Schicht Jodsalbe mit einem Wattestäbchen auf die Wunde.

Wunde verbinden

Generell heilen Wunden an der Luft besser als wenn sie durch einen Verband abgeschlossen werden – vorausgesetzt, sie werden nicht verunreinigt. Dass Sie auf peinlichste Hygiene in Krankenbox oder -käfig achten, sollte selbstverständlich sein. Da viele Papageien außerdem versuchen, etwaige Wundverbände zu entfernen und dabei unter Umständen die Verletzung sogar verschlimmern, sollten Sie zunächst von einem Wundverband absehen, aber den Vogel genau beobachten.

Eine Ausnahme sind Wunden an den Fußsohlen, die zwangsläufig in ständigem Kontakt zu Sitzästen oder Boden sind. Diese Wunden müssen durch einen Verband vor Verunreinigungen und Beanspruchung geschützt werden. Geben sie etwas Jodsalbe auf einen Tupfer und legen Sie diesen auf die Wunde. Dann wickeln Sie Streifen des selbsthaftenden Verbandmaterials so um das Bein, dass der Tupfer und somit die Wunde nach und nach völlig bedeckt werden. Der Verband sollte dabei ganz glatt liegen und keinerlei Falten werfen. Solche Falten verursachen Druckstellen, die ungeheuer wehtun können.

Achten Sie beim Anlegen des Verbands auch unbedingt darauf, dass Sie das Verbandsmaterial nicht strecken. Dies würde zur Folge haben, dass der Verband zu eng sitzt. Dadurch könnte die Durchblutung abgeschnürt werden und der Fuß absterben. Auch nach Anlegen des Verbands sollten Sie unbedingt den verbundenen Fuß sehr sorgfältig beobachten. Schwillt er an oder verfärbt er sich gar,

Auch Verbände anlegen kann man üben.

müssen Sie umgehend den Verband entfernen. Sonst laufen Sie Gefahr, dass Ihr Vogel seinen Fuß verliert.

Achtung! Wunden am Körper bitte auf keinen Fall verbinden, da Sie damit die Atmung behindern könnten.

Halskrausen

Wenn Papageien sich plötzlich extrem Rupfen oder Wunden und Verbände bearbeiten, kann es notwendig sein, ihnen temporär eine Halskrause umzulegen, um dies zu unterbinden. Es gibt natürlich kommerziell hergestellte Halskrausen, aber die hat man im Notfall meist nicht zur Hand. Deshalb möchte ich Ihnen hier kurz beschreiben, wie Sie solche Halskrausen im Notfall selbst konstruieren können. Dabei möchte ich Sie aber ausdrücklich darauf hinweisen, dass eine Halskrause wahrlich kein Spaß für einen Papagei ist und wirklich nur im Notfall benutzt werden sollte, wenn er sich selbst sonst schweren Schaden zufügen würde.

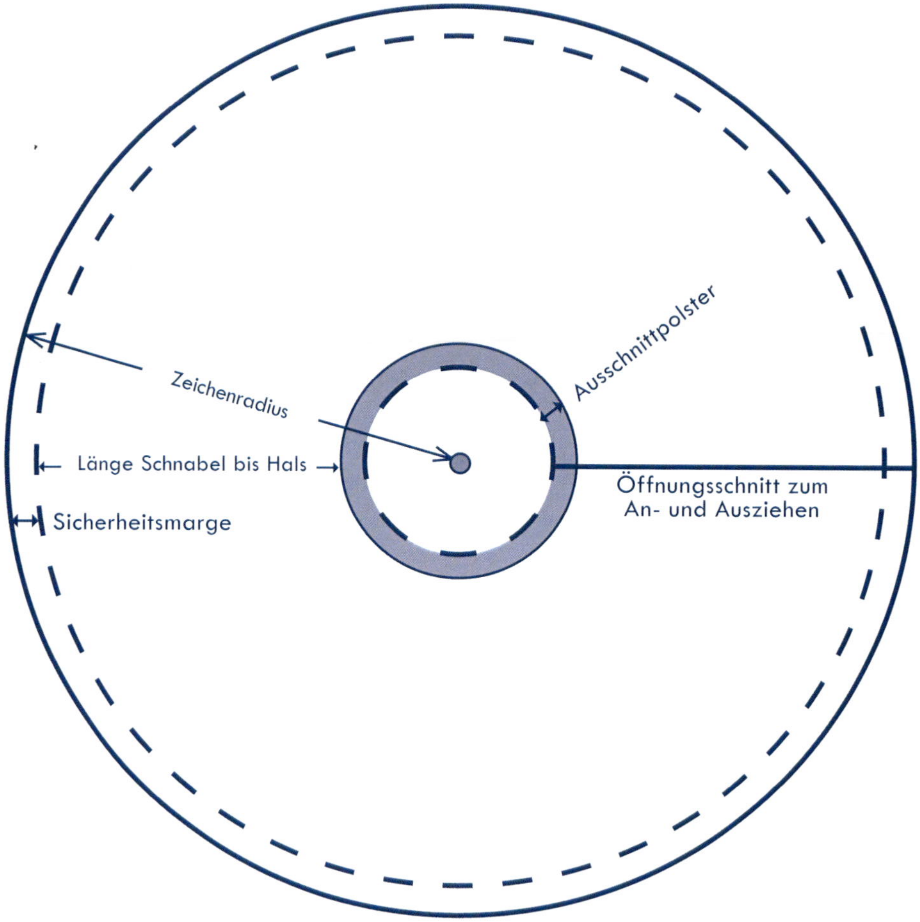

MATERIAL

Als Material für eine Halskrause nehmen Sie am besten ein Stück steife, durchsichtige Plastikfolie. So kann Ihr Vogel hindurchblicken und sehen, wo er langläuft oder klettert, und wird weniger durch die Halskrause behindert. Die Folie sollte gerade dick genug sein, dass sie einigermaßen stabil ist. Je dicker sie ist, desto mehr wiegt die Folie und desto größer ist deshalb das Gewicht, dass Ihr Vogel am Hals tragen muss. Geradezu ideal für kleinere bis mittlere Papageien sind unbeschichtete CDs, wie man sie manchmal als oberste CD in einem Stapelpack mitgeliefert bekommt. Haben Sie keine Folie zur Hand, können Sie zur Not auch ein Stück Karton benutzen. Dies wird zwar in der Re-

Nach einer Fußverletzung war Pedro extrem mitgenommen – er zerstörte nicht nur den Verband, sondern verstümmelte auch seine Füße. Deswegen benötigte er eine Halskrause, die wir intensiv mit Klebebandstreifen dekorierten, um Pedro von seinen Füßen abzulenken.

gel sehr schnell durchgeknabbert werden, ist aber natürlich immer noch besser, als wenn der Vogel sich selbst Schaden zufügt.

Zuschnitt

Der Radius des Halskragens muss so bemessen sein, dass der Vogel nicht weiter an sich nagen kann, aber so wenig wie unbedingt nötig behindert wird. Eine Größe, die meistens ganz gut funktioniert, ist, wenn Sie die Distanz von Schulter zu Schnabelspitze bemessen. Da der Halskragen auf den Schultern aufliegt, ist dies genau der Abstand, den Ihr Vogel mit seinem Schnabel normalerweise erreichen kann. Zu dem so ermittelten Radius fügen Sie noch eine Sicherheitsmarge von einem halben Zentimeter für kleine, einem ganzen Zentimeter für mittlere und zwei Zentimetern für große Vögel zu. Bedenken Sie, dass die erreichbare Distanz für den Vogel nicht ab Mitte der Halskrause sondern ab Rand des Halsausschnitts gilt. Dessen Radius müssen Sie also dem Gesamtradius noch hinzufügen. Der Halsausschnitt für den Kragen muss so großzügig bemessen sein, dass die Atmung Ihres Vogels in keiner Weise behindert wird. Bedenken Sie jedoch, dass die Federn täuschen. Der darunter liegende Hals ist vergleichsweise dünn. Schneiden Sie den Halsausschnitt zu groß aus, dann wird die Halskrause ständig verrutschen und Ihren Zweck nicht gut erfüllen. Mit Hilfe eines Zirkels können Sie nun einen Kreis mit dem gewünschten Radius auf die Folie aufzeichnen und dann ausschneiden. Haben Sie keinen Zirkel, können Sie diesen gut mit einem Stück Schnur und einem Stift nachbilden. Ein Ende der Schnur binden Sie um den Stift und das andere Ende halten Sie auf den Mittelpunkt der geplanten Halskrause. Nun können Sie mit dem Stift ganz einfach einen Kreis mit dem gewünschten Radius ziehen und Halskrause sowie Halsausschnitt ausschneiden. Anschließend muss der Halsausschnitt gut mit Watte gepolstert werden, damit weder Gefieder noch Haut durch die Schnittkante angegriffen werden können. Dazu legen Sie Watte an die Schnittkante und kleben diese mit Textilband so ab, dass sie komplett abgedeckt ist. Anschließend kleben Sie mit dem Textilband „Dekorationen“ auf den Kragen. Mit ein bisschen Glück wird Ihr Vogel sich mit denen beschäftigen, statt den Kragen zu zerstören.

6. Die Notfall-apotheke

Zu jedem Papageienhaushalt sollte eine gut ausgestattete Notfallapotheke gehören.

Deren Inhalt sollte in regelmäßigen Abständen auf Verfallsdaten überprüft werden. Die schönste und vollständigste Notfallapotheke nutzt Ihnen nichts, wenn die Haltbarkeit der benötigten Mittel bereits abgelaufen ist. Zusätzlich sollten Sie unbedingt darauf achten, benutzte Bestandteile der Apotheke umgehend zu ersetzen. Nachfolgend finden Sie eine detaillierte Erläuterung der Bestandteile einer guten Notfallapotheke für Vögel.

Adsorptionsmittel

z.B. Aktivkohle, Heilerde

Einsatzbereich: wasserunlösliche Mittel, die

Heilerde

Aktivkohle

aufgrund ihrer Oberflächenstruktur bei Vergiftungen das Gift im Magen-Darm-Trakt an sich binden und so ausleiten können.
Achtung! Aktivkohle ist bei Schwermetallvergiftungen nicht so geeignet.
Anwendung: damit es besser rutscht, mit ein wenig Wasser vermischen und mit der Spritze in den Schnabel geben
Dosierung:

- ***Aktivkohle:*** 2-8 g pro kg Körpergewicht – ein Teelöffel Aktivkohle wiegt circa 2,5 g
- ***Heilerde:*** 1-4 g pro kg Körpergewicht – ein Teelöffel Heilerde wiegt circa 5 g

Brand- und Wundgel

z.B. Wala, Medice N
Einsatzbereich: Verbrennungen, Verätzungen, Insektenstiche
Anwendung: dünn auf die betroffene Stelle auftragen. Benutzen Sie dazu aus Hygienegründen am besten ein sauberes Wattestäbchen.
Achtung! Bitte verwenden Sie Brand- und Wundgel nur an nicht befiederten Hautstellen, damit das Gefieder nicht verklebt.

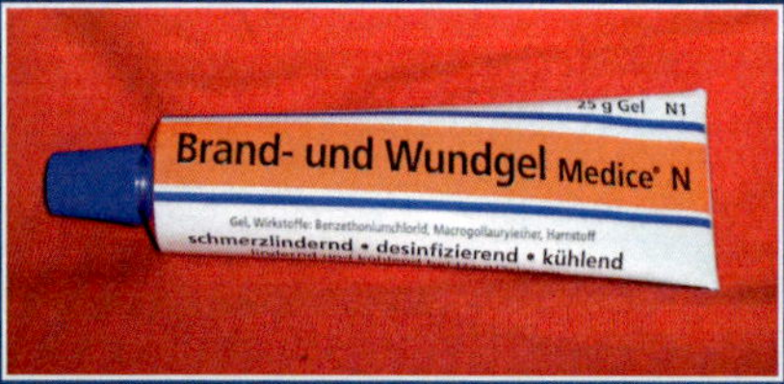

Brand- und Wundgel

Dies ist für den Vogel äußerst unangenehm und könnte zu Rupfen führen, wenn das Tier versucht, die klebrige Substanz von seinem Gefieder zu entfernen.

Eisen-III-Chloridlösung

Einsatzbereich: Blutstillung
Anwendung: Kurz vor Gebrauch lösen Sie das Eisen-III-Chlorid in der angegebenen Menge Wasser auf und schütteln es gründlich. Zur Anwendung tränken Sie einen Tupfer mit der Lösung und drücken Sie diesen firm, aber ohne dem Tier weh zu tun, auf die Wunde bis sie aufhört zu bluten.
Dosierung: 3 %-Lösung, also 3 g auf 100 ml Wasser
Ersatzmittel: Falls Sie kein Eisen-III-Chlorid zur Hand haben, können Sie zur Not auch Kernseife, Speisestärke oder Mehl auf die Wunde drücken.
Achtung! Eisen-III-Chlorid nur äußerlich anwenden. Ätzt. Auf keinen Fall auf Schleimhäute aufbringen.
Achtung! Speisestärke und Mehl sind ideale Nährböden für Bakterien. Zusätzlich sind sie sehr schwer aus Wunden wieder zu entfernen. Deshalb sollten sie nur im absoluten Notfall eingesetzt werden, wenn Sie wirklich nichts anderes zur Hand haben. Nach Stillen der Blutung muss die Wunde tierärztlich von allen Stärke- und Mehlresten gereinigt und versorgt werden, damit sie sich nicht entzündet.

Achtung! Die Lösung ist nur einige Tage haltbar. Denken Sie also unbedingt daran, das Eisen-III-Chlorid nach Verwendung nachzukaufen.

Achtung! Die Lösung ist stark färbend und nicht auswaschbar.

Flohsamenschalen

bzw. Psyllium-Schalen

Einsatzbereich: hilft Fremdkörper schnell aus dem Körper auszuleiten

Anwendung: insbesondere bei akuten Schwermetallvergiftungen

Dosierung: 1 g pro 100 ml Flüssigkeit

Ersatzmittel: Erdnussbutter: Die angewendete Menge sollte stecknadelkopfgroß für kleine Papageien, erbsengroß für mittlere Papageien und haselnussgroß für große Papageien sein.

Achtung! Flohsamenschalen quellen enorm auf. Halten Sie sich strikt an die empfohlene Dosierung, damit Ihr Tier keine Verstopfung bekommt.

Gazetupfer

bzw. Mullkompressen

Einsatzbereich: zum Reinigen von Wunden, Auftupfen von Lösungen, unter dem Verband zum Abdecken und Abpolstern der Wunde, damit Sie Ihrem Vogel nicht unnötig weh tun.

Flohsamenschalen

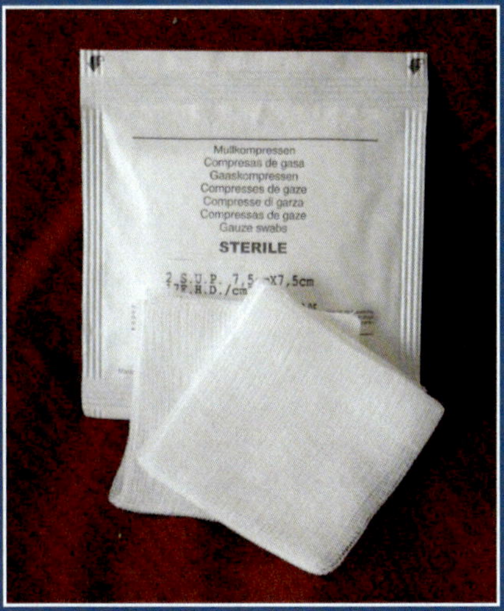

Sterile Gazetupfer

Ersatzmittel: Watte, deren Fasern jedoch für Ihren Vogel gefährlich sein können (Verschlucken, Abschnürung von Gliedmaßen).

Isotonische Kochsalzlösung

auch physiologische Kochsalzlösung

Einsatzbereich: Inhalieren, Wundreinigung,

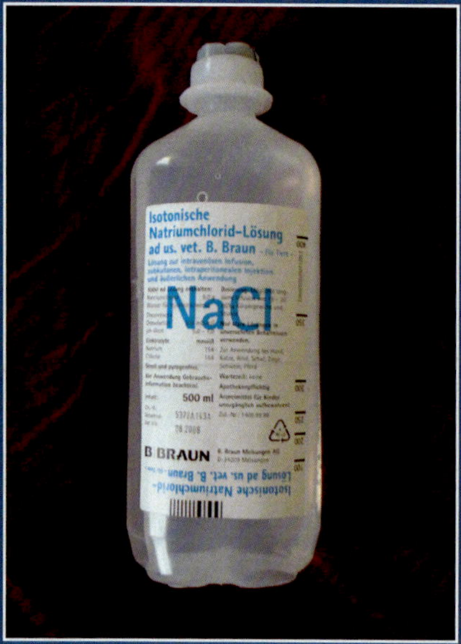

Isotonische Kochsalzlösung

insbesondere zum Spülen von Wunden und Augenverletzungen

Dosierung: unverdünnt.

Rezept: 9 g Kochsalz auf ein Liter destilliertes Wasser

Anwendung: Wunden: spülen oder baden; Inhalieren: nach Anleitung des Tierarztes

Ersatzmittel: Wundreinigung – lauwarmer Kamillentee, Inhalieren – Wasser

Kalzium

z.B. Frubiase

Einsatzbereich: Legenot, Krämpfe

Anwendung: flüssige Präparate mit der Spritze direkt in den Schnabel geben; Pulver in die Nährstofflösung einrühren

Dosierung: 10-40 mg pro kg Körpergewicht

Ersatzmittel: zur Not ein Mischpräparat, wie z.B. Korvimin. Besser wäre es jedoch aufgrund der Höhe der benötigten Dosierung, Kalzium zur Hand zu haben.

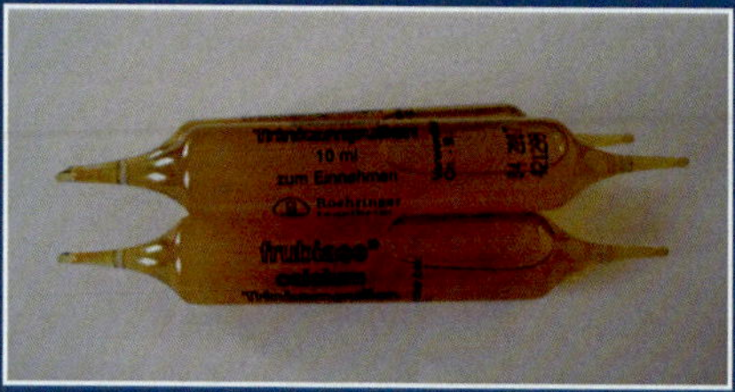

Kalzium Trinkampullen

Kamillentee

Einsatzbereich: Wundreinigung, Desinfektionsmittel, wirkt in der Nährstofflösung beruhigend und antibakteriell

Anwendung: Sie können lauwarmen Kamillentee als Grundlage für die Nährstofflösung und zum Reinigen von Wunden verwenden.

Dosierung: ein Teebeutel auf eine Tasse kochendes Wasser. Denken Sie daran, den Tee vor der Anwendung auf ungefähr 40° C abzukühlen.

Ersatzmittel: Zur Wundreinigung können Sie auch Jodsalbe in Wasser auflösen oder isotonische Kochsalzlösung verwenden. Als Grundlage für die Nährstofflösung können Sie auch Wasser oder passende Kräutertees nehmen.

Kanülen

Einsatzbereich: zum Umfüllen von Flüssigkeiten aus der Ampulle in die Spritze, wie z.B. Traumeel. Zum hygienischen Aufstechen von Blasen und Zysten.

Achtung! Gehen Sie äußerst vorsichtig mit Kanülen um. Sie sind extrem scharf. Sie können Ihren Vogel damit schwer und sich selbst ziemlich unangenehm verletzen.

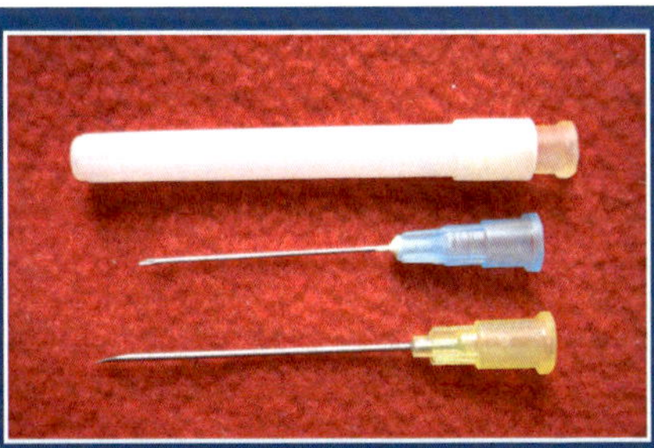
Kanülen

Klemme

Eine Klemme dient zum Ziehen gebrochener und schwer blutender Blutfedern und zum Fixieren des Handtuchs, in das Sie Ihren Vogel zur Behandlung einschlagen.

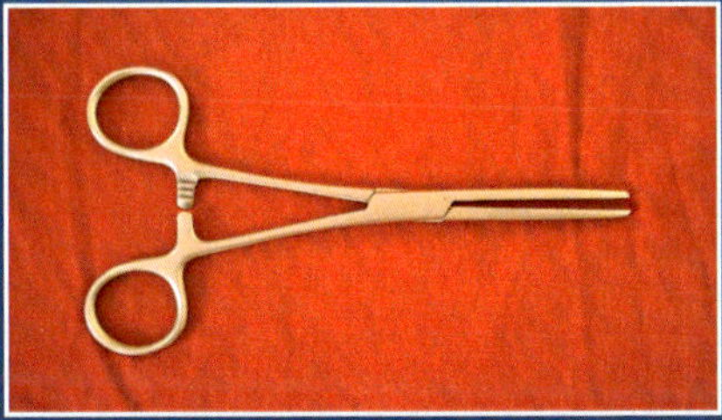
Klemme

Kotprobenröhrchen

Einsatzbereich: Wie der Name schon sagt, nehmen Sie Kotprobenröhrchen, um Kotproben Ihrer Tiere zu sammeln.

Anwendung: Kot wird über drei Tage gesammelt und zwischendurch im Kühlschrank aufgehoben. Achten Sie darauf, dass Sie den Kot von einer hygienischen Unterlage aufnehmen. Verunreinigter Kot gibt keine zuverlässigen Testergebnisse. Ist Ihr Vogel zahm, können Sie einfach ein Schüsselchen unter Ihren Vogel halten, wenn er Kot absetzt. Ansonsten stellen Sie einen Teller oder legen Sie ein Stück Plastikfolie unter seinen Schlafplatz und sammeln Sie so den Morgenkot ein. Sollten Sie das befüllte Kotprobenröhrchen verschicken, achten Sie bitte darauf, dass es so gut verschlossen und verpackt ist, dass es im Briefumschlag nicht aus-

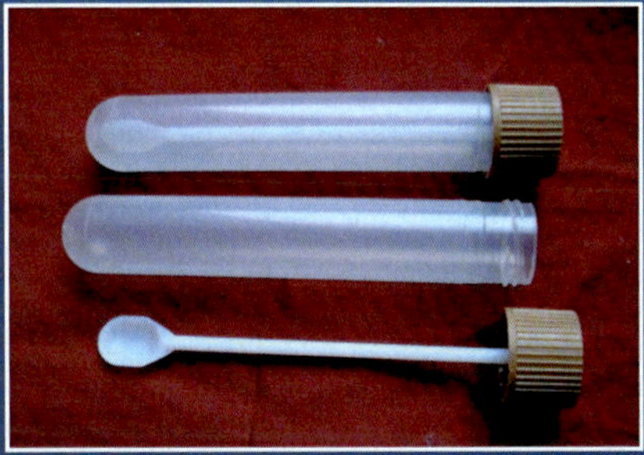
Kotprobenröhrchen

laufen kann. Der Briefträger wird Ihnen dankbar dafür sein.

Achtung! Die Plastikfolie sollte nicht tagsüber, wenn das Tier wach ist, im Käfig oder in der Voliere bleiben. Zu groß ist die Gefahr, dass Ihr Tier daran ersticken könnte.

Ersatzmittel: Plastiktüte, Filmdöschen oder ähnliche verschließbare Behälter

Vitamin-/Mineralstoffmischung

z.B. Korvimin, Nekton S

Enthalten zudem Spurenelemente und essentielle Aminosäuren.

Einsatzbereich: Mangelerscheinungen, Legenot, Mauser, Stockmauser, Vergiftungen

Multivitamine

Anwendung: in Nährstofflösung oder Nährbrei einrühren oder über das Futter streuen

Dosierung: s. Packung, z.B. Korvimin 0,2-2,5 mg pro kg Körpergewicht des Tieres

Ersatzmittel: Einzelvitamine nach Indikation

Achtung! Fettlösliche Vitamine – E, D, K und A – nicht über einen längeren Zeitraum in hohen Dosen zuführen. Der Körper kann sie nicht einfach ausleiten, was zu Vitaminvergiftungen führen kann.

Natron

z.B. Speisesoda, KaiserNatron, Bullrichsalz

Einsatzbereich: Neutralisierung von Säuren, Insektenstiche, Vergiftungen mit sauren Substanzen wie z.B. Aspirin

Anwendung: äußerlich: Rühren Sie eine Paste aus Natron und Wasser an und tragen Sie diese mit Hilfe eines Wattestäbchens – wegen der besseren Hygiene – auf die betroffene Stelle auf. Innerlich: 1/2 TL der Nährstofflösung hinzufügen

Ersatzmittel: äußerlich – Seifenlauge. Dies ist aber aufgrund der möglichen Zusatzstoffe, wie z.B. Parfum und Farbstoffe kein sehr gutes Ersatzmittel. Innerlich – keines.

Nährstofflösung

z.B. Elotrans

Einsatzbereich: Durchfall, Hunger, Austrocknung. Bei kranken oder verletzten

Papageien leidet oft der Allgemeinzustand in erheblichem Umfang. Zuallererst gilt es deshalb, das Tier durch die Zufuhr von Nährstoffen und Flüssigkeit zu stabilisieren. Als Basis dient hierbei eine Elektrolytlösung, z.B. Elotrans, die Sie nach Packungsanweisung zubereiten und zu der Sie verschiedene Mittel hinzufügen können.
Anwendung: tropfenweise, entlang des Innenschnabels, damit Ihr Vogel sich nicht verschluckt, in seinen Schnabel einflößen.
Rezept: Elektrolytlösung (z.B. Elotrans) nach Packungsangabe zubereiten oder ersatzweise:

- 100 ml lauwarmer Kamillentee
- 1 TL Honig (wirkt antibakteriell), Zucker oder Traubenzucker
- 1 MS Salz

hinzu fügen Sie:

- 1/2 TL Bird Bene Bac
- 1/2 TL Korvimin
- 2 Tropfen Notfalltropfen

Achtung! Bei unsachgemäßer Eingabe von Flüssigkeiten in den Schnabel besteht die Gefahr von Verschlucken und Ersticken.

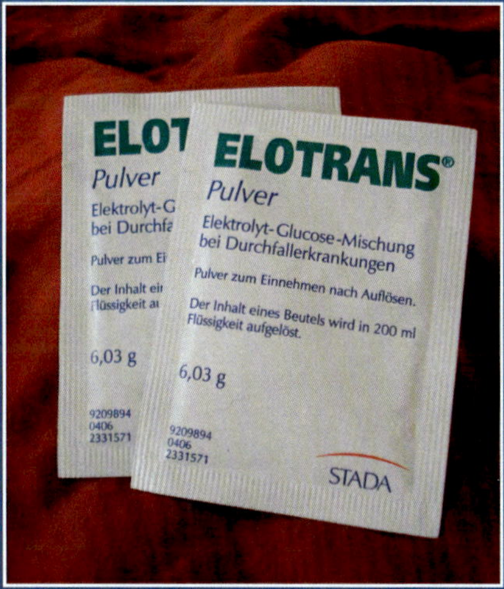

Nährstofflösung

Nährbrei

z.B. Harrisons Aufzuchtbrei
Einsatzbereich: Appetitmangel, Verdauungsstörungen, wenn der Vogel nicht mehr in der Lage ist, alleine zu fressen.
Anwendung: wird dem Vogel per Spritze direkt in den Schnabel gegeben. Achten Sie darauf, dass Sie den Brei seitlich an den Innenschnabel Ihres Vogels geben, statt ihn mitten in seinen Schnabel zu spritzen, damit er sich nicht verschluckt.
Rezept: Aufzuchtbrei nach Packungsanweisung zubereiten oder ersatzweise einen Nussbrei selbst herstellen. Dazu pürieren Sie eine Mischung von Nüssen sehr fein. Geeignet sind z.B. Mandeln, Pinienkerne, Walnüsse, Haselnüsse, Macadamianüsse und Cashewnüsse. Nüsse sind sehr kalorienhaltig und nährstoffreich. Die meisten Papageien lieben sie und vertragen sie gut. Das so gewonnene Nusspulver verrühren Sie mit der Nährstofflösung, bis Sie eine Konsistenz erzielt haben, die gut durch eine Spritze passt. Je dickflüssiger, desto mehr Nährstoffe bekommen Sie in Ihren Vogel. Die Nussmischung quillt nicht nach,

Notfalltropfen als Spray

ist also völlig ungefährlich. Rühren Sie sie einfach so dick an, dass Sie sie noch gut mit der Spritze füttern können. Damit keine Stückchen in der Spritzenöffnung hängen bleiben, streichen Sie den Brei vor dem Befüllen der Spritze mit einem Löffel durch ein feinmaschiges Sieb und ziehen ihn dann erst in Ihrer Spritze auf.

Zu dem kommerziellen Aufzuchtbrei fügen Sie vor dem Verfüttern noch die nachfolgend aufgelistete Zutaten hinzu. Die Mengenangaben beziehen sich auf 100 ml des Aufzuchtbreis. Für den Nussbrei ist es nicht nötig, da Sie beides bereits durch die Nährstofflösung hinzugefügt haben:

- 1/2 TL Bird Bene Bac
- 2 Tropfen Notfalltropfen

Achtung! Kommerzielle Aufzuchtbreipräparate können enorm auf- und nachquellen. Halten Sie sich strikt an die empfohlene Zubereitungsanleitung, damit Ihr Tier keine Verstopfung bekommt.

Achtung! Rühren Sie zu jeder Fütterung den Brei frisch an, da er schnell zum Bakterienherd wird, durch den Ihr Vogel gefährlich erkranken kann.

Achtung! Nehmen Sie nur qualitativ hochwertige, geschälte und für den menschlichen Verzehr bestimmte Nüsse.

Achtung! Bei unsachgemäßer Eingabe von Nahrungsmitteln in den Schnabel besteht die Gefahr von Verschlucken und Ersticken.

Notfalltropfen

Rescue Remedy (Tropfen oder Spray)

Einsatzbereich: Stressreduktion, Wundheilung. Vögel schocken sehr leicht und können daran sterben. Deshalb ist es in Notfallsituationen wichtig, den Stress für das Tier so gut es geht zu reduzieren. Hierfür können Sie Notfalltropfen einsetzen. Außerdem unterstützen sie die Wundheilung, wenn sie direkt auf die Wunde gegeben werden. Auch bei jeglichem nicht verletzungs- oder erkrankungsbedingtem Stress, wie z.B. beim Umzug, bei der Eingewöhnung in ein neues Zuhause, an einen neuen Partner oder an ein neues Schwarmmitglied, können Notfalltropfen sehr hilfreich sein, den Stress für das Tier zu reduzieren.

Anwendung: Generell können Sie in Stresssituationen zwei Tropfen Notfalltropfen in das Trinkwasser Ihres Vogels geben. Dieses lassen Sie ihn selbst aus dem Napf zu sich nehmen oder flößen ihm ein wenig mit einer Spritze in den Schnabel. Außerdem können Sie bei Verletzungen einen Tropfen Notfalltropfen direkt auf die Wunde geben oder dem Tier ein wenig davon auf das Gefieder sprühen. Notfalltropfen sind auch Bestandteil der Nährstofflösung und des Nährbreis.

Dosierung: Innere Anwendung: 2 Tropfen per 150 ml Wasser. Äußere Anwendung: verdünnt s.o. auf das Gefieder oder pur direkt auf die Wunde

Ersatzmittel: verschiedene homoeopathische Mittel, z.B. bei Verletzungen Traumeel

Achtung! Notfalltropfen sind in der Regel alkoholhaltig. Zwei Tropfen auf ein Glas Wasser sind harmlos, geben Sie aber bitte acht, dass Ihr Vogel die Tropfen nicht pur trinkt.

Paraffinöl

Einsatzbereich: Abführ- und Gleitmittel, bei Legenot, bei verschluckten Fremdkörpern, insbesondere Schwermetallpartikeln

Anwendung: tropfenweise, entlang des Innenschnabels, damit Ihr Vogel sich nicht verschluckt, in seinen Schnabel einflößen

Dosierung: in den Schnabel als Abführmittel: 5 ml pro kg Körpergewicht einmalig. In die Kloake bei Legenot als Gleitmittel: ein paar Tropfen.

Ersatzmittel: Speiseöl

Achtung! Bei unsachgemäßer Eingabe von Flüssigkeiten in den Schnabel besteht die Gefahr von Verschlucken und Ersticken.

Achtung! Halten Sie sich strikt an die vorgegebene Dosierung. Bei Mehrgabe kann Ihr Vogel lebensgefährlichen und extrem schwer zu stoppenden Durchfall bekommen.

Pinzette

Eine Pinzette mit stumpfen Enden, um die Verletzungsgefahr für Ihr Tier zu minimieren, dient zum Entfernen von Fremdkörpern.

Probiotisches Mittel

z.B. Bird Bene Bac

Einsatzbereich: bei Magen-Darm-Problemen, Störungen des Allgemeinzustandes, bei Stress und nach Antibiotika-Therapie; ersetzt Laktobazillen im Magen-Darm-Bereich

Anwendung: in den Schnabel

Dosierung: nach Packungsanweisung

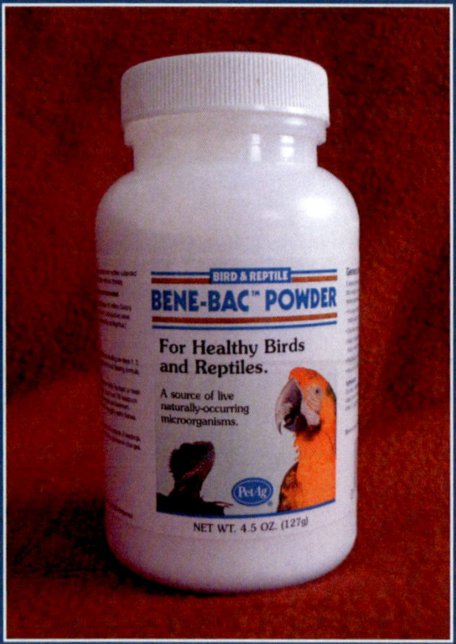

Probiotisches Mittel

PVP-Jodsalbe

z.B. Betaisodona-Salbe, Braunovidon-Salbe

Einsatzbereich: Wundreinigung, Desinfektionsmittel

Anwendung: Wundreinigung: Lösen Sie einen Strang Jodsalbe in lauwarmem Wasser auf und waschen oder baden Sie die Wunde damit. Desinfektionsmittel: Nach der Reinigung können Sie Jodsalbe dünn auf die Wunde auftragen, damit sich diese nicht entzündet.

Dosierung: 5 cm langer Strang in circa 500 ml Wasser.

Ersatzmittel: zur Wundreinigung können Sie auch lauwarmen Kamillentee oder isotonische Kochsalzlösung benutzen.

Achtung! Jodsalbe sollte nicht länger als drei Tage hintereinander angewendet werden, da sie die Wundheilung bei Papageien behindern kann.

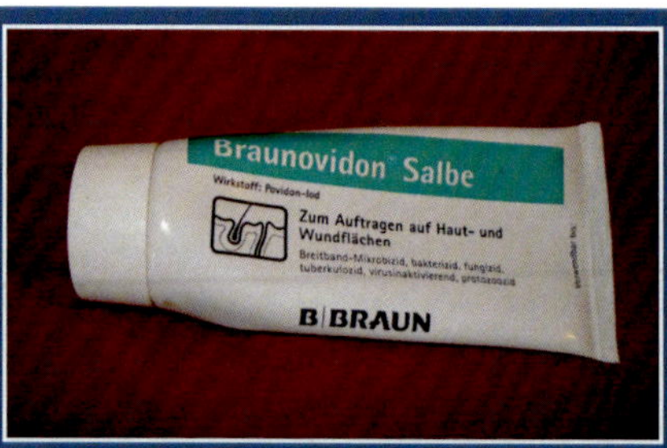

PVP-Jodsalbe

Schere

Eine Verbandschere dient zum Zuschneiden von Verbandsmaterial, zum Kürzen von abgebrochenen Federn, zum Aufschneiden von Fasern, die Gliedmaße umwickelt haben, und zum Entfernen von Verbandsmaterial beim Verbandswechsel. Achten Sie darauf, dass die Schere abgestumpfte Spitzen hat. So verringern Sie die Verletzungsgefahr für Ihre Vögel.

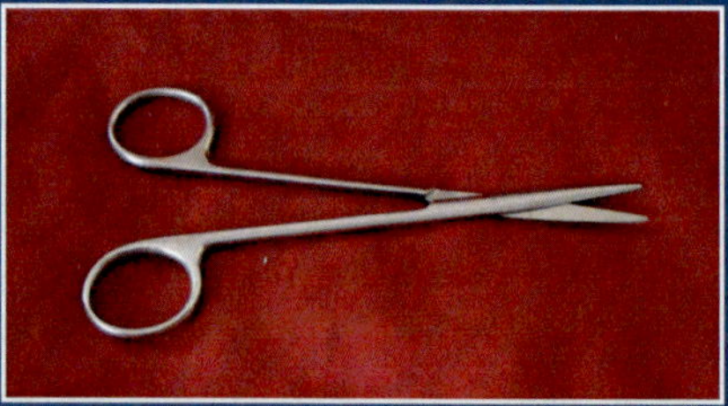

Verbandsschere mit stumpfer Spitze

Seitenschneider & Flachzange

Sie sollten einen von der Größe her geeigneten Seitenschneider griffbereit haben, falls Sie im Notfall einen Fußring entfernen müssen. Die Flachzange dient dazu, den Fußring so zu fixieren, dass beim Durchschneiden keinerlei Druck auf das Vogelbein ausgeübt wird, das dabei gebrochen werden kann.

Achtung! Aufgrund der erheblichen Verletzungsgefahr beim Entfernen von Fußringen sollten Sie dieses Prozedere nur im absoluten Notfall selbst durchführen.

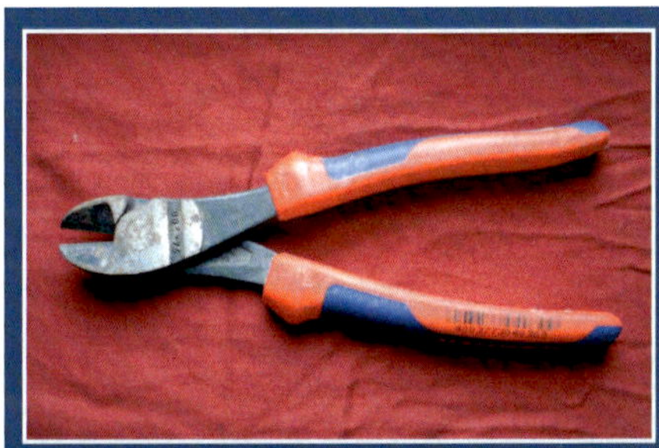

Seitenschneider

Spritzen

Einsatzbereich: Zur Eingabe von Nährstofflösung und -brei sowie von Medikamenten. Spritzen eigenen sich auch gut zum Draufbeißen für Ihren Vogel während der Untersuchung und Behandlung seiner Schnabelhöhle. Sie sollten jeweils mehrere Spritzen in den Größen 1 ml mit 0,1 ml Unterteilungsstrichen und 5 ml in Ihrer Notfallapotheke haben.

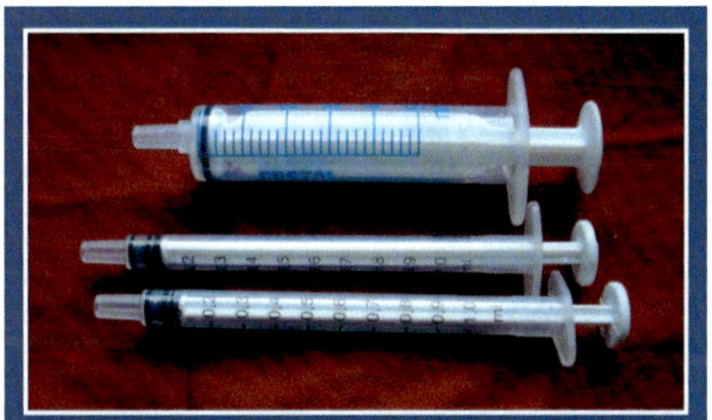

Spritzen

Taschenlampe

Einsatzbereich: Untersuchung von Verletzungen, Überprüfung von Verdacht auf Gehirnerschütterung

Ersatzmittel: starke und gut positionierbare Standlampe

Verbandsmaterial

Elastisches, selbsthaftendes Verbandsmaterial, wie z.B. Snoegg. Am besten schnei-

Verbandsmaterial

den Sie dieses schon vor der Anwendung in schmale Streifen, die der Größe Ihres verletzten Vogels entsprechen. Die Streifenbreite für mittlere bis große Papageienarten entspricht ungefähr 1 cm, für die kleineren Arten funktioniert 0,5 cm Breite in der Regel recht gut.

Wattestäbchen

Einsatzbereich: zum Schienen von Brüchen, zum hygienischen Auftragen von Salben

Wundheilsalbe

z.B. Bepanthen-Salbe, Regepithel
Einsatzbereich: Wundheilung

Anwendung: dünn auf die betroffene Stelle auftragen. Benutzen Sie dazu aus Hygienegründen am besten ein sauberes Wattestäbchen.

Achtung! Bitte verwenden Sie die Wundheilsalbe nur an nicht befiederten Hautstellen, damit das Gefieder nicht verklebt. Dies ist für den Vogel äußerst unangenehm und könnte zu Rupfen führen, wenn das Tier versucht, die klebrige Substanz von seinem Gefieder zu entfernen.

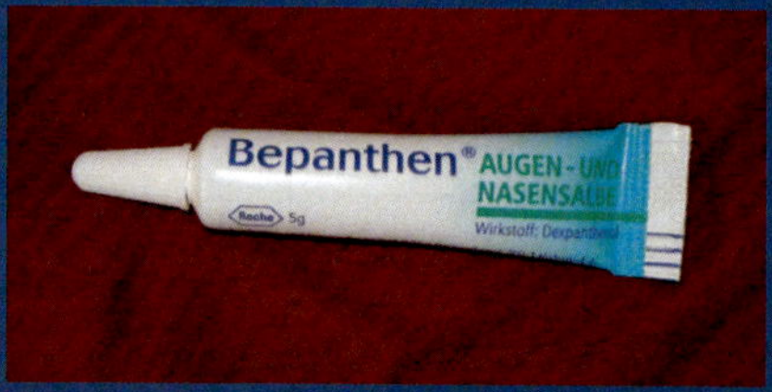

Wundsalbe

7. Die homöopathische Notfallapotheke

Homöopathische Mittel können erheblich zu einer guten Erste-Hilfe-Versorgung von Vögeln beitragen.

Die meisten Vögel sprechen nicht nur sehr gut auf homöopathische Behandlungen an, sie vertragen die Mittel auch ausgezeichnet. Abgesehen von der hin und wieder vorkommenden Erstverschlimmerung, die anzeigt, dass man das richtige Mittel gewählt hat, verursachen homöopathische Mittel auch nur selten Nebenwirkungen. Deswegen möchte ich den homöopathisch Interessierten unter Ihnen eine Übersicht der Mittel geben, die meines Erachtens eine gute Basis für eine homöopathische Vogelapotheke darstellen.

Für den Fall, dass Sie sich noch nicht mit Homöopathie befasst haben sollten, gebe ich im Folgenden einen kurzen Überblick über diese Heilmethode. Allerdings möchte ich ausdrücklich darauf hinweisen, dass dieses Kapitel keine Anleitung oder Lernhilfe zur Homöopathie sein soll. Falls Sie also noch nicht mit der Homöopathie vertraut sind, Ihr Interesse aber durch dieses Kapitel geweckt wurde, bitte ich Sie darum, sich tiefer in die Materie einzuarbeiten, ehe Sie damit anfangen homöopathische Mittel bei Ihren Tieren oder sich selbst auszuprobieren. Es gibt etliche gute Bücher auf dem Markt, die Ihnen dabei helfen. Meine Lieblingsbücher über Homöopathie sind in der Bibliografie im Anhang aufgeführt.

Was ist Homöopathie?

Die Homöopathie wird auf den deutschen Arzt Samuel Hahnemann zurückgeführt, der sie Ende des 18. Jahrhunderts durch seinen berühmten Chinarinde-Selbstversuch begründete. In diesem Experiment stellte Hahnemann fest, dass

Chinarinde, die zur Behandlung von Malaria genutzt wurde, bei einer gesunden Person die gleichen Symptome hervorrufen konnte wie die Krankheit. Daraus entwickelte Hahnemann das Grundprinzip der Homöopathie, Gleiches mit Gleichem zu bekämpfen. Aus diesem Grundprinzip resultiert die überragende Bedeutung der Symptomerfassung bei einer homöopathischen Behandlung. Denn diese ist zwangsläufig nur so gut, wie das Mittel, das Sie gewählt haben.

Je genauer Sie die Symptome beobachten und festhalten, desto größer ist die Wahrscheinlichkeit, dass Sie ein passendes Mittel identifizieren, das die Symptome Ihres Patienten möglichst umfassend und präzise abbildet. Ein solches Mittel verspricht Ihnen die besten Heilungschancen. Dies wiederum macht aber auch die Anwendung von Homöopathie so schwierig. Es gibt nicht ein Mittel, das bei einer Erkrankung, z.B. bei einer Erkältung, immer wirkt. Denn eine Erkältung – um bei unserem Beispiel zu bleiben – hat viele Gesichter: der Patient hustet oder nicht. Wenn er hustet, dann kann es ein trockener Husten sein oder einer, der Schleim auswirft; einer der nachts auftritt oder tagsüber; ein Husten, der Linderung verschafft, oder einer, der alles nur noch schlimmer macht.

Sie sehen, wo das Problem liegt. Und dabei ist der Husten nur ein einziges Symptom. Um es auf den Punkt zu bringen: Wenn Sie das Interesse und die Fähigkeit haben, Ihr Tier genau zu beobachten und möglichst alle Symptome seiner Erkrankung – psychische und physische – zu erfassen, dann können Sie mit Homöopathie ausgezeichnete Heilungserfolge erzielen. Möchten Sie hingegen schnelle Pauschallösungen haben, dann werden Sie mit Homöopathie eher nicht so glücklich werden, denn die Heilungserfolge werden ausbleiben. Hinzu kommt noch, dass der Anfang des Studiums der Homöopathie ein wenig zäh sein kann. Aber es ist es wert durchzuhalten, denn je tiefer man in die Homöopathie einsteigt, desto faszinierender wird sie auch.

Potenzen

Wenn Sie sich näher mit Homöopathie befassen, werden Sie zunächst einmal mit Potenzen konfrontiert werden. Diese sind nichts anderes als unterschiedliche Verdünnungen und Verschüttelungen bzw. Verreibungen der Wirkstoffe. Hierbei gilt generell das Prinzip, je höher die Verdünnung, desto stärker wirkt das Mittel. Aber es ist auch so, dass niedrigere Verdünnungen eher akute und körperliche Prozesse ansprechen, während hohe Potenzen eher bei chronischen Erkrankungen und auf der psychischen Ebene wirken. Die Übergänge sind gleitend. Welche Potenz jeweils am besten wirkt, ist Erfahrungssache.

D, C, LM und Q?

Die Buchstaben, die zur Bezeichnung der Potenzen verwendet werden, sind lateinische Zahlen, die den Grad der Verdünnung beschreiben. Es ist also ganz einfach, sie zu verstehen, wenn man dies erst einmal weiß. Um uns zu verwirren, wird im deutschsprachigen Raum jedoch statt eines X (wie z.B. in Nordamerika) für die Zehn ein D – für Dezimal – benutzt. Dies beschreibt eine Verdünnung von 1:10. C entspricht einer Verdünnung von 1:100 und LM von 1: 50.000. LM ist das Gleiche wie Q. Die arabischen Zahlen, die hinter den lateinischen stehen, beschreiben, wie oft die Verdünnung durchgeführt wurde. So entspricht eine D2-Potenz einer zweimal durchgeführten zehnfachen Verdünnung. Sie nehmen einen Tropfen, falls Sie mit Flüssigkeiten arbeiten, und verdünnen diesen mit neun Tropfen Alkohol oder Wasser. Wenn Sie mit Feststoffen arbeiteten, würden Sie Milchzucker nehmen. Von der so entstandenen Lösung nehmen Sie wieder einen Tropfen und verdünnen ihn wieder mit neun Tropfen Alkohol oder Wasser. Insgesamt haben Sie dann eine Verdünnung von zehn mal zehn, also einhundert. Ja, warum denn nicht gleich einhundertfach verdünnen, fragen Sie? Der Grund dafür ist das Verschütteln. Denn nach jeder Verdünnung wird zehnmal verschüttelt. Und dieses Verschütteln ist nach Hahnemann das, was die Wirkung des homöopathischen Mittels ausmacht. Er nannte es auch Potenzieren. Kompliziert und mühsam? Mag sein. Aber keine Angst – Sie werden Ihre homöopathischen Arzneimittel in der Regel glücklicherweise nicht selbst herstellen müssen, sondern sie einfach gebrauchsfertig in der Apotheke kaufen. Bei Erste-Hilfe-Anwendungen würden Sie Ihre Arzneimittel normalerweise in D12- oder C6-Potenzen wählen.

Globuli & Co.

Homöopathische Arzneimittel gibt es in verschiedenen Darreichungsformen. Bei Papageien sind Globuli, Tabletten oder Injektionslösungen am geeignetsten, da sie keinen Alkohol enthalten. Einzelmittel werden hauptsächlich als Globuli angewandt, während Komplexmittel, das sind

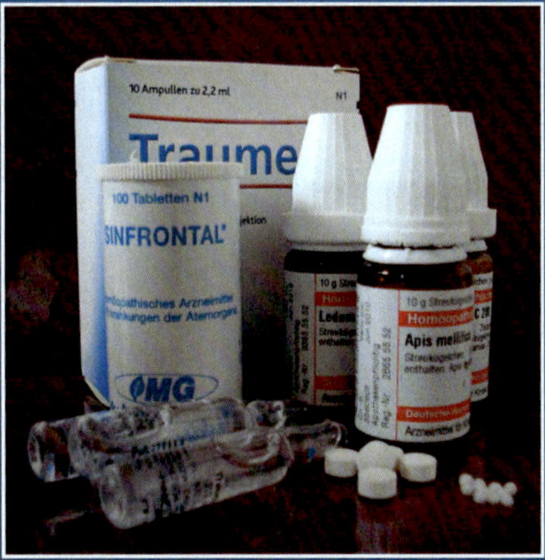

Verschiedene homöopathische Darreichungsformen: Injektionslösung, Tabletten und Globuli.

solche, die aus mehreren Einzelmitteln bestehen, als Tabletten, Globuli oder Injektionslösungen angeboten werden.
Manche Vögel sind sehr kooperativ und nehmen Globuli und Tabletten gerne als Leckerbissen an, ist deren Grundlage doch Milchzucker. Falls Ihr Vogel Globuli oder Tabletten nicht als Leckerli annimmt, können Sie diese auch in einem Stück wasserhaltigem Obst oder Gemüse, das er besonders mag, verstecken. Hierzu schneiden Sie es einfach mit einem Küchenmesser tief ein und stecken Globuli oder Tablette in den Schnitt. Warten Sie ein wenig, bevor Sie ihm das Obst- oder Gemüsestück geben, damit Globuli oder Tablette sich auflösen können. Alternativ können Sie das Mittel auch in etwas Saft oder Wasser auflösen und per Spritze oder Löffel füttern oder in das Trinkwasser geben. Genauso verfahren Sie auch bei der Gabe von homöopathischen Injektionslösungen.

Dosierung

Eine gute Daumenregel für die Dosierung sind ein bis drei Globuli oder eine Tablette pro Vogel bzw. einen halben Milliliter Injektionsflüssigkeit in einen zweihundert Milliliter Wassernapf. Eine präzise Dosierung ist hierbei nicht wirklich kritisch. Schließlich sind homöopatische Mittel extrem verdünnt. Wichtig ist, dass Sie die energetische Information in Ihren Vogel hineinbekommen, damit seine Selbstheilungskräfte aktiviert werden. Es ist deshalb auch nicht weiter tragisch, wenn Ihr Vogel beim Fressen der Globuli und Tabletten einiges verkrümelt. Er wird dabei genug davon aufnehmen, um den gewünschten Effekt zu erzielen. Oft reicht bereits eine einmalige Gabe, um den Zustand des Tieres nachhaltig zu bessern. Beobachten Sie Ihr Tier gut. Passiert gar nichts, haben Sie vermutlich das falsche Mittel gewählt. Dies ist nicht weiter schlimm, da es Ihrem Tier nicht schaden wird. Allerdings wird es ihm auch nicht helfen. Also sollten Sie unbedingt anhand der Symptome noch einmal überprüfen, ob es vielleicht ein Mittel gibt, das besser passen würde.
Verschlimmern sich die Symptome hingegen, so mag dies erschreckend erscheinen, ist aber ein gutes Zeichen. Dieses Phänomen ist in der Homöopathie als Erstverschlimmerung bekannt und ein Indiz dafür, dass das gewählte Mittel anschlägt. Im Anschluss an die Erstverschlimmerung sollte sich der Zustand Ihres Tieres recht schnell wieder bessern. Eine Erstverschlimmerung findet nicht immer und bei Papageien erfahrungsgemäß sogar nur recht selten statt. Oft bessert sich der Zustand des Patienten auch sofort ohne eine Erstverschlimmerung zu durchlaufen. Das ist natürlich viel angenehmer für den Patienten. Unabhängig davon, ob mit oder ohne Erstverschlimmerung, ist im Endeffekt jedoch nur wichtig, dass das Mittel anschlägt und es Ihrem Tier besser geht.

Oft werden Pauschalangaben darüber gemacht, in welchen Zeitabständen homöopathische Mittel gegeben werden sollen. Mir ist es jedoch lieber, wenn Sie Ihr Tier ganz genau beobachten und ihm erst, wenn die Wirkung der gegebenen Dosis nachlässt, eine erneute geben. Der Abstand zwischen den Dosen sollte sich immer mehr verlängern, bis der Körper sich auch ohne homöopathische Anregung daran erinnert, was er zu tun hat. Bei vielen Papageien reicht in Notfällen bereits eine einmalige Gabe des homöopathischen Mittels aus, um eine nachhaltige Besserung des Gesundheitszustandes des Tieres zu erreichen. Bei der Behandlung chronischer Erkrankungen, können wiederholte Gaben über Wochen oder Monate hinweg erforderlich sein. Nachfolgend finden Sie eine Übersicht der wichtigsten Mittel für Ihre homöopathische Notfallapotheke für Vögel.

Homöopathische Notfallapotheke

Aconitum napellus

Blauer Eisenhut, Sturmhut

Einsatzbereich: bei Beschwerden, die plötzlich und heftig auftreten: Verletzungen, Entzündungen, Schock, Angst, Infektionskrankheiten, Schmerzen, Atemnot. Wenn das Tier durch Hitze oder Angst kollabiert. Durchfall während sehr heißem Wetter.

Aconitum napellus

Apis mellifica

Gift der Honigbiene

Einsatzbereich: bei Insektenstichen. Bei hektischen Rupfern, wenn das Tier sich vor dem Rupfen beobachtet als ob es Insekten über sich krabbeln sieht. Bei roten und geschwollenen Augen.

Arnica montana

Berg-Wohlverlei

Einsatzbereich: bei Schlagverletzungen mit Blutergüssen, Verdacht auf Gehirnerschütterung, z.B. nach Flug gegen die Fensterscheibe. Schmerzmittel, insbesondere bei akuten Schmerzen, Blutungen, blutigen Durchfällen.

Apis mellifica

Arsenicum album

Arsentrioxid

Einsatzbereich: bei diversen Problemen im Magen-Darm-Trakt; bei Vergiftungen; Erste-Hilfe bei der Einnahme von Tabak

Arsenicum album

Bellis perennis

Gänseblümchen

Einsatzbereich: ähnlich wie Arnica montana, aber für tieferliegende Verletzungen; Erste Hilfe bei Verletzungen in tieferen Gewebeschichten oder nach Operationen; Nachbehandlung von Legenot

Bellis perennis

Calendula officinalis

Ringelblume

Einsatzbereich: Verletzungen im Bereich der Augen; Hilft bei der Wundheilung, insbesondere von schlecht heilenden Wunden; unterstützt die Gewebeneubildung und beugt Wundinfektionen vor.

Calendula officinalis

Carbo vegetabilis

Holzkohle

Einsatzbereich: Kann einen kollabierten, sterbenden Vogel wiederbeleben; regt Abwehrkräfte an

Crataegus oxyacantha

Weissdorn

Einsatzbereich: Herz-Kreislaufunterstützung; bei Schock zusammen mit Arnica montana oder Aconitum napellus geben

Crataegus oxyacantha

Euphrasia officinalis

Augentrost

Einsatzbereich: Augenausfluss, Augenentzündungen, Bindehautentzündung, Augenerkrankungen und -verletzungen

Euphrasia officinalis

Hamamelis virginiana

Zaubernuss

Einsatzbereich: blutstillend bei Unfällen und Operationen, ausgezeichnetes Schmerzmittel

Hamamelis virginiana

Ledum palustre

Sumpfporst

Einsatzbereich: bei Stich- und Bisswunden. Insektenstiche

Okoubaka

Rinde des Okoubaka-Baumes

Einsatzbereich: bei jeglichen Vergiftungen

Ledum palustre

Phosphorus
Phosphor

Einsatzbereich: bei lebensbedrohlichem Verlust von Körperflüssigkeiten, z.B. bei Durchfall oder Blutverlust; Schock

Pulsatilla pratensis
Kuhschelle

Einsatzbereich: bei Problemen mit dem Fortpflanzungstrakt; hilft bei Legenot; bei entzündeten Füßen

Pyrogenium
Faules Rindfleisch (Nosode)

Einsatzbereich: wirkt stark entzündungshemmend; gegen Schmerz und Brennen in den betroffenen Körpergegenden

Sinfrontal
Komplexmittel

Einsatzbereich: akute Atemnot; Granulomlösung bei Aspergillose

Stramonium
Gemeiner Stechapfel

Einsatzbereich: bei Durchfall, Erbrechen, Krämpfen; bei panischer Angst

Traumeel
Komplexmittel

Einsatzbereich: gegen Schock und Schmerzen bei Verletzungen; unterstützt die Wundheilung

Urtica urens
Brennessel

Einsatzbereich: bei Verbrennungen und Verbrühungen; bei Hautausschlägen

Urtica urens

Teil B

Im Notfall

8. Allgemeine Maßnahmen
9. Spezifische Maßnahmen
10. Nach dem Tierarzt

Mensch und Tier sollten auf den Notfall vorbereitet werden.

8. Allgemeine Maßnahmen

Bei plötzlichen Erkrankungen und Notfällen mit Vögeln gibt es eine Reihe allgemeiner Maßnahmen, die ergriffen werden sollten, um Ihrem Tier zu helfen

Diese dienen dazu, Ihren Vogel erst einmal grundsätzlich zu stabilisieren, bevor spezifische Maßnahmen in Bezug auf die vorliegende Erkrankung oder Verletzung durchgeführt werden können.

Achtung! Falls das Tier sich in akuter Gefahr befindet, müssen Sie es umgehend aus dem Gefahrenbereich entfernen, bevor Sie irgendetwas anderes machen. Beispiele hierfür sind Rauch oder Dämpfe von antihaftbeschichtetem Kochgeschirr, die innerhalb von wenigen Minuten tödlich sein können.

1. Atmen Sie tief durch

Sie können Ihrem Tier nur helfen, wenn Sie selber halbwegs ruhig und gelassen sind. Außerdem wird Ihre Ruhe sich auch auf das Tier übertragen und eine positive Wirkung auf es ausüben. Das hilft, den Stress für Sie und Ihr Tier zu reduzieren. Wie Sie Gelassenheit üben können, habe ich Ihnen bereits im Vorbereitungskapitel erläutert.

2. Notieren Sie sich die Uhrzeit

Schauen Sie auf die Uhr und notieren Sie sich die Uhrzeit. Dies ist wichtig, damit Sie einen Referenzzeitpunkt haben. Gerade im Notfall und im Stress glaubt man oft, es seien „Stunden" verstrichen, dabei sind es erst wenige Minuten. Ein Referenzzeitpunkt kann Ihnen helfen, Ruhe zu bewahren. Außerdem erhöht er die Validität Ihrer Beobachtungen bezüglich ihrer Dauer. Zu guter Letzt gibt der Blick auf die Uhr Ihnen eine wichtige Information. Ist es kurz vor Praxisschluss, müssen Sie umgehend Ihren Tierarzt anrufen, damit er (hoffentlich) auf Sie wartet, bis Sie dort sind. Ansonsten ist es besser, mit dem Anruf zu warten, bis Sie sich ein genaueres Bild von der Lage gemacht haben.

3. Begutachten Sie Ihren Vogel

Bevor Sie Ihren Vogel fangen, sollten Sie ihn unbedingt erst einmal unauffällig beobachten. Es ist wichtig, dass Ihr Vogel nicht merkt, dass Sie ihn beobachten, damit er sich zum einen nicht verstellt und zum anderen, damit er ruhig bleibt. Beobachten Sie, wie er sitzt (breitbeinig, aufgekrümmt, aufgeplustert, aufrecht usw.) und welchen Eindruck er auf Sie macht (müde, wach, ängstlich usw.). Bitte denken Sie daran, Ihr Tier dabei nicht anzustarren. Blicken Sie am besten von der Seite mit schiefgelegtem Kopf und blinzeln Sie häufig. So bekommt Ihr Vogel nicht den Eindruck, dass Sie ein Raubtier sind, das ihn als nächste Mahlzeit fixiert. Den Stress müssen Sie ihm nicht antun.

Insbesondere wenn Ihr Tier blutet, sollten Sie unbedingt Ruhe bewahren. Oft sehen blutende Verletzungen schlimmer aus als sie sind. Wenn Sie jetzt panisch werden und den Vogel jagen, um ihn zu fangen, machen Sie alles nur noch schlimmer. Durch die Aktivität und den Stress erhöht sich nämlich sein Blutdruck und der Blutverlust wird erhöht. Lässt man ihn hingegen erst einmal in Ruhe, dann hören Blutungen, insbesondere an Blutkielen, Schnabel und Krallen oft von selbst wieder auf.

Ist es der Kot, der Ihnen Sorgen bereitet, sollten Sie unbedingt etwas davon einsammeln, damit Sie es Ihrem Tierarzt zeigen können. Am einfachsten ist es, diesen in ein Kotprobenröhrchen aus der Apotheke zu geben. Haben Sie keines zur Hand, dann können Sie den Kot auch in einem Plastiktütchen oder in einem Stück Frischhaltefolie transportieren.

4. Bereiten Sie den Behandlungsraum vor

Stellen Sie Krankenkäfig, Transportbox und eventuell benötigte Utensilien parat, bevor Sie Ihr erkranktes oder verletztes Tier in den Behandlungsraum bringen. Dies muss zügig gehen, damit Sie nicht kostbare Zeit verschwenden. Am besten ist es, wenn Sie alle benötigten Utensilien im Krankenkäfig aufbewahren. So haben Sie mit einem Griff alles zur Hand und müssen den Käfig nur noch auf die Arbeitsfläche stellen und ausräumen.

Es ist wichtig, dass Sie den Behandlungsraum vorbereiten, bevor Sie den Patienten holen. Wenn alles gut vorbereitet wurde, sollte dies weniger als eine Minute dauern. Tun Sie dies nicht, laufen Sie Gefahr, mit einem verletzten oder kranken Tier in

einer Hand herumzulaufen, während Sie einhändig versuchen, alles Benötigte bereitzustellen. Dies ist unnötiger Stress für Sie und Ihr Tier und sollte unbedingt vermieden werden. Der damit einhergehende Stress kann außerdem dazu führen, dass Ihr Tier schockt und verstirbt!
Zur Vorbereitung des Behandlungsraumes gehören:

Transportbox

Die Transportbox benötigen Sie zur temporären Unterbringung Ihres Patienten, zur Inhalationsbehandlung und falls Sie mit ihm zu Ihrem vogelkundigen Tierarzt fahren müssen.

Notfallapotheke

Stellen Sie Ihre Notfallapotheke geöffnet auf die Arbeitsfläche. Behälter von Mitteln, die Sie vermutlich benutzen werden, sollten Sie vorsorglich öffnen oder zumindest den Verschluss lockern, da dies einhändig, wenn Sie mit Ihrer anderen Hand Ihren Vogel halten, schwierig ist. Im Einzelnen:

- ***Notfallspray oder -tropfen:*** ohne Deckel griffbereit auf die Arbeitsablage stellen
- ***Blutungen:*** blutet Ihr Tier, sollten Sie vorsorglich Folgendes zusätzlich bereitstellen:
  - ***Reinigen:*** Schale Reinigungsflüssigkeit: Jodsalbenlösung, lauwarmer Kamillentee oder isotonische Kochsalzlösung – zur Not auch einfaches Leitungswasser; Gaze zum Reinigen der Wunde
  - ***Blutstillen:*** zwei oder drei Gazetupfer getränkt mit Eisen-III-Chloridlösung – zur Not auch ein Stück Seife – zum Blutstillen
  - ***Schere:*** um eventuell einen beschädigten Blutkiel zu kürzen oder um Verbands- und Schienenmaterial bedarfsgerecht zurecht zu schneiden.
  - ***Lötkolben:*** um Verletzungen an Kralle oder Schnabel gegebenenfalls veröden zu können
- ***Nährlösung:*** Viele Erkrankungen führen zu Flüssigkeits-, Elektrolyt- und auch Nährstoffverlusten. Diese müssen ausgeglichen werden, um den Allgemeinzustand Ihres Patienten zu stabilisieren. Bereiten Sie vorsorglich etwas Nährlösung vor und ziehen Sie diese in einer Spritze zur Eingabe auf.

5. Bringen Sie das Tier in den Behandlungsraum

Das erkrankte oder verletze Tier sollte umgehend von den anderen Tieren, auch von Schwarm und Partnertier, separiert werden. Dafür gibt es mehrere Gründe:

- In der freien Wildbahn ist ein verletztes oder krankes Tier eine Gefahr für den Schwarm. Es könnte Raubtiere anziehen, die leichte Beute suchen. Manche

Schwärme schließen erkrankte Tiere deshalb aus. Dies ist jedoch das Todesurteil für das betroffene Tier, denn ein einzelner Vogel ist für Raubtiere besonders leicht zu erlegen. Deswegen verstellen sich kranke Papageien so lange es irgendwie geht. Dies verschwendet unnötig Kraft, die Ihr Vogel jetzt dringend für den Heilungsprozess benötigt.

- Bei Verletzungen ist es sehr wichtig, dass der Vogel still gestellt wird, damit sich die Verletzung nicht verschlimmert.
- Es ist leichter für Sie, Ihren erkrankten oder verletzten Vogel zu beobachten, wenn er einzeln gestellt ist.
- Ist Ihr Vogel erkrankt, könnte seine Erkrankung für die anderen Tiere ansteckend sein.
- Müssen Sie Ihren Vogel behandeln, könnte dies von seinem Partner missverstanden werden. Dieser könnte Sie heftig angreifen, um seinen Partner zu verteidigen.

Fangen Sie das Tier wie im Kapitel „Gewusst wie“ beschrieben und gehen Sie dann zügig in das Behandlungszimmer, das warm und ruhig sein sollte. Auch wenn Ihre besorgte Familie bei der Untersuchung zuschauen möchte – sperren Sie sie aus. Zuschauer verstören Ihren Vogel nur noch mehr. Auch für Sie ist es besser, wenn Sie nicht abgelenkt werden und Ihnen niemand reinredet. Nur Ihr Helfer, so Sie einen haben, sollte mit in den Behandlungsraum kommen, um Ihnen zu helfen.

6. Basismassnahmen

Basismaßnahmen sind solche Maßnahmen, die einem kranken oder verletzten Vogel unabhängig von seiner Verletzung oder Erkrankung helfen. Sie tragen dazu bei, den Allgemeinzustand des Tieres zu stabilisieren oder sogar zu verbessern. Basismaßnahmen werden zum Teil vor und zum Teil nach der spezifischen Behandlung durchgeführt. Bitte lesen Sie sich deshalb auch die jeweiligen spezifischen Maßnahmen durch, bevor Sie mit der Verarztung Ihres Tieres beginnen.

Stressminimierung

Vögel bekommen sehr schnell einen Schock. Deshalb sollten Sie Ihrem Vogel zuerst Notfalltropfen geben, um seine Stressreaktion zu minimieren. Hierzu geben Sie entweder einen Tropfen auf den Kopf oder auf die Füße.

Achtung! Es sollte nicht in Augen oder Nase geraten.

Haben Sie Notfallspray zur Hand, können Sie es auch einfach auf sein Gefieder aufsprühen. Dazu sprühen Sie ihren Vogel nicht direkt an, sondern in den Luftraum über ihm. Der Notfalltropfennebel kann sich dann sanft auf das Gefieder Ihres Vogels absetzen. Wenn sein Zustand es zulässt, können Sie Ihrem Vogel auch zwei Tropfen der verdünnten Gebrauchslösung (zwei Tropfen in einem Glas Wasser verdünnt) in den Schnabel geben.

Nährstofflösung

Bei vielen Erkrankungen und Verletzungen tragen Flüssigkeits- und Nährstoffmangel zum schlechten Allgemeinzustand Ihres Vogels bei. Die Gabe einer Nährstofflösung gibt Ihrem Vogel schnell dringend benötigte Energie und hilft, einen möglichen Flüssigkeitsverlust auszugleichen. Im akut kranken Zustand wird Ihr Vogel oft nicht von sich aus etwas fressen oder trinken wollen. Es wird also nicht viel nützen, wenn Sie ihm die Nährstofflösung in einer Schale oder auf einem Löffel anbieten. Am einfachsten ist es, wenn Sie Ihrem Tier die Nährstofflösung per Spritze in den Schnabel geben.
Flüssigkeits- und Nährstoffgabe führen Sie nach den spezifischen Behandlungen durch. Dann setzen Sie den Vogel in seine Krankenbox. Die Menge richtet sich nach Größe und Zustand des Vogels.

Nährstoffbrei

Wenn Vögel krank werden, fressen sie oft nicht mehr richtig und verlieren rapide an Gewicht. Dies kann gerade für Vögel, die einen hohen Stoffwechsel haben, schnell kritisch werden. Deshalb müssen Sie im Notfall Ihr Tier zwangsernähren. Während die Nährstofflösung einer kurzfristigen Energie- und Flüssigkeitsversorgung dient, kann ein Vogel mit Nährstoffbrei auch über längere Zeiträume, z.B. bei schweren, chronischen Erkrankungen, ernährt werden. Nährstoffbrei wird entweder mit dem Löffel, einer Spritze oder schlimmstenfalls mit einer Kropfsonde gegeben. Letzeres sollte aufgrund der hohen Gefahr, dem Tier lebensgefährliche Verletzungen zuzufügen, ausschließlich von fachkundigen Personen vorgenommen werden.

Luftfeuchtigkeit

Erkrankte Tiere benötigen eine Luftfeuchtigkeit von ca. 70%. Diese können Sie mit einem Luftbefeuchter oder Inhalator herstellen. Es funktioniert auch, wenn Sie in der Duschkabine oder Badewanne heißes Wasser laufen lassen. Auch ein heißes, feuchtes Handtuch auf dem Boden der Krankenbox kann die Luftfeuchtigkeit schnell erhöhen. Eine flache Wasserschale, die Sie in die Krankenbox stellen, kann ebenfalls helfen. Geben Sie jedoch acht, dass Ihr Vogel nicht im Feuchten sitzt, sondern auf der für ihn angebrachten Sitzstange.

Ruhig, Dunkel und Warm

Erkrankte, insbesondere verletzte Vögel benötigen Ruhe und Wärme. Dazu verdunkeln Sie die Krankenbox durch Zudecken mit einem Tuch und schirmen Ihren Vogel vor Lärm und Aufregung, z.B. durch gaffende Personen, ab. Da erkrankte Vögel schnell auskühlen können, sollten sie generell gut warm gehalten werden – außer bei Kopf- und Wirbelsäulenverletzungen. Mehr dazu bei den Einzelbeschreibungen

Wie viele Papageien sitzt Luna freiwillig direkt vor der Inhalationsdüse. Vermutlich merkt sie, dass es ihr gut tut.

im Kapitel „Spezifische Maßnahmen". Heizen Sie die Transportbox mit Hilfe von Infrarotlicht oder Wärmeflasche – diese mit einem Handtuch gut abdecken, damit der Vogel sich weder verbrennt noch die Wärmeflasche zernagt – auf circa 29° C. Achten Sie darauf, dass Sie die Lampe so anbringen, dass Ihr Vogel ihr ausweichen kann, wenn es ihm zu warm wird.

Basismassnahmen gelten überall

Achten Sie darauf, dass Ihr Vogel auch auf dem Weg zum Tierarzt und im Wartezimmer geschützt und ruhig gehalten wird. Halten Sie die Transportbox mit einer Wärmeflasche warm. Erlauben Sie nicht, dass Fremde Ihren Vogel in der Box anstarren oder gar versuchen ihn anzufassen. Seien Sie auch sensibel gegenüber Raubtieren – in der Regel Hunde und Katzen – die sich im Wartezimmer oder in öffentlichen Verkehrsmitteln aufhalten. Lassen Sie es nicht zu, dass diese Tiere an der Transportbox herumschnüffeln oder Ihren Vogel fixieren. Er könnte dadurch Todesängste ausstehen müssen.

9. Spezifische Massnahmen

Viele Erkrankungen und Verletzungen benötigen spezifische Erste-Hilfe-Maßnahmen.

Doch dazu müssen Sie erst einmal wissen, was Ihrem Tier eigentlich fehlt. Falls Sie sich nicht sicher sind, können Sie anhand des Symptome- und Schlagwortregisters die in Frage kommenden Erkrankungen heraussuchen. Diese überprüfen Sie, indem Sie die Krankheitssymptome Ihres Vogels mit den jeweiligen Symptomeauflistungen in den einzelnen Rubriken des Kapitels vergleichen. Je genauer die Übereinstimmung zwischen den Symptomen Ihres Vogels und den aufgelisteten, desto sicherer ist Ihre Diagnose und desto zielführender wird Ihre Erste-Hilfe-Behandlung sein. Deshalb sollten Sie sich unbedingt die Zeit dafür nehmen, alle Symptome gründlich zu überprüfen und nicht nur auf das Erste oder Offensichtlichste zu reagieren. So machen es auch gute Ärzte bei Notfällen: Es wird ein sogenannter „Bodycheck" durchgeführt – eine Untersuchung des Patienten von Kopf bis Fuß – denn zum einen könnte eine Falschbehandlung den Zustand des Patienten verschlechtern, zum anderen könnten wichtige Symptome sonst übersehen werden. Gehen Sie also bitte verantwortungsbewusst und gründlich bei Ihrer Diagnose und der Durchführung Ihrer Erste-Hilfe-Maßnahmen vor. Denken Sie bitte auch daran, dass Ihre Erste-Hilfe-Maßnahmen auf keinen Fall den Besuch beim papageienkundigen Tierarzt ersetzen können. Sie dienen lediglich dazu, Ihr Tier zu stabilisieren, bis Sie Ihren Tierarzt aufsuchen können. Wenn es Ihrem Tier nach Anwendung der Erste-Hilfe-Maßnahmen besser geht, so ist auch dies kein Grund, auf den Tierarztbesuch zu verzichten! Verschwenden Sie keine Zeit durch Herumprobieren. Solche Versuche können Ihrem Tier das Leben kosten.

Struktur

Die einzelnen Themen in diesem Kapitel folgen einer klaren Struktur, um Ihnen im Notfall Finden, Verständnis und Durchführung der notwendigen Maßnahmen zu erleichtern.

Einleitung

Am Anfang jedes Krankheitsthemas finden Sie neben der Überschrift auch eine Beurteilung dafür, wie dringend Sie Ihren vogelkundigen Tierarzt aufsuchen sollten. Dabei gilt, lieber einmal zu oft als einmal zu wenig. Denn: „Sie kommen nicht zurück."

Das Beurteilungsschema ist wie folgt:

⌛ Ein vogelkundiger Tierarzt sollte innerhalb einer Woche aufgesucht werden. Erkrankungen dieser Kategorie sind entweder chronisch oder nicht so gravierend. Zum Tierarzt gehen müssen Sie natürlich trotzdem, damit sich die Krankheit nicht verschlimmert und im Idealfall sogar geheilt werden kann.

⌛⌛ Erkrankungen und Verletzungen, die nicht lebensbedrohlich sind, aber bei denen Sie Ihren vogelkundigen Tierarzt innerhalb der nächsten 24 Stunden aufsuchen sollten. Unfälle und Erkrankungen dieser Kategorie sind mit erheblichen Unannehmlichkeiten für das Tier verbunden und könnten sich bei Nichtbeachtung schnell verschlimmern.

⌛⌛⌛ Notfälle, die einen umgehenden Besuch beim Tierarzt erfordern und dort auch als Notfall angemeldet werden sollten. In diese Kategorie fallen Unfälle und Erkrankungen, die für das Tier lebensbedrohlich sein oder dauerhaften Schaden verursachen können.

Symptome

Da bei Papageien viele Symptome auf mehrere Krankheitsbilder zutreffen, habe ich Ihnen für jede Erkrankung die möglicherweise auftretenden und für einen Laien erkennbaren Symptome geschildert. Je mehr Symptome mit dem Krankheitsbild Ihres Vogels übereinstimmen, desto wahrscheinlicher ist es, dass Sie mit Ihrer Erstdiagnose richtig liegen. Definitiv festlegen kann sie natürlich nur Ihr papageienkundiger Tierarzt, der über wesentlich mehr Möglichkeiten als Sie verfügt, eine zuverlässige Diagnose zu erstellen.

Mögliche Ursachen

Die Rubrik „Mögliche Ursachen" erfüllt mehrere Funktionen. Zum einen können mögliche Ursachen Ihnen bei der Festlegung Ihrer Erstdiagnose helfen. Zum anderen soll diese Auflistung Ihnen helfen, Gefahrenquellen zu erkennen und auszuschalten, welche die Gesundheit Ihrer Tiere bedrohen können.

Erste Hilfe

In diesem Abschnitt erläutere ich Ihnen, welche spezifischen Erste-Hilfe-Maßnahmen Sie für die jeweilige Erkrankung oder

Verletzung durchführen müssen. Die stets gleichbleibenden Basismaßnahmen werden hier nicht ständig wiederholt. Bitte lesen Sie diese im Kapitel „Allgemeine Maßnahmen" nach.

Ich möchte Sie an dieser Stelle noch einmal ausdrücklich darauf hinweisen, dass die geschilderten Erste-Hilfe-Maßnahmen den Besuch bei einem vogelkundigen Tierarzt auf keinen Fall ersetzen können oder sollen. Vielmehr geht es darum, bei schwerwiegenden Notfällen das Tier soweit zu stabilisieren, dass Sie es zu Ihrem vogelkundigen Tierarzt bringen können oder sogar das Leben Ihres Tieres zu retten. Bei nicht so schwerwiegenden Erkrankungen helfen die Erste-Hilfe-Maßnahmen, das Leiden Ihres Tieres zu lindern und es ihm trotz Erkrankung oder Verletzung so erträglich wie möglich zu machen. Die Erste-Hilfe-Maßnahmen sollen auch helfen, die Zeit zu überbrücken, bis Sie zu Ihrem vogelkundigen Tierarzt gehen können, falls dieser nicht zu erreichen ist. Sie sollten sich allerdings dessen bewusst sein, dass Sie durch Warten zusätzliche Risiken bezüglich des Lebens und der Gesundheit Ihres Tieres eingehen.

Achtung! Bitte beachten Sie unbedingt die Warnhinweise, die wie hier klar gekennzeichnet sind.

Achtung! Halten Sie sich bitte strikt an die angegebenen Dosierungen. Im Zweifelsfall seien Sie bitte konservativ. Weniger ist besser als mehr, da Sie mit „mehr" Ihrem Vogel in manchen Fällen wirklichen Schaden zufügen können.

Beim Tierarzt

Ihr vogelkundiger Tierarzt wird in der Regel zunächst die dringendsten Maßnahmen treffen, um den Zustand Ihres Tieres zu stabilisieren. Zu diesen stabilisierenden Maßnahmen können unter anderem gehören:

- ***Nährstoffgabe:*** Verabreichung einer Nährstofflösung unter Umgehung des Magen-Darm-Traktes, z.B. durch Spritzen unter die Haut
- ***Vitamin- und Mineralstoffgaben:*** Je nach Symptomatik können dem Vogel spezifische Vitamine oder Mineralstoffe gegeben werden.
- ***Sauerstoffzufuhr:*** durch Inhalation
- ***Kreislaufunterstützung:*** durch Gabe entsprechender Medikamente
- ***Zwangsernährung:*** Gabe von Futterbrei per Kropfsonde

Ist der Zustand des Patienten stabilisiert, wird Ihr vogelkundiger Tierarzt Ihren Vogel eingehend untersuchen, um die genaue Ursache und das Ausmaß der Erkrankung oder Verletzung des Tieres zu erfassen. Erst danach wird er einen Behandlungsplan aufstellen. Zur Diagnose können unter anderem folgende Untersuchungen durchgeführt werden:

- ***Begutachtung:*** z.B. Beurteilung des Allgemeinzustandes, der Körperhaltung, Gefiederzustand und Atmung des Vogels

- ***Röntgenbild:*** Durch ein Röntgenbild kann Ihr vogelkundiger Tierarzt nicht nur die Knochen beurteilen, sondern auch die Größe und Lage der inneren Organe. Insbesondere der Zustand von Lunge und Luftsäcken muss bei Papageienvögeln oft überprüft werden.
- ***Endoskopie:*** Gegebenenfalls wird Ihr vogelkundiger Tierarzt eine Endoskopie durchführen, um aus dem Röntgenbild gewonnene Verdachtsmomente zu erhärten.
- ***Ultraschalluntersuchung:*** Durch Ultraschall können Körperstrukturen unterschiedlicher Dichte genauer bestimmt und untersucht werden.
- ***Abstriche:*** Abstriche aus Augen, Nase, Rachen und Kloake können auf Krankheitserreger untersucht werden.
- ***Blutuntersuchung***: Eine Blutuntersuchung kann wichtige Informationen über mögliche Erkrankungen, Vergiftungen und Mangelerscheinungen geben.
- ***Kotuntersuchung:*** Eine Kotuntersuchung gibt Hinweise auf bestimmte Erkrankungen und Parasiten.

In der Rubrik „Beim Tierarzt“ sehe ich davon ab, Ihnen wiederholt diese Standarduntersuchungen aufzuzählen. Vielmehr soll dieser Abschnitt jeweils dazu dienen, Ihnen zu erläutern, welche krankheitsspezifischen Maßnahmen Ihr Tierarzt zusätzlich zu den oben beschriebenen durchführen könnte. Dies soll helfen, Sie auf den Tierarztbesuch vorzubereiten.

Weiterführende Maßnahmen

Weiterführende Maßnahmen werden nach dem Tierarztbesuch durchgeführt. Zum einen erhalten Sie in diesem Abschnitt Anleitungen zur Nachbehandlung der jeweiligen Erkrankung oder Verletzung. Zum anderen erhalten Sie Tipps, wie Sie derartige Probleme zukünftig vermeiden können. Meist wird dies über eine Verbesserung der Haltungsbedingungen und der Verbannung von Gefahrenquellen aus dem Umfeld des Tieres erreicht.

Allgemeinzustand, verschlechtert ⌛⌛⌛

Da Papageien sehr unspezifische Krankheitssymptome zeigen, kommt es oft vor, dass Sie als Halter ohne diagnostische Möglichkeiten nicht in der Lage sind zu beurteilen, was Ihrem Tier fehlt. Darüberhinaus verbergen Papageien in der Regel ihre Krankheiten solange es geht. Sind erst einmal offenkundige Symptome erkennbar, bedeutet dies oft, dass der Vogel bereits so schwer erkrankt ist, dass ihm die Kraft fehlt, seine Symptome zu verbergen. Deshalb sollten Sie Situationen, in denen es Ihrem Vogel offenkundig schlecht geht, als Notfall einstufen und umgehend einen papageienkundigen Tierarzt aufsuchen. Dieser kann ermitteln, welche Ursache der verschlechterte Allgemeinzustand Ihres Vogels hat.

Symptome

- ***Gefieder:*** aufgeplustert
- ***teilnahmslos:*** Ihr Vogel wirkt teilnahmslos, ist weniger aktiv als gewöhnlich.
- ***müde:*** Ihr Vogel wirkt müde. Oft sind die Augen dabei halb oder ganz geschlossen.
- ***zahm:*** Ihr Vogel ist auffällig und für ihn ungewöhnlich zahm.

Mögliche Ursachen

- vielfältige Erkrankungen und Verletzungen

Erste Hilfe

Ohne Diagnosemöglichkeit werden auch Ihre Erste-Hilfe-Maßnahmen zwangsläufig unspezifisch sein müssen. Sie zielen darauf ab, den Allgemeinzustand Ihres Vogels zu stabilisieren, bis Sie ihn zum Tierarzt bringen können. Neben der Durchführung der Basismaßnahmen sollten Sie folgende spezifische Maßnahmen ergreifen:

- ***Wiegen:*** Wiegen Sie Ihren Vogel und vergleichen Sie das Gewicht mit Ihren wöchentlichen Wiegungen. Beträgt der Gewichtsverlust mehr als zehn Prozent, ist dies ein deutlicher Warnhinweis, den Sie ihrem papageienkundigen Tierarzt bei Ihrem Anruf mitteilen sollten, um ihm die Dringlichkeit der Lage zu veranschaulichen.
- ***Nährstofflösung:*** s. Basismaßnahmen
- ***Nährstoffbrei:*** Nimmt Ihr Vogel die Nährstofflösung gut an, können Sie anschließend versuchen, ihn mit Nährstoffbrei zu füttern.
- ***homöopathisch:*** Carbo vegetabilis, Crataegus oxyacantha

Amazone mit deutlich schlechtem Allgemeinbefinden, das in der ganzen Körperhaltung zum Ausdruck kommt.

Die geschlossenen Augen – trotz Fotoapparat – und die Körperhaltung zeigen an, dass es diesem Wellensittich nicht sehr gut geht.

Beim Tierarzt

- ***stabilisierende Maßnahmen***
- ***Untersuchung***
- ***Behandlung:*** entsprechend Diagnose

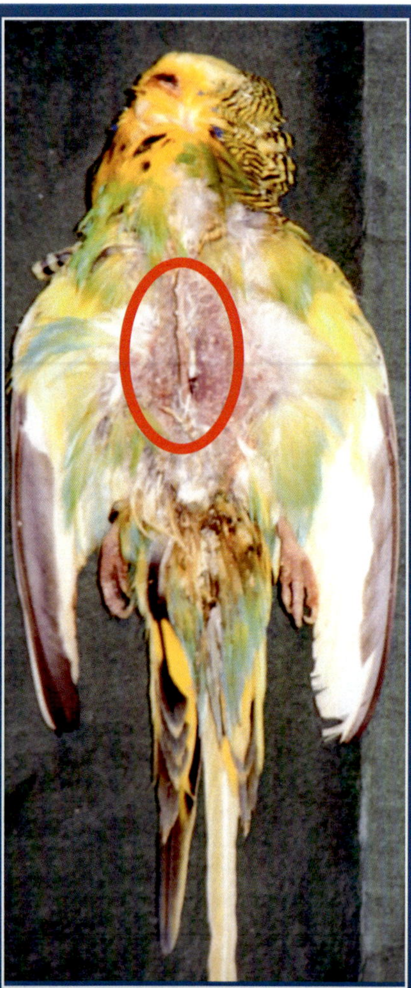

Dieser Wellensittich ist völlig abgemagert, bevor er verstarb. Die Besitzer hatten dies im befiederten Zustand leider nicht bemerkt. Ohne Federn ist das stark hervortretende Brustbein hingegen deutlich zu erkennen. Da Gewichtsverluste oft schleichend und schwer zu erkennen sind, ist es wichtig, dass Sie Ihre Papageien wöchentlich wiegen und darüber Buch führen.

Weiterführende Massnahmen

Die Auslöser der ursächlichen Erkrankung oder Verletzung müssen beseitigt werden. Lassen Sie sich hierbei von Ihrem vogelkundigen Tierarzt beraten.

Appetitmangel

Papageien haben einen hohen Stoffwechsel und somit auch einen hohen Nährstoffbedarf. Verliert ein Papagei seinen Appetit, liegt es meist daran, dass das Tier krank oder verletzt ist. Auch wenn der Appetitmangel allein keine Erkrankung ist, sondern ein Symptom, kann die unzureichende Nährstoffzufuhr schnell zum Notfall werden: bei kleineren Papageienarten innerhalb von zwölf Stunden, bei den größeren Arten innerhalb von vierundzwanzig Stunden.

Symptome

- ***Futteraufnahme:*** wird verweigert
- ***mangelnder Kotabsatz:*** Der Vogel setzt kaum noch Kot ab. (s. Hungerkot)

Mögliche Ursachen

- vielfältige Erkrankungen und Verletzungen

Erste Hilfe

- ***Wiegen:*** Wiegen Sie Ihren Vogel und vergleichen Sie das Gewicht mit Ihren wöchentlichen Wiegungen. Beträgt der

Gewichtsverlust mehr als zehn Prozent sollten Sie mit Ihrem Tier umgehend zu einem papageienkundigen Tierarzt gehen und mögliche Ursachen abklären lassen. Ein Gewichtsverlust von zwanzig Prozent ist lebensbedrohlich. Soweit sollten Sie es nicht kommen lassen.

- ***Nährstofflösung:*** Verabreichen Sie Ihrem Vogel zur Stärkung, und um einen möglichen Flüssigkeitsverlust auszugleichen, Nährstofflösung.
- ***Nährstoffbrei:*** nimmt Ihr Vogel die Nährstofflösung gut an, können Sie anschließend versuchen, ihn mit ein wenig Nährstoffbrei zu füttern.

Beim Tierarzt

Weitere Maßnahmen, die Ihr vogelkundiger Tierarzt durchführen kann, beinhalten:

- ***Infusion***
- ***Zwangsernährung***
- ***Diagnose und Behandlung*** der ursächlichen Erkrankung

Weiterführende Maßnahmen

Die Auslöser der ursächlichen Erkrankung oder Verletzung müssen beseitigt werden. Lassen Sie sich hierbei von Ihrem vogelkundigen Tierarzt beraten.

- ***Wiegen:*** Falls noch nicht geschehen, sollten Sie die Erkrankung Ihres Tieres zum Anlass nehmen, wöchentliche Wiegungen in die Gesundheitsvorsorge Ihres Tieres aufzunehmen.

Atemprobleme ⌛⌛⌛

Papageienvögel haben häufig Probleme mit dem Atmungstrakt, da die Wohnungshaltung die natürlichen Lebensbedingungen auch nicht annähernd abbildet. Insbesondere zu niedrige Luftfeuchtigkeit, unausgewogene Ernährung und zu wenig Bewegung machen ihnen zu schaffen.

Oft entwickeln sich die Symptome schleichend, verschlimmern sich jedoch bei Nichtbehandlung und führen mit der Zeit zum Tod. Deswegen sollten Sie unbedingt auch bei geringsten Anzeichen von Problemen mit dem Atmungstrakt Ihren vogelkundigen Tierarzt aufsuchen.

Akute Atemnot kann lebensbedrohlich sein und vielfältige Ursachen haben. Treten die Atemprobleme hingegen nur kurzfristig auf, könnten sie stressbedingt sein. In dem Fall sollte sich die Atmung innerhalb von zwei Minuten wieder normalisiert haben. Bei sehr flacher Atmung, in Zusammenhang mit apathischem oder verstörtem Verhalten, kann Schock der Auslöser für die Atemnot sein (s. Schock). Vermeiden Sie alles, was das Tier weiter stressen könnte.

Symptome

- ***Atemgeräusche:*** Vogel atmet schwer, hustet oder japst beim Atmen
- ***Atmung:*** unregelmäßig, Frequenz schneller oder langsamer als normal, flacher oder tiefer als üblich, Atmen mit

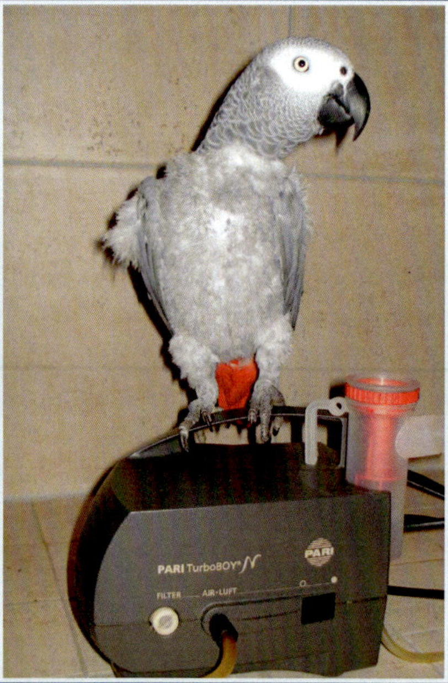

Regelmäßiges Inhalieren ist Pflicht für Papageien mit chronischer Aspergillose.

geöffnetem Schnabel, Schwanzwippen beim Atmen

- ***Backenblasen***
- ***Desorientierung***
- ***Flügel:*** werden vom Körper abgestellt
- ***Gleichgewichtsstörungen***
- ***Halsstreckung:*** Hals wird gestreckt, um Atmung zu erleichtern, Vogel hängt Schnabel am Käfiggitter ein
- ***Hautverfärbung:*** Durch Sauerstoffmangel ändert sich die Hautfarbe. Gut zu erkennen bei Arten mit nacktem Gesichtsfeld, z.B. werden Graupapageien im Bereich um die Augen blau, bei manchen Araarten verfärbt sich die Gesichtshaut fahl-gelblich. Auch die Füße können sich bläulich dunkel verfärben.

Mögliche Ursachen

Atembeschwerden bei Papageien können vielfache Ursachen haben. Die mit Abstand häufigste ist die Aspergillose, eine Pilzerkrankung, die durch Schimmelpilzsporen verursacht und durch nicht artgerechte Haltung und Ernährungsfehler stark begünstigt wird. Insbesondere wenn sich Stücke des Pilzrasens lösen und in den Atemwegen stecken bleiben, bekommt der Aspergillose-Patient oft heftige und plötzliche Schübe von Atemnot, die durchaus auch tödlich enden können. Deswegen sind regelmäßige Aspergillose-Vorsorgeuntersuchungen – vorzugsweise im Herbst zu Beginn der Heizperiode – dringend anzuraten. Weitere Ursachen für Atemprobleme sind wie folgt:

- ***Infektionen:*** Bakterien, Pilze, Viren
- ***Fehlernährung:*** Vitamin-A-Mangel, Jodmangel, Fettsucht
- ***Fremdkörper:*** im Atmungstrakt
  - ***verschlucken:*** besonders bei unsachgemäßer Fütterung mit Spritze oder Sonde bei Handaufzuchten
- ***Insektenstiche:*** am Hals und im Schnabel oder Rachen
- ***Herz-Kreislaufstörungen***
- ***Knochenbrüche:*** Schultergürtel, Rippen
- ***neurologische Ausfallerscheinungen***
- ***Parasiten***

- ***raumfordernde Prozesse:*** auf die Luftsäcke ausgeübter Druck (z.B. geschwollene innere Organe, Tumore, Wassersucht, Legenot)
- ***Schock***
- ***Überhitzung***
- ***Vergiftungen:*** Inhalation, aber auch Futteraufnahme von giftigen Substanzen (s. Vergiftungen)
- ***Verletzungen:*** Luftsackverletzungen oder -risse, Lungenverletzungen, Schädelverletzungen

Erste Hilfe

Achtung! Beruht die Atemnot Ihres Tieres auf einer inhalatorischen Vergiftung, wie z.B. durch Rauch, Raumsprays oder gar Dämpfen von antihaftbeschichtetem Kochgeschirr, muss es umgehend aus dem Bereich entfernt werden. Es braucht viel frische Luft. Am besten nehmen Sie es im Transportkäfig sofort nach draußen. Es ist keine Zeit zu verlieren! Bei Teflondämpfen kann der Tod innerhalb weniger Minuten eintreten! Erst anschließend sollten Sie sich um die Durchführung von Erste-Hilfe-Maßnahmen kümmern.

- ***Stress minimieren:*** Wenn das Tier unter akuter Atemnot leidet, ist es oft panisch. Mehr als je gilt es, zusätzlichen Stress für das Tier zu vermeiden bzw. den Stress zu verringern. Falls noch nicht geschehen, sprühen Sie etwas Notfalltropfen auf sein Gefieder.
- ***Fremdkörper entfernen:*** Versuchen Sie

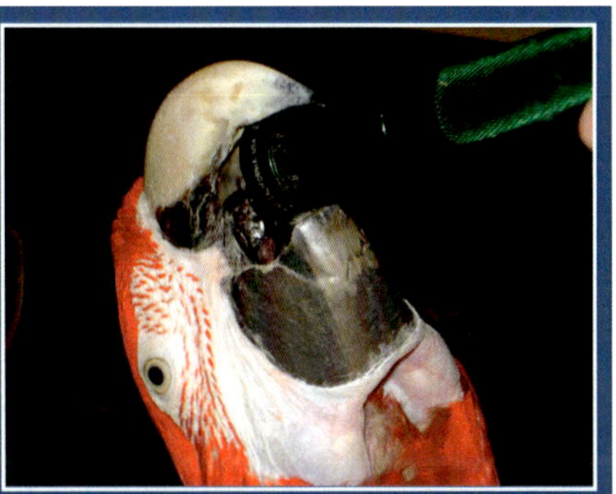

Eine stabile Taschenlampe kann gleichzeitig als Schnabelsperre und als Lichtquelle zur Untersuchung des Schnabelinnenraumes und Rachens dienen ...

... auch das Beißen in die Taschenlampe kann spielerisch erlernt werden, wie hier von Jack und Scarlett (Mitte) und Max (unten).

Ihrem Tier in den Schnabel zu schauen. Lassen Sie es auf eine Spritze als „Maulsperre“ beißen, damit der Schnabel länger offen bleibt und Sie besser hinein schauen können. Nehmen Sie eine kleine Stabtaschenlampe zur Hilfe, damit Sie besser sehen können. Sie können Ihren Vogel auch in die Spitze der Taschenlampe beißen lassen. Dann fungiert die Taschenlampe gleichzeitig als Schnabelsperre. Außerdem positioniert dies das Licht auch günstig für Sie während Ihrer Untersuchung. Falls Sie einen Fremdkörper sehen sollten, entfernen Sie diesen. Um eigene Verletzungen zu vermeiden, sollten Sie hierzu auf keinen Fall Ihre Finger benutzen. Nehmen Sie stattdessen eine Pinzette.

- ***Luftfeuchtigkeit erhöhen:*** Bei akuter Atemnot hilft oft die Erhöhung der Luftfeuchtigkeit. Zum einen, weil eine erhöhte Luftfeuchtigkeit die Atmung erleichtert, zum anderen, weil durch die Feuchtigkeit ein eventuell festsitzender Fremdkörper weicher und geschmeidiger werden kann. Dadurch kann es sein, dass er sich lockert und die Atemwege wieder befreit werden.
  - ***Inhalator:*** Wenn Sie einen Inhalator haben, setzen Sie das Tier in seine Transportbox und vernebeln Sie isotonische Kochsalzlösung oder Wasser. Fügen Sie keine Medikamente hinzu, da diese reizend sein können und die Atmung weiter erschweren würden.

    Achtung! Auf keinen Fall sollten Sie Ihr Tier mit Pilzmitteln, wie z.B. Imaverol, inhalieren lassen, wenn es einen Anfall von Atemnot hat. Durch das Pilzmittel könnten sich weitere Granulome lösen, die Ihrem Tier die Atmung noch mehr erschweren könnten. Außerdem reizt Imaverol die Atemwege, was die Atmung Ihres Vogels zusätzlich erschweren könnte.
  - ***Dusche:*** Haben Sie keinen Inhalator, dann setzen Sie das Tier ins Badezimmer oder in die Dusche und lassen die Brause mit sehr heißem oder mit kaltem Wasser laufen. Das Tier sollte dabei natürlich nicht nass werden. Beobachten Sie Ihren Vogel! Manchen bringt feuchte Wärme Erleichterung, anderen feuchte Kühle. Wenn der Zustand Ihres Tieres sich z.B. durch den Wasserdampf verschlimmert, unterbrechen Sie sofort und lassen stattdessen das kalte Wasser laufen.
- ***Kortison:*** Droht Ihr Papagei zu ersticken, kann in manchen Fällen das Inhalieren von Kortison helfen, da es die Gefäße erweitert.

  Achtung! Dies sollte nur in Absprache mit dem Tierarzt geschehen, da Kortison die Nebennieren von Papageienvögeln schwer schädigen kann. Es ist nur einzusetzen, wenn das Tier sich in Todesgefahr befindet. Das Mittel sollten Sie in Ihre Notfallapotheke aufnehmen, wenn Ihr Tier schwer an Aspergillose erkrankt ist und sich jederzeit ein Granulom lösen und zum Erstickungstod des Tieres führen könnte. Kortison bekommen Sie von Ihrem Tierarzt. Besprechen Sie die Situation im Vorfeld mit ihm und lassen Sie sich beraten.

- ***Atmung erleichtern:*** Helfen Sie Ihrem Vogel, eine Körperhaltung einzunehmen, die ihm das Atmen erleichtert. Er muss unbedingt aufrecht gehalten werden. Dies gilt auch, wenn Ihr Vogel bewusstlos geworden sein sollte! Sein Kopf sollte vorsichtig gestreckt werden. Dazu können Sie seinen Schnabel ins Gitter des Krankenkäfiges einhängen.
- ***Wärme:*** Denken Sie daran, Ihr Tier warm zu halten.
- ***homöopathisch:*** Sinfrontal, Aconitum napellus

Beim Tierarzt

Spezifische Maßnahmen, die Ihr vogelkundiger Tierarzt durchführen kann, beinhalten:

- ***Fremdkörperentfernung:*** unter anderem durch Absaugen
- ***Sauerstoffgabe:*** Ihr Tier bekommt in einer Inhalationsbox Sauerstoff direkt zugeführt
- ***Kortisoninhalation:*** Durch die Inhalation mit Kortison werden die Atemwege erweitert und die Atmung dadurch erleichtert
- ***Luftsackintubation:*** Durch einen Schlauch wird dem Tier unter Umgehung der blockierten Atemwege auf direktem Wege Luft oder Sauerstoff zugeführt
- ***Diagnose und Behandlung*** der ursächlichen Erkrankung

Weiterführende Maßnahmen

Entsprechend der Vielfältigkeit der möglichen Ursachen von Atemnot sind auch die weiterführenden Maßnahmen unterschiedlich.

- ***Haltung:*** Die Haltung muss hinsichtlich Luftfeuchtigkeit, UV-Licht, Frischluftzufuhr, Schimmelpilzquellen, Hygiene und Flugmöglichkeiten überprüft werden. Haltungsfehler müssen zwingend beseitigt werden.
- ***Gefahrenquellen:*** Besondere Aufmerksamkeit ist auch der Eliminierung von möglichen Gefahrenquellen zuzuwenden, wie z.B. Inhalationsgiften.
- ***Ernährung:*** Die Ernährung muss insbesondere hinsichtlich Schimmelpilzquellen und Vitamin-A-Mangel überprüft und gegebenenfalls angepasst werden.
- ***Aspergillose:*** Wurde die Atemnot durch Aspergillose ausgelöst, wird eine weiterführende Behandlung nötig sein. Bei schwerem Aspergillose-Befall ist dazu in der Regel eine orale Therapie nötig. Das heißt, dass Sie ihrem Tier über einen bestimmten Zeitraum täglich Medikamente in den Schnabel geben müssen. Als weiterführende Therapie wird oft eine kurweise Verabreichung von Medikamenten über Inhalation eingesetzt.

Dies ist schonender für das Tier, da zwar die Atemwege behandelt werden, aber kaum Medikament in den Blutkreislauf gelangt. Deswegen gibt es bei einer Inhalationstherapie weniger Nebenwirkungen.

Augenerkrankungen und -verletzungen ⌛⌛⌛

Aufgrund der Erblindungsgefahr sind Augenerkrankungen oder -verletzungen Notfälle, die einen umgehenden Tierarztbesuch erfordern. Zudem können Augenverletzungen zu schwerwiegenden Entzündungen führen, die ins Gehirn übergreifen.

Symptome

- ***blutige Augen***
- ***tränende Augen***
- ***verklebte Augen***
- ***geschwollene Augenlider***
- ***geschlossene Augen***
- ***häufiges Blinzeln***
- ***Verfärbung:*** von Auge oder Augenlid
- ***Bindehautentzündung:*** Auge ist gerötet
- ***Augenverletzungen***

Mögliche Ursachen

- ***Infektionen:*** Bakterien, Pilze, Viren
  - ***Psittakose:*** bei Bindehautentzündung
- ***Fremdkörper***
- ***Aggressionen:*** zwischen Artgenossen oder Angriff durch andere Tiere

Erste Hilfe

- ***Fremdkörper entfernen:*** Begutachten Sie das Auge, am besten mit einer Lupe, um zu sehen, ob sich ein Fremdkörper darin befindet. Diesen sollten Sie nur dann entfernen, wenn Sie sicher sind, das Auge dadurch nicht zu schädigen.
- ***Auge spülen:*** Ziehen Sie lauwarmen Augentrosttee oder isotonische Kochsalzlösung in einer Spritze auf und spülen Sie damit das Auge vorsichtig ab.
- ***Auge reinigen:*** Ist das Auge verklebt, können Sie vorsichtig versuchen, es zu reinigen. Dazu tränken Sie einen Tupfer in lauwarmem Kamillentee oder isotonischer Kochsalzlösung und tupfen das Auge damit vorsichtig ab. ***Achtung!*** Verwenden Sie keinen Druck, um das Auge nicht zu beschädigen und Ihrem Tier nicht unnötig weh zu tun. Weichen Sie Verklebungen und Verkrustungen gegebenenfalls erst mit einem feuchten Tupfer auf.
- ***Achtung!*** Verwenden Sie nach Möglichkeit keinen Kamillentee zum Spülen von Augen, da dieser austrocknend wirkt.
- ***feucht halten:*** Wenn Ihr Papagei so zahm ist, dass er dadurch nicht zusätzlich gestresst wird, können Sie auf dem Weg zum Tierarzt einen in physiologische Kochsalzlösung oder Augentrosttee getränkten Tupfer auf das Auge halten, damit es nicht austrocknet.
- ***homöopathisch:*** Apis mellifica, Calendula officinalis, Euphrasia officinalis

Beim Tierarzt

- ***Augenuntersuchung:*** um zu sehen, ob sich eventuell ein Kratzer auf der Hornhaut befindet
- ***Antibiotika:*** damit sich keine Entzündung bildet, die ins Gehirn übergreifen kann
- ***Wundheilung:*** Augensalbe oder -tropfen, damit das Auge bei Verletzungen besser heilt
- ***Röntgen:*** um sicherzugehen, dass keine Schädelfraktur an der Verletzung beteiligt ist
- ***Operation:*** manchmal muss ein verletztes Auge operativ versorgt werden

Weiterführende Massnahmen

- ***Haltungsumstellung:*** Haltungsfehler müssen zwingend beseitigt werden – Trennen von unverträglichen Tieren, doppelte Vergitterung von Trennwänden, usw.
- ***Trennung von Haustieren mit Jagdtrieb:*** Zusammenkunft nur unter Aufsicht

Dunkelroter Ara in einem Vogelpark mit einer alten Augenverletzung

Austrocknung

Es gibt viele Ursachen, durch die Papageienvögel austrocken können. Auch wenn dies keine Erkrankung ist, sondern eher ein Symptom, so kann Austrocknung schnell lebensgefährlich werden, da die Entgiftung des Körpers nicht mehr gewährleistet ist und der Kreislauf übermäßig belastet wird. Deshalb muss die Austrocknung zwingend und umgehend tierärztlich behandelt werden.

Symptome

- ***Augen:*** tiefliegend
- ***Haut:*** runzelig, zieht sich nicht zurück, wenn man sie hochzieht
- ***Vene:*** wenn die Flügelvene, die sich an der Flügelunterseite befindet, leergestrichen wird, benötigt sie mehr als eine Sekunde, um sich wieder zu füllen

Mögliche Ursachen

- ***Allgemeinzustand:*** schlecht
- ***Flüssigkeitsverlust:*** durch Blutungen, Durchfall, Erbrechen

- ***Leber- und Nierenprobleme***
- ***weigert sich zu trinken:*** z.B. weil Medikamente ins Trinkwasser gegeben wurden
- ***Überhitzung***
- ***Verbrennungen***
- ***Verletzungen:*** Schnabel, Rachen, Zunge
- ***Wassermangel:*** Es steht kein sauberes Trinkwasser zur Verfügung oder der Zugang wurde nicht ermöglicht, z.B. bei technischem Versagen von Wasserautomaten.

Erste Hilfe

- ***Frisches Wasser:*** Als Erstes sollten Sie Ihrem Vogel frisches Wasser zur Verfügung stellen.
- ***Nährstofflösung:*** Trinkt Ihr Vogel das frische Wasser nicht selbständig und freiwillig, können Sie ihm in kleinen Mengen Elektrolytlösung zwangsweise einflößen.

Beim Tierarzt

- ***Infusion***
- ***Zwangsernährung:*** wenn Ihr Vogel aufgrund eines schlechten Allgemeinzustandes ausgetrocknet ist
- ***Diagnose und Behandlung*** der ursächlichen Erkrankung

Weiterführende Massnahmen

Die Auslöser der ursächlichen Erkrankung oder Verletzung müssen beseitigt werden. Lassen Sie sich hierbei von Ihrem vogelkundigen Tierarzt beraten.

- ***frisches Wasser:*** Stellen Sie sicher, dass Ihre Tiere stets Zugang zu frischem Wasser haben. Falls Sie Wasserspender zum Tränken benutzen, sollten Sie immer mehrere zur Verfügung stellen, falls einer versagt. Vermeiden Sie die Gabe von Medikamenten und anderen Zusätzen über das Trinkwasser.

Bauch, geschwollen ⌛⌛⌛

Ein geschwollener Bauch kann vielerlei Ursachen haben, von denen einige lebensbedrohlich sind. Deshalb ist ein geschwollener Bauch als absoluter Notfall einzustufen. Ein umgehender Besuch bei einem vogelkundigen Tierarzt ist erforderlich.

Symptome

- ***Bauch wirkt verdickt, Umfang vergrößert***
- ***Atemnot***

Mögliche Ursachen

- ***Bauchwassersucht***
- ***Herz-Kreislaufstörungen***
- ***Infektionen:*** Bakterien, Pilze, Viren
- ***Legenot***
- ***Fettgeschwulst***
- ***Fettleber***
- ***Fettsucht***
- ***Parasiten:*** insbesondere Würmer
- ***Tumor:*** insbesondere bei Wellensittichen
- ***Vergiftungen***
- ***Zysten:*** insbesondere bei Wellensittichen

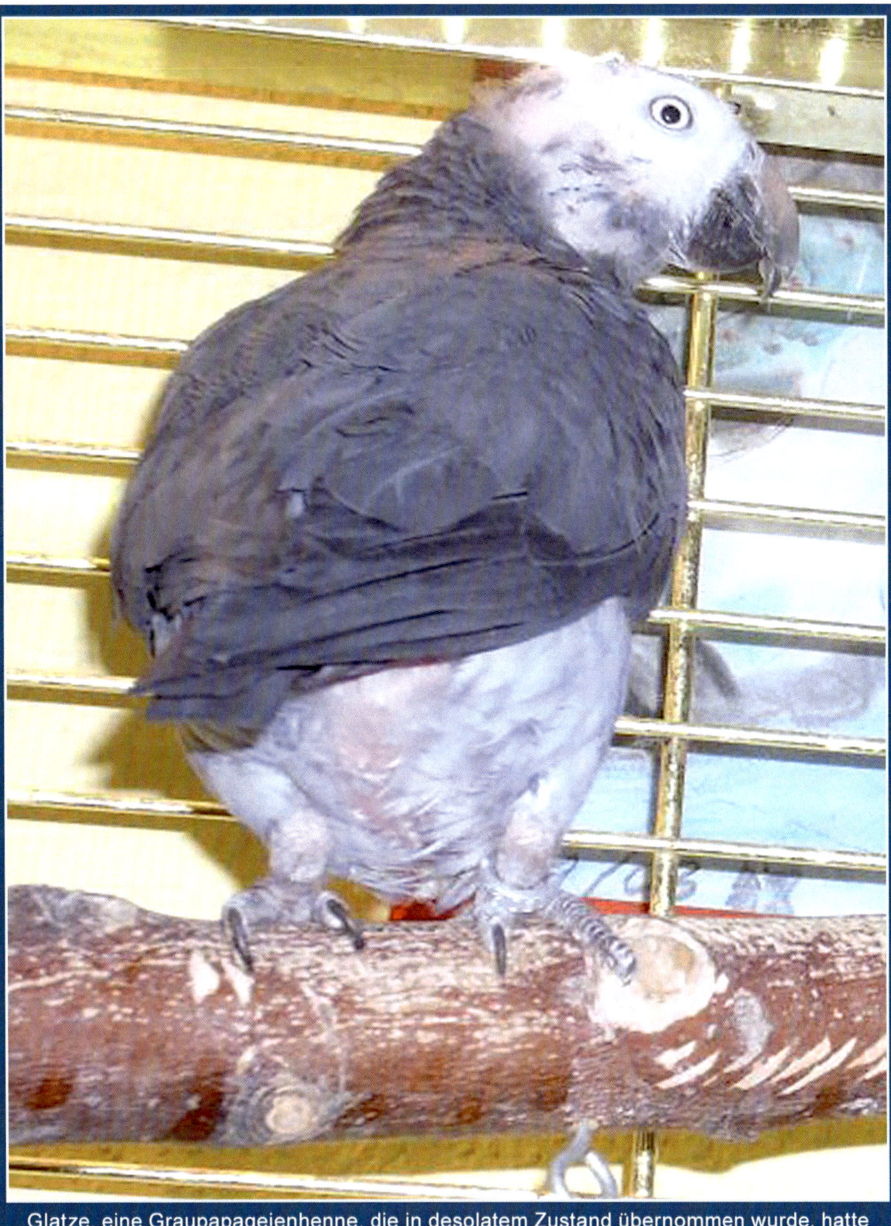

Glatze, eine Graupapageienhenne, die in desolatem Zustand übernommen wurde, hatte unter anderem eine schwere Bauchwassersucht. Der betreuende Tierarzt musste sie mehrfach punktieren, um die Flüssigkeit zu entfernen.

Auch eine Fettgeschwulst, wie hier bei Alpha, kann wie ein geschwollener Bauch aussehen. Auffallend ist jedoch die Gelbverfärbung. Das Bild rechts zeigt Alpha nach der Operation, bei der die Fettgeschwulst entfernt wurde.

Fettgeschwulste (Lipome) sind die häufigsten Tumore bei Papageien in der Gefangenschaft. Verursacht werden sie durch falsche Ernährung und Bewegungsmangel, aber auch genetische Veranlagung spielt eine Rolle.

Erste Hilfe

Ist die Ursache der Schwellung unbestimmt, beschränken sich mögliche Erste-Hilfe-Maßnahmen auf die Basismaßnahmen.

Beim Tierarzt

- ***Stabilisierung***
- ***Untersuchung, Diagnose und Behandlung*** der ursächlichen Erkrankung

Weiterführende Maßnahmen

Die Auslöser der ursächlichen Erkrankung müssen beseitigt werden. Weitere Informationen finden Sie in den Abschnitten zu den weiterführenden Maßnahmen bei den jeweiligen ursächlichen Erkrankungen, wie z.B. Legenot. Lassen Sie sich des Weiteren von Ihrem vogelkundigen Tierarzt beraten.

Bauchspeicheldrüse, Fehlfunktion

Voluminöser, zementfarbener Kot ist sehr typisch für Probleme mit der Bauchspeicheldrüse. Arbeitet diese nicht mehr richtig, werden Fette und Stärken unverdaut wieder ausgeschieden. Dies gibt dem Kot das grau-beige, z.T. auch fettige Aussehen. Ihr Tierarzt kann eine unzureichende Funktion der Bauchspeicheldrüse durch den Nachweis der unverdauten Stärke oder Fette überprüfen.

Typisch für Probleme mit der Bauchspeicheldrüse: voluminöser, zementfarbiger Kot.

Symptome

- ***große Mengen grau-beige gefärbten Kots***
- ***Kot wirkt fettig:*** gelegentlich
- ***Stärkenachweis:*** Bei Auftupfen von Jod färbt sich der Kot lila.
- ***Abmagerung:*** Vogel magert trotz großen Appetits ab, da der Körper die Nährstoffe nicht aufschlüsseln und verwenden kann
- ***unverdaute Körner im Kot:*** gelegentlich
- ***aufgekrümmter Rücken:*** aufgrund von Schmerzen, gelegentlich
- ***Erbrechen:*** gelegentlich
- ***Kotabsatzstörungen***

Mögliche Ursachen

- ***Infektionen:*** Bakterien, insbesondere Chlamydien, Viren, insbesondere PMV
- ***Entzündungen der Bauchhöhle:*** z.B. im Zusammenhang mit Legenot
- ***Alter***
- ***Fehlernährung***
- ***Fettsucht***
- ***Tumore***
- ***Zinkvergiftung***

Erste Hilfe

Erste-Hilfe-Maßnahmen beschränken sich auf die Basismaßnahmen, die helfen, den Allgemeinzustand des Tieres zu stabilisieren. Bitte begeben Sie sich umgehend zu einem papageienkundigen Tierarzt.

Beim Tierarzt

- ***Stärkenachweis:*** im Kot durch Lugol'sche Probe
- ***Fettnachweis:*** im Kot durch Sudan-III-Reaktion
- ***Blutchemische Untersuchung:*** Bei einer Störung der Bauchspeicheldrüse gibt es typische blutchemische Verände-

rungen, die durch entsprechende Untersuchungen festgestellt werden können.

- ***Endoskopie:*** Mit Hilfe einer Endoskopie kann die Bauchspeicheldrüse genauer auf Veränderungen untersucht werden.
- ***Biopsie:*** Auch die Entnahme einer Gewebeprobe kann bei der definitiven Feststellung einer Bauchspeicheldrüsenerkrankung hilfreich sein.
- ***Mikrobiologische Untersuchung:*** Eine mikrobiologische Untersuchung hilft, die Ursache für die Störung der Bauchspeicheldrüse zu klären und somit einen angemessenen Behandlungsplan festzulegen.

Weiterführende Massnahmen

- ***Bauchspeicheldrüsenenzyme:*** Die fehlenden Bauchspeicheldrüsenenzyme werden durch entsprechende Futterzugaben oder Direkteingabe in den Schnabel vor dem Füttern ersetzt.
- ***Ernährungsumstellung:*** Das Futter wird auf eiweißhaltige Nahrungsmittel mit geringem Fett- und Stärkeanteil umgestellt. Diese kann der Vogel leichter verdauen.
- ***Nährstofflösung:*** Mehrfach täglich wird dem Vogel eine Nährstofflösung eingeflößt
- ***Behandlung der ursächlichen Erkrankung:*** Oft kann der Auslöser der Bauchspeicheldrüsenfehlfunktion erkannt und behandelt werden. Die entsprechende Therapie, z.B. eine Behandlung mit Antibiotika, können Sie zu Hause nach Anleitung Ihres vogelkundigen Tierarztes durchführen.

Bisswunden

Bisswunden sind als Notfall einzustufen. Oft sehen sie harmloser aus, als sie sind. Hinter einer kleinen oberflächlichen Wunde können sich schwerwiegende innere Verletzungen, Quetschungen und sogar Knochenbrüche verbergen. Außerdem kann der in die Wunde geratene Speichel des beißenden Tieres zu schweren Entzündungen führen. Bei Bissverletzungen

Auch bei den kleineren Papageienarten kann es zu schweren Bissverletzungen durch Artgenossen kommen.

sollten Sie unbedingt umgehend einen vogelkundigen Tierarzt aufsuchen.

Achtung! Wenn Ihr Papagei von einem Raubtier angegriffen wurde, müssen Sie unbedingt zu einem vogelkundigen Tierarzt gehen, auch wenn Sie keinerlei Verwundung erkennen können. Oft sind die Verletzungen winzig und unter dem Federkleid nicht zu erkennen. Dennoch können sie aufgrund der oben erläuterten Gründe lebensbedrohlich sein.

Inti hatte eine schwere Kopfverletzung, als er zu mir kam – vermutlich von einem anderen großen Vogel zugefügt. Bei Gemeinschaftshaltung sollte stets auf ausreichenden Platz, Rückzugsmöglichkeiten und Unverträglichkeiten geachtet werden, um das Risiko solch schwerer Angriffe und damit einhergehender Verletzungen zu verringern.

Symptome

- ***Bisswunden:*** Manchmal kann man Bisswunden sehen, manchmal sind diese durch das Gefieder verdeckt oder so klein, dass man sie kaum erkennen kann.
- ***auffallender Federverlust:*** Es liegen auffallend viele Federn auf dem Boden, Gefieder im Wundbereich fehlt.
- ***allgemeine Verletzungshinweise:*** Blut im Gefieder, hängender Flügel, Gleichgewichtsstörungen, verschlechterter Allgemeinzustand

Mögliche Ursachen

- ***Raubtierangriff:*** durch unbeaufsichtigtes Zusammensein von anderen Haustieren mit dem Vogel, bei Wild- oder entflogenen Vögeln – Raubtierangriff
- ***Artgenossen und andere Vögel:*** falsch zusammengestellte Volieren- oder Käfigbesetzung, Unverträglichkeiten zwischen Tieren, Gattenangriffe, Überbesetzung, Käfig zu klein, falsch eingerichtete Käfige ohne Versteck- und Fluchtmöglichkeiten, einfache statt doppelter Trenngitter.
  - ***Fußbissverletzungen:*** entstehen häufig durch Käfig- oder Volierengitter, wenn ein Teil der Tiere im Käfig und ein anderer Teil draußen ist oder bei einfachen Trenngittern. Deshalb sollten diese immer doppelt sein mit genügend Abstand zwischen den Gittern.

„Ach wie süß ...“

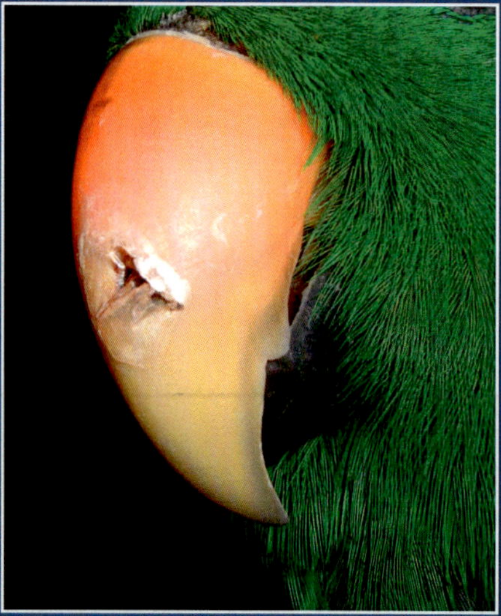

... bis es entsetzlich schief geht: Schnabelverletzung durch Hundebiss

Andere Haustiere, die zu den Raubtieren gehören, insbesondere Hunde und Katzen, sind eine der häufigsten Verletzungs- und Todesursachen für Papageien in Privathaltung. Oft geht jahrelang alles gut, und die Tiere waren nach Aussagen der Besitzer sehr lieb zueinander. Bis die natürlichen Instinkte, die man einfach nicht wegerziehen kann, durchkommen und der Papagei mit seinem Leben dafür bezahlt. Deshalb sollten Sie Ihre Papageien niemals mit Raubtieren spielen lassen, egal wie lieb oder gut erzogen diese sind. Selbstverständlich sollten Sie Ihre Papageien und Raubtiere auch niemals unbeaufsichtigt zusammen lassen, auch nicht, um kurz zur Toilette oder an die Haustür zu gehen.

Erste Hilfe

Die Behandlung einer Bisswunde gleicht der einer normalen Wunde:

- ***Wunde reinigen:*** Reinigen bzw. spülen Sie die Wunde mit Jod-, isotonischer Kochsalzlösung oder Kamillentee. Falls die Wunde im befiederten Bereich ist: Zupfen Sie die Daunenfedern in dem Bereich aus, damit Sie die Wunde genau sehen können und damit sie nicht mit Federn verklebt.
- ***Blutung stillen:*** Falls die Wunde übermäßig bluten sollte, können Sie sie durch vorsichtiges Aufdrücken eines mit Eisen-III-Chloridlösung getränkten Gazetupfers stillen.
- ***Wunde desinfizieren:*** Streichen Sie eine dünne Schicht Jodsalbe auf die Wunde
- ***Wundheilung:*** Ein oder zwei Tropfen Notfalltropfen direkt auf die Wunde geben. Das beschleunigt erfahrungsgemäß die Heilung.

Leider nicht vorsichtig genug gewesen: Amos, ein wunderschöner hellroter Ara, der seit sechzehn Jahren in der Familie lebte, ist vom niedlichen sechs Monate alten Golden Retriever Welpen der Familie – trotz Absperrgitter – gerissen worden. Dies ist kein Einzelfall! Ihr Hund oder Ihre Katze ist nicht die große Ausnahme! Das dachten alle Besitzer, denen so etwas passiert ist. Bitte – im Interesse Ihrer Tiere – seien Sie vorsichtig.

- ***Wunde verbinden:*** Generell heilen Wunden an der Luft besser, als wenn sie durch einen Verband abgeschlossen werden – vorausgesetzt, sie werden nicht verunreinigt. Da viele Papageien außerdem versuchen, etwaige Wundverbände zu entfernen und dabei die Verletzung verschlimmern, sollten Sie zunächst von einem Wundverband absehen, aber den Vogel genau beobachten, um ihn im Bedarfsfall doch noch zu verbinden. Bei Wunden an den Füßen, insbesondere den Fußsohlen, kann ein Verband notwendig sein, um die Wunde vor Verunreinigungen zu schützen. ***Achtung!*** Wunden am Körper bitte auf keinen Fall verbinden, da Sie damit die Atmung behindern könnten.
- ***Nährstofflösung:*** Bei Schock und Stress hilft es Ihrem Vogel, wenn Sie ihm Flüssigkeit und Energie zuführen.
- ***homöopathisch:*** Ledum palustre; bei größerem Blutverlust: Phosphorus; um die Blutung zu stoppen: Hamamelis.

Beim Tierarzt

- ***Stabilisierung des Allgemeinzustandes:*** insbesondere Behandlung gegen Schock
- ***Röntgen:*** um abzuklären, ob innere Verletzungen vorliegen
- ***Operative Versorgung:*** Tiefe oder größere Wunden müssen eventuell operativ versorgt werden.
- ***Antibiotikagabe:*** um eventuellen Entzündungen vorzubeugen
- ***Wundheilung:*** Vitamin-A- und -C-Gabe, um die Heilung zu beschleunigen

Weiterführende Massnahmen

- ***Haltungsumstellung:*** Haltungsfehler müssen zwingend beseitigt werden – Trennen von unverträglichen Tieren, doppelte Vergitterung von Trennwänden, usw.
- ***Trennung von Haustieren mit Jagdtrieb:*** Zusammenkunft nur unter Aufsicht

Blutkiel, abgebrochen ⧗-⧗⧗⧗

Abgebrochene Blutkiele können stark bluten. Meist sieht es für den erschreckten Besitzer jedoch schlimmer aus, als es ist.

Symptome

- Blut scheint direkt aus dem Gefieder zu tropfen.
- Oft hängt eine Feder abgebrochen herunter.
- Ihr Vogel bearbeitet eine Feder intensiv.

Mögliche Ursachen

- ***Sturz, Unfall:*** besonders bei flugunfähigen bzw. gestutzten Tieren. Generell sollten Papageien nicht gestutzt werden. Sie benötigen ihre Flugfähigkeit, um körperlich und geistig gesund zu bleiben.
- ***Streitereien mit Artgenossen***
- ***Mangelernährung:*** Bei einem gesunden und ausgewogen ernährten Vogel brechen Federn höchst selten ab. Deshalb sind abgebrochene Blutkiele immer auch als ein Hinweis zu sehen, die Ernährung des Tieres und den allgemeinen Gesundheitszustand von einem vogelkundigen Tierarzt überprüfen zu lassen.
- ***Gefiederzerstörendes Verhalten:*** Tiere, die ihre eigenen Federn abbeißen, können dabei durchaus auch Blutkiele abknipsen.

Erste Hilfe

- ***Ruhe:*** Oft hört die Blutung, auch wenn sie zunächst hochdramatisch aussieht, sehr schnell von selbst auf, wenn der Vogel in Ruhe gelassen wird, sodass Herzschlag und Blutdruck sich wieder normalisieren können. Warten Sie ruhig 10-15 Minuten, während Sie Ihren Vogel unauffällig beobachten. Verlangsamt sich die Blutung in der Zeit nicht oder verschlimmert sie sich gar, gehen Sie bitte wie folgt vor:
- ***Feder stutzen:*** Mittlerweile ist man dazu übergegangen, verletzte Blutkiele

nach Möglichkeit nicht mehr zu ziehen, aufgrund der großen Gefahr, dass dabei die empfindlichen Federfollikel geschädigt werden könnten und die Feder überhaupt nicht mehr oder nur verkümmert nachwächst. Schneiden Sie stattdessen den abgebrochenen Teil der Feder einfach vorsichtig unterhalb der Bruchstelle ab.

- ***Blutung stillen:*** Behandeln Sie den blutenden Federstumpf indem Sie einen mit Eisen-III-Chloridlösung getränkten Gazetupfer vorsichtig darauf drücken, bis die Blutung aufhört. Alternativ können Sie auch Kernseife, einfaches Mehl oder Speisestärke auf den Federstumpf aufdrücken, bis die Blutung gestillt ist.

  Achtung! Mehl und Speisestärke sind ideale Nährböden für Bakterien. Ist die Blutung erst einmal gestoppt, sollten alle Überreste sorgfältig entfernt werden.
- ***Feder ziehen:*** Ist die Blutung nicht zu stillen, muss die abgebrochene Feder gezogen werden. Dies sollte auf keinen Fall leichtfertig geschehen, da es sehr schmerzhaft – in etwa vergleichbar mit dem Ziehen eines Fingernagels beim Menschen – ist.
  - ***Klemme:*** Um die Feder zu ziehen, nehmen Sie eine Klemme und fassen damit die Feder ganz unten an, an der Stelle, an der sie aus der Haut tritt. Die Klemme ist dabei quer zur Feder anzusetzen.

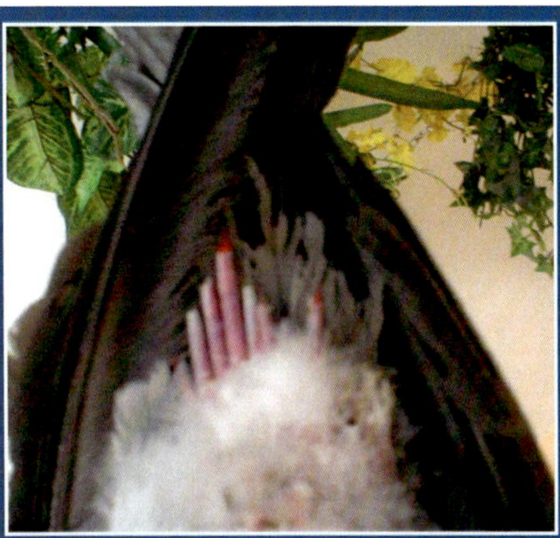

Blutkiele können auch durch federzerstörendes Verhalten so verletzt werden, dass sie stark bluten.

  - ***Flügel festhalten:*** Falls eine der Schwungfedern betroffen ist, müssen Sie den Flügel sehr gut und fest halten, damit Sie ihn nicht brechen. Auch sonst müssen Sie den Vogelkörper gut fixieren.
  - ***Feder ruckartig ziehen:*** Die Feder ziehen Sie durch eine starke, ruckartige Bewegung heraus, während Sie den Flügel oder Vogelkörper gegenhalten. Die ruckartige Bewegung ist wichtig, da sonst der Stumpf steckenbleiben kann und die Feder dann nicht mehr nachwächst.
  - ***Haut zusammendrücken:*** Nach dem Ziehen der Feder drücken Sie die Haut am Follikel noch ungefähr eine halbe Minute zusammen.
- ***homöopathisch:*** Aconitum napellus; bei größerem Blutverlust: Phosphorus; um die Blutung zu stoppen: Hamamelis.

Beim Tierarzt

Wenn die Blutung gestillt ist, brauchen Sie mit einer abgebrochenen Feder nicht zum Tierarzt zu gehen. Brach die Feder jedoch infolge eines Unfalls oder von Streitereien ab, sollte Ihr Vogel fachkundig auf weitere Verletzungen untersucht werden. Brechen bei Ihrem Vogel häufig Federn ab, sollte er auf jeden Fall gründlich von einem vogelkundigen Tierarzt untersucht werden. Abbrechende Federn können ein Hinweis auf Erkrankungen oder Fehlernährung sein. Dies gilt es, zu überprüfen.

Weiterführende Massnahmen

- ***Ernährung:*** Überprüfen Sie die Ernährung Ihrer Tiere bezüglich der Zusammenstellung und der zur Verfügung gestellten Nährstoffe. Kurzfristig können Sie mit einer Vitamin-Mineralstoff-Mischung Abhilfe schaffen, doch sollte dies keine Dauerlösung sein. Stellen Sie auf eine abwechslungsreiche und ausgewogene Ernährung um.
- ***Flugfähigkeit:*** Gestutzten Tieren ist unbedingt die Flugfähigkeit wieder zu gewähren. Weiteres Stutzen ist zu unterlassen. Bis die Flugfähigkeit wieder hergestellt ist, muss der Vogel vor Stürzen geschützt werden, z.B. durch vorübergehende Unterbringung in einem großflächigen, aber flachen Käfig.
- ***Rupfen:*** Eine weitere Untersuchung und Behandlung von rupfenden Vögeln ist zwingend notwendig.

Blut im Kot

Blut im Kot ist immer ein sehr ernst zu nehmender Hinweis auf eine schwere Verletzung oder Erkrankung des Magen-Darm-Trakts. Wenn Sie Blut im Kot Ihres Tieres sehen, müssen Sie deshalb umgehend zu Ihrem vogelkundigen Tierarzt gehen.

Bedenken Sie aber bitte, dass nicht alles, was wie Blut aussieht, auch Blut sein muss. Die Fütterung kann einen starken Einfluss auf die Kotfärbung haben. Verwechseln Sie bitte nicht rot-gefärbten Kot aufgrund der Fütterung von roten Paprika, Kirschen oder Ähnlichem mit Blut im Kot. Sie würden sich unnötig verrückt machen. Wenn Sie also am gleichen Tag intensiv gefärbte Nahrungsmittel verfüttert haben und der Allgemeinzustand Ihres Papageis völlig in Ordnung scheint, könnte es ein Fehlalarm sein. Versuchen Sie, ihm zunächst neutral gefärbte Nahrungsmittel zu geben, wie z.B. geschälte Nüsse oder ungewürzte Nudeln. Wenn die Verfärbung futterbedingt war, wird der Kot sich innerhalb kürzester Zeit normalisieren.

Haben Sie jedoch auch nur den geringsten Zweifel, sollten Sie auf keinen Fall abwarten, sondern umgehend Ihren vogelkundigen Tierarzt aufsuchen. Einmal zu oft zum Tierarzt, ist auf jeden Fall besser, als einmal zu wenig. Falls Sie sich entschlossen haben abzuwarten, der Kot sich jedoch nicht innerhalb von ein bis zwei Stunden normalisiert hat, müssen sie auch bitte umgehend zu Ihrem vogelkundigen Tierarzt gehen. Auch in dem Fall, dass es bereits spät am Tag ist, würde ich auch dazu raten, lieber zum Tierarzt zu fahren, als nach Praxisschluss festzustellen, das ein Besuch erforderlich gewesen wäre.

Symptome

- ***frisches, hellrotes Blut im Kot:*** entsteht durch Verletzungen im unteren Verdauungstrakt
  - Fremdkörper
  - Kloakenverletzungen und -erkrankungen
  - Legenot
  - Papillome
  - Tumore
  - Magen-Darm-Entzündungen
- ***schwarz verfärbter Kot:*** entsteht durch verdautes Blut, weist also auf Blutungen im oberen Magen-Darm-Trakt hin. Der Kot kann sich schwarz verfärben, wenn der Vogel größere Mengen Fleisch gefressen hat. Im Einzelnen ist schwarz verfärbter Kot ein möglicher Hinweis auf:
  - fortgeschrittene Lebererkrankungen
  - Geschwüre und Tumore des Magen-Darm-Traktes
  - Entzündungen der Bauchspeicheldrüse
  - Verhungern
- ***blutige Flüssigkeit:*** entsteht durch
  - Nierenerkrankungen
  - Vergiftungen: insbesondere Schwermetall
  - Tumore

Der Kot in diesem Bild entstand durch den Verzehr von roten Paprika. Er enthält kein Blut.

Der blutige Durchfall in diesem Bild entstand aufgrund einer Legenot.

  - kann durch Stress ausgelöst werden und ist als Krankheitszeichen zu werten

Mögliche Ursachen

- ***Fremdkörper***

- ***Infektionen:*** Bakterien, Viren
- ***Legenot***
- ***Parasiten***
- ***raumfordernde Prozesse:*** Tumore, Geschwüre
- ***Unfälle***
- ***Vergiftungen***
- ***Verletzungen***
- ***Wucherungen:*** z.B. Papilloma

Erste Hilfe

- ***Nährlösung:*** zur Flüssigkeits- und Nährstoffzufuhr. Die allgemeine Nährstofflösung sollte wie folgt angereichert werden:
  - ***Vitamine:*** Vitamin K hilft gegen Leberprobleme und Blutungen des Darmtraktes, sowie gegen allgemeine Blutungsneigung. Es ist in papageienspezifischen Vitaminmischungen enthalten, z.B. Korvimin. Wenn Sie es also im Haus haben, können Sie es der Nährstofflösung zufügen.
- ***homöopathisch:*** Arnica montana

Beim Tierarzt

- ***Diagnose und Behandlung*** der ursächlichen Erkrankung
- ***Blutung stillen:*** Ihr Tierarzt kann Ihrem Tier blutungsstillende Mittel spritzen.

Weiterführende Maßnahmen

Je nachdem, wodurch das Blut im Kot verursacht wurde, werden die weiterführenden Maßnahmen gestaltet werden. Dazu können gehören:

- ***Behandlung*** der ursächlichen Erkrankung, z.B. Medikamentengabe
- ***Haltung:*** Gefahrenquellen müssen beseitigt werden.

Brustverletzung ⌛⌛⌛

Flugunfähige Vögel können bei Flugversuchen oder wenn sie sich erschrecken, abstürzen. Daraus resultieren oft schwere Brustverletzungen am Brustbein. Die Brust platzt geradezu auf. Oft ist auch das darunter liegende Knochengerüst in Mitleidenschaft gezogen. Leider passieren solche Unfälle immer wieder, sodass diese Verletzungen chronisch werden und sich durch Entzündungen und Absterben von Gewebe verschlimmern. Manchmal gibt die Wunde auch Anlass für das betroffene Tier, sich selbst zu benagen – dies führt leider schnell zu selbstverstümmelnden Verhaltensweisen.

Symptome

- Brust ist im Bereich des Brustbeins aufgeplatzt.

Mögliche Ursachen

- ***Sturz:*** insbesondere bei gestutzten und flugunfähigen Tieren. Aufgrund der möglichen Verletzungen sowie der Beeinträchtigung des psychischen und physischen Wohlergehens Ihres Tieres ist Stutzen strikt abzulehnen!

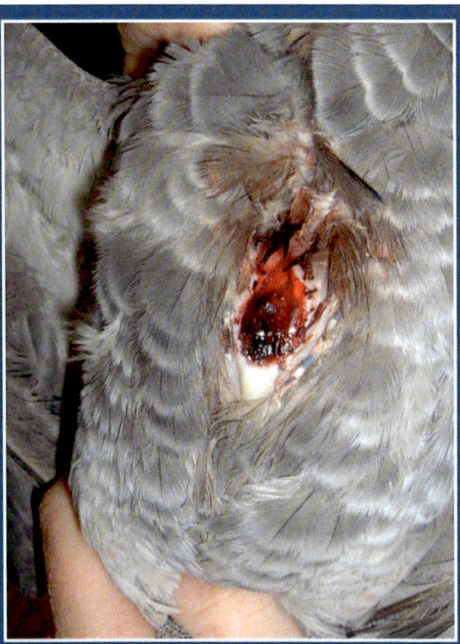

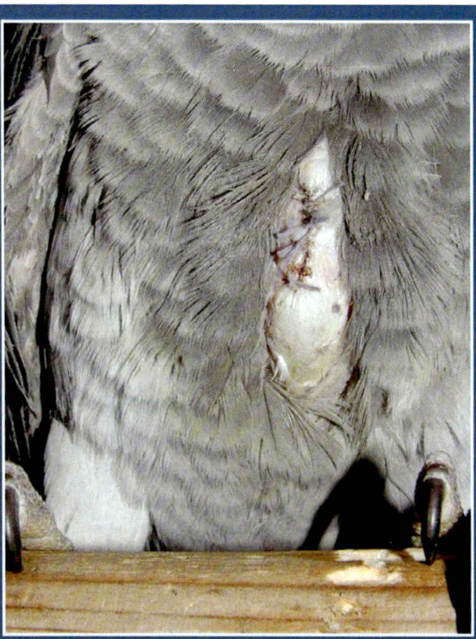

Diese Brustverletzung entstand durch das Stutzen der Flügel. Als der Vogel stürzte, hatte er keine Chance, sich durch Fliegen zu retten.

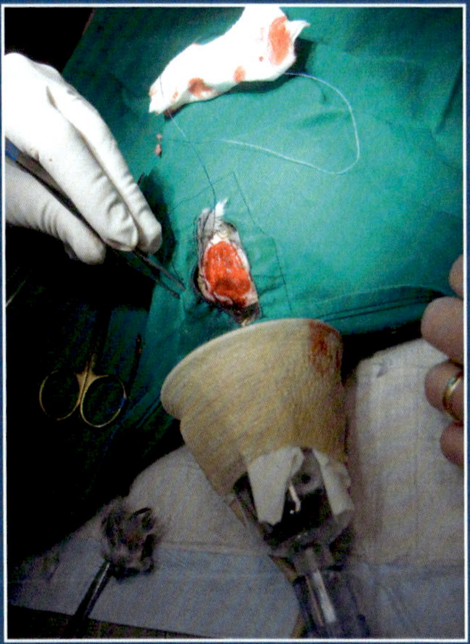

Eine derartig schwere Brustverletzung muss vom vogelkundigen Tierarzt unter Narkose genäht werden.

- ***Selbstverstümmelung:*** Insbesondere falsch gehaltene oder durch Mängel in der Aufzuchtform – Handaufzucht – psychisch vorbelastete Kakadus neigen dazu, sich selbst die Brust aufzunagen. Allerdings kann dies leider auch andere Papageien betreffen.

Erste Hilfe

Aufgrund der Gefahr von weiteren Verletzungen, z.B. innere Verletzungen oder eine Gehirnerschütterung, sowie Entzündungen der Wunde, sollte umgehend ein vogelkundiger Tierarzt aufgesucht werden. Falls dieser nicht zu erreichen ist,

Leidensgeschichte eines Papageis: Hector war extrem gestutzt worden. Immer wieder stürzte er auf seine Brust und verletzte sich aufs Neue. Dann fing er auch noch an, sich selbst zu verstümmeln. Eine Halskrause half über die schlimmste Zeit hinweg.

können Sie zur Erstversorgung folgende Maßnahmen ergreifen. Diese ersetzen jedoch nicht den Gang zum vogelkundigen Tierarzt:

- ***Wunde reinigen:*** Reinigen bzw. spülen Sie die Wunde mit Jod-, isotonischer Kochsalzlösung oder Kamillentee. Falls die Wunde im befiederten Bereich ist, zupfen Sie die Daunenfedern in dem Bereich aus, damit Sie die Wunde genau sehen können und damit sie nicht mit Federn verklebt wird.
- ***Blutung stillen:*** Falls die Wunde übermäßig bluten sollte, können Sie sie durch vorsichtiges Aufdrücken eines mit Eisen-III-Chloridlösung getränkten sterilen Gazetupfers stillen.
- ***Wunde desinfizieren:*** Streichen Sie eine dünne Schicht Jod-Salbe auf die Wunde.
- ***Achtung!*** Wunden am Körper bitte auf keinen Fall verbinden, da Sie damit die Atmung behindern könnten.
- ***homöopathisch:*** Arnica montana; bei größerem Blutverlust: Phosphorus; um die Blutung zu stoppen: Hamamelis.

Beim Tierarzt

Weitere Maßnahmen, die Ihr vogelkundiger Tierarzt durchführen kann, beinhalten:

- ***Stabilisierung des Allgemeinzustands:*** insbesondere Behandlung gegen Schock
- ***Röntgen und allgemeine Untersuchung:*** um abzuklären, ob weitere Verletzungen vorliegen
- ***Operative Versorgung:*** Tiefe oder größere Wunden müssen operativ versorgt werden.
- ***Antibiotikagabe:*** um eventuellen Entzündungen vorzubeugen
- ***Wundheilung:*** Vitamin-A- und -C-Gabe, um die Heilung zu beschleunigen

Weiterführende Massnahmen

- ***Haltungsumstellung:***
  - ***flugunfähige Tiere:*** Der Boden von Käfig, Voliere und unter dem Freisitz sollte dick ausgepolstert werden, z.B. mit Fleecedecken, damit das Tier sich bei weiteren Stürzen nicht wieder verletzen kann. Weiteren Stürzen sollte, z.B. durch das Anbringen von Sitzästen dicht oberhalb des Käfigbodens, vorgebeugt werden. Dabei ist darauf zu achten, dass der gesamte Käfig hoch genug steht, um auch bei niedrig angebrachten Sitzästen dem Sicherheitsbedürfnis des Tieres gerecht zu werden.
  - ***selbstverstümmelnde Tiere:*** Die gesamte Haltung von selbstverstümmelnden Tieren muss überprüft und optimiert werden, z.B. Partnertier, UV-Licht, Luftfeuchtigkeit usw. Ziehen Sie Ihren Tierarzt zu Rate.
- ***Flugfähigkeit:*** Gestutzten Tieren ist unbedingt die Flugfähigkeit wieder zu gewähren. Weiteres Stutzen ist zu unterlassen.
- ***Verhinderung von weiterer Selbstverstümmelung:*** Eine weitere Behandlung von selbstverstümmelnden Vögeln ist zwingend notwendig, damit das Tier sich nicht selbst umbringt. Kurzfristig kann durch eine Halskrause die Selbstbenagung unterbunden werden. Manche Halter haben gute Erfolge mit selbst gebastelten Körpersocken für die betroffenen Tiere erzielt. Auch kann man Papageien zur Not mit Psychopharmaka ruhig stellen. Diese können jedoch leider starke Nebenwirkungen haben. Vielversprechend ist der Ansatz einer homöopathischen Behandlung.

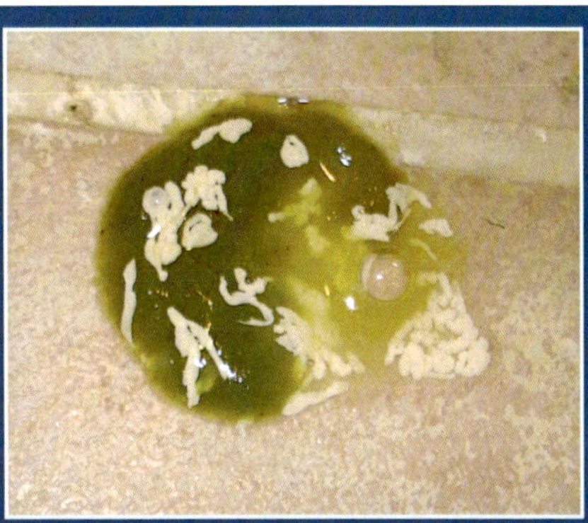

Bei echtem Durchfall ist der Kotstrang nicht mehr klar geformt, sondern nur noch eine breiige Masse, wie hier nach dem Genuss von Joghurt, der von vielen Papageien nicht gut vertragen wird.

Durchfall

Halter verwechseln oft Durchfall mit Polyurie, der vermehrten Ausscheidung von Flüssigkeit mit dem Kot. Beim tatsächlichen Durchfall ist der Kotstrang jedoch nicht mehr geformt, sondern breiig.

Symptome

- breiiger, ungeformter Kotstrang
- mit gelblich-grün verfärbter Harnsäure (Herpes)

- mit Blut im Kot
- Erbrechen

Mögliche Ursachen

- ***Fremdkörper:*** verschluckte Fremdkörper
- ***fütterungsbedingt:*** Milchprodukte, verdorbene Speisen
- ***Infektionen:*** Bakterien, Pilze, Viren (Herpes: Harnsäure ist hier ebenfalls gelbgrün verfärbt)
- ***Parasiten***
- ***Stress***
- ***Vergiftungen:*** Schwermetalle, Insektizide, Stoffwechselprodukte von Pilzen

Erste Hilfe

- ***Nährstofflösung:*** um Flüssigkeits- und Nährstoffverluste zu ersetzen
  - ***probiotisches Mittel:*** Fügen Sie der Nährstofflösung Bird Bene Bac oder ein anderes probiotisches Mittel zu, damit die Darmflora eine Chance bekommt, sich wieder zu erholen.
- ***Nährstoffbrei:*** falls der Vogel das Futter verweigert, sich aber nicht erbricht
- ***adsorbierende Mittel:*** Heilerde oder Aktivkohle
- ***homöopathisch:*** Arsenicum album; für den durchfallbedingten Verlust von Körperflüssigkeiten: Phosphorus; bei jeglichen Vergiftungen: Okoubaka

Beim Tierarzt

Diagnose und Behandlung der ursächlichen Erkrankung

Weiterführende Massnahmen

Je nachdem, wodurch der Durchfall verursacht wurde, werden die weiterführenden Maßnahmen gestaltet werden. Dazu können gehören:

- ***Behandlung*** der ursächlichen Erkrankung
  - Medikamentengabe
- ***Haltung:*** Gefahrenquellen müssen beseitigt werden.

Einschnürungen ⌛⌛⌛

Immer wieder kommt es vor, dass Papageien sich beim Spielen mit ausgefransten Tüchern oder Seilen einzelne Fasern um die Zehen wickeln und diese damit einschnüren. Dies ist als Notfall zu werten, da diese Einschnürungen die Blutzirkulation unterbrechen und zum Absterben der betroffenen Gliedmaße führen können. Eine Variante dieser Einschnürungen ist das sogenannte „Constricted Toe Syndrome" (deutsch: eingeschnürte Zehen Syndrom), das bei Jungvögeln hauptsächlich während des ersten Lebensmonats auftritt. Es sieht genauso aus, als ob der Zeh mit einer Faser abgeschnürt wurde. Aber es ist keine Faser, sondern ein Gewebering aus körpereigenem Material, der die Einschnürung verursacht. Die Ursache des Constricted Toe Syndromes ist bislang nicht abschließend geklärt. Es wird vermutet, dass es mit zu niedriger Luft-

Einschnürung der Zehen bei einem Gelbbrustara vor und nach der Operation, die seine Zehe rettete.

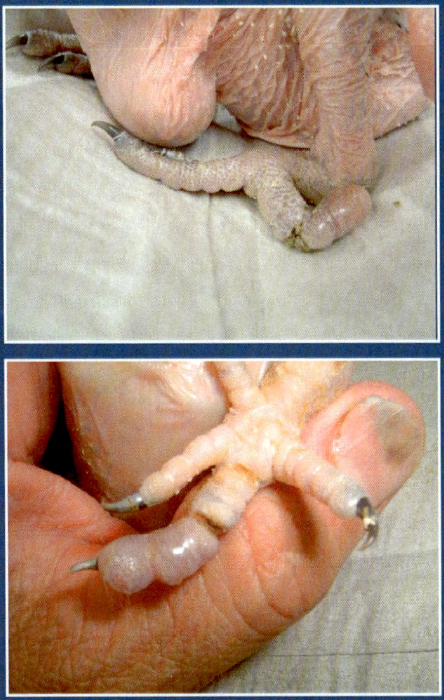

Einschnürung durch Gewebering bei „Constricted Toe Syndrome“ bei einem Jungvogel infolge mangelnder Luftfeuchtigkeit.

feuchtigkeit in der Nistbox bzw. bei Handaufzuchten in der Aufzuchtbox zusammenhängt. Sowohl bei einer echten Einschnürung als auch beim Constricted Toe Syndrome ist es wichtig, so schnell wie möglich zu handeln, damit der Zeh nicht abstirbt.

Symptome

- eine oder mehrere Zehen weisen Einschnürungen auf
- Zeh wirkt geschwollen oder entzündet
- Zeh verfärbt sich dunkel

Mögliche Ursachen

- ***Textilfaser oder Haar:*** hat sich um den Zeh gewickelt und schnürt diesen ein
- ***Constricted Toe Syndrome:*** mangelnde Luftfeuchtigkeit und Hygiene

Erste Hilfe

- ***Begutachten:*** Stellen Sie fest, ob es eine Textilfaser ist, die den Zeh einschnürt
- ***Faser entfernen:*** Entfernen Sie die Faser sehr vorsichtig. Dies geht am besten – ohne Ihren Vogel zu verletzen – mit

einem Nahtauftrenner aus dem Nähkästchen. Trennen Sie die Faser mit einer Schere durch, müssen Sie sehr vorsichtig arbeiten, damit Sie Ihren Vogel weder stechen, noch schneiden.

- ***Wundversorgung:*** Eine eventuell entstandene Wunde muss im Anschluss noch gereinigt und desinfiziert werden.
- ***homöopathisch:*** Traumeel, Pyrogenium

Beim Tierarzt

- ***Constricted Toe Syndrome:*** Aufweichen und operatives Entfernen bzw. Durchtrennen des einschnürenden Geweberings
- ***Wundversorgung:*** mit feuchtigkeitsspendem antibiotischem Verband
- ***Amputation:*** Ist der Zeh bereits abgestorben, muss er operativ entfernt werden.

Weiterführende Maßnahmen

- ***Vorsichtsmaßnahmen:*** Achten Sie in Zukunft bitte stärker darauf, dass mögliche Gefahrenherde für Ihre Vögel unzugänglich sind. Schneiden Sie bei allen Spielzeugen und sonstigen Textilien, mit denen Ihr Vogel in Berührung kommt, ausgefranste Fasern ab.
- ***Haltung bei Constricted Toe Syndrome:*** Falls es sich bei der Einschnürung um Constricted Toe Syndrome gehandelt hat, müssen Sie Ihre Haltung hinsichtlich Luftfeuchtigkeit und Hygiene überprüfen. Ihr vogelkundiger Tierarzt berät Sie dabei.
- ***Haltung bei Amputation:*** Gegebenenfalls müssen Sie Ihre Haltung behindertengerecht anpassen.

Erbrechen ⧗⧗

Erbrechen bei Vögeln ist in der Regel nicht mit dem normalen Erbrechen bei Menschen oder Säugetieren zu vergleichen. Vielmehr handelt es sich um ein Hochwürgen von Futter. Dies kann für den Partner oder für Jungtiere geschehen, tritt aber auch als Krankheitssymptom mit verschiedenen Ursachen auf. Bringen Sie Ihren Vogel nach Möglichkeit noch am gleichen Tag zu einem vogelkundigen Tierarzt – auch wenn die Symptome sich gebessert haben sollten. Wenn die Ursache nicht identifiziert und gegebenenfalls behandelt wird, haben Sie das Risiko, dass der Vogel jederzeit wieder erkranken könnte – vielleicht beim nächsten Mal mit nicht so glimpflichem Ausgang.

Symptome

- ***Hochwürgen*** von Futter oder Flüssigkeit
- ***Pumpen:*** heftige Auf- und Abwärtsbewegungen des Vogels
- ***Kopfschütteln***

Mögliche Ursachen

- ***allgemeine Erkrankungen:*** die den Allgemeinzustand stark beeinträchtigen
- ***Austrocknung***
- ***Blockierte Passage durch den Magen-***

Darm-Trakt: z.B. durch Fremdkörper oder wenn Aufzuchtbrei sich beim Nachquellen verfestigt

- **Ernährungsfehler:** Vitamin-A-Mangel
- **Handaufzucht:** Kropferkrankungen sind ein großes Problem bei unsachgemäßen Handaufzuchten, z.B. durch Kropfverbrennungen, mangelhafte Hygiene bei der Futterzubereitung, falsche Futtermengen, -zeiten und -temperaturen. Außer in medizinischen Notfällen sind Handaufzuchten unter anderem deshalb abzulehnen!
- **Infektionen:** Bakterien, Pilze, Viren
- **Kropfprobleme:** Entzündung, Verstopfung, Durchbruch
- **Leber- und Nierenschäden**
- **Parasiten:** Trichomonaden
- **PDD**
- **raumfordernde Prozesse:** Tumore, Fettsucht, Schilddrüsenvergrößerung
- **Reisekrankheit:** Transport
- **Irritationen:** z.B. durch das Fressen von reizenden Chemikalien
- **Stress**
- **Vergiftungen:** insbesondere Schwermetall
- **Verletzungen**

Erste Hilfe

Achtung! Falls Ihr Vogel sich im Zusammenhang mit einer Vergiftung erbricht, folgen Sie bitte den Anweisungen in der Rubrik „Vergiftungen".

- **Fremdkörper entfernen:** Versuchen Sie, Ihrem Tier in den Schnabel zu schauen. Lassen sie es auf eine Spritze oder Taschenlampe als „Maulsperre" beißen, damit der Schnabel länger offen bleibt und Sie besser schauen können. Falls Sie einen Fremdkörper sehen sollten, entfernen Sie diesen. Um eigene Verletzungen zu vermeiden, sollten Sie hierzu auf keinen Fall Ihre Finger benutzen. Nehmen Sie stattdessen eine Pinzette.
- **Kropfverstopfung bei Jungtieren:** Pürierte Papaya kann helfen Kropfverstopfungen aufzulösen.
- **Wärme:** Rotlicht
- **Flüssigkeit-Nährstoffe:** Erbricht ein Vogel sein Futter, dann kann dieses nicht als Energie für seinen Körper verwendet werden. Da Papageien eine sehr hohe Stoffwechselgeschwindigkeit haben, kann dies schnell lebensbedrohlich werden. Außerdem wird durch das Erbrechen viel Flüssigkeit verloren. Als Erstes müssen Sie den Flüssigkeitsverlust ersetzen und dem Tier dringend benötigte Energie durch eine Nährstofflösung zuführen.
  - **Eingabe:** Die Nährstofflösung geben Sie Ihrem Vogel tröpfchenweise in den Schnabel. Es ist wichtig, dass Sie sehr geringe Mengen, diese aber häufig geben. Größere Mengen werden oft sofort wieder erbrochen. Angemessene Mengen sind für kleine Papageienvögel (z.B. Agaporniden, Wellensittiche und ähnliche) ein Tropfen, mittlere Papageienvögel (z.B. Graupapageien, Amazonen) circa 0,1 Milliliter

und große Papageienvögel (z.B. die großen Aras) 0,5 Milliliter jede 10 bis 15 Minuten. Hier müssen Sie abwägen. Für ein scheues Tier ist es natürlich nicht so angenehm, häufig aus der Krankenbox genommen und gehandhabt zu werden. Achten Sie darauf, dass Ihr Tier sich zwischen den einzelnen Gaben der Nährstofflösung wieder entspannen kann.

- ***Feste Nahrung:*** Wenn Ihr Vogel sich nicht mehr erbricht – mindestens eine Stunde lang –, können Sie langsam anfangen, ihm Nährstoffbrei oder in der Nährstofflösung eingeweichtes Weißbrot oder Zwieback zu geben. Auch hier gilt: lieber öfter kleine Mengen als einmal eine große Menge.

Beim Tierarzt

- ***Kropfspülung:*** um mögliche Verstopfungen, Fremdkörper oder verdorbene Futterreste zu entfernen
- ***Infusion:*** um Energie und Flüssigkeitsverluste zu ersetzen
- ***Medikamente gegen das Erbrechen***
- ***Untersuchung, Diagnose und Behandlung*** der ursächlichen Erkrankung, z.B. Hefen, Schimmelpilze, Bakterien und Parasiten

Weiterführende Maßnahmen

Die Auslöser der ursächlichen Erkrankung oder Verletzung müssen beseitigt werden. Lassen Sie sich hierbei von Ihrem vogelkundigen Tierarzt beraten.

Erfrierungen ⌛⌛⌛

Erfrierungen treten meist zuerst an den Füßen auf und sind immer als Notfälle einzustufen. Bestenfalls kann das betroffene Tier Zehen verlieren, in schlimmen Fällen kann die Erfrierung zum Tode führen.

Symptome

- ***betroffene Stelle ist kalt und hart***
- ***Hautverfärbungen:*** Erfrierungen gehen meist mit Durchblutungsstörungen einher, sodass die betroffene Stelle heller als der angrenzende Bereich wirken kann. Nach einigen Tagen wird sie sich aufgrund des absterbenden Gewebes jedoch dunkel verfärben.
- ***Blutungen***
- ***Hautablösung***

Mögliche Ursachen

- ***Außenvolieren oder Wegflug:*** zu langer Außenaufenthalt bei niedrigen Temperaturen.
- ***Ungeeignete Sitzgelegenheiten:*** Sitzgelegenheiten aus Metall bei niedrigen Temperaturen können schnell zu Erfrierungen führen.

Erste Hilfe

Da Erfrierungen oft mit allgemeinen Unterkühlungen einhergehen, gilt es zuerst, das Leben des Tieres zu retten.

- ***Wärme:*** Bringen Sie Ihr Tier als Allererstes in einen warmen Raum.

- ***Erwärmen:*** Die erfrorenen Stellen können in einem Wasserbad vorsichtig wieder erwärmt werden. Fangen Sie mit lauwarmem Wasser an und erhöhen Sie allmählich die Temperatur auf circa 40° C. ***Achtung!*** Geben sie acht, dass Sie Ihren Vogel nicht durch Ihre Behandlung überhitzen.
- ***Nährstofflösung:*** Auch warme Nährstofflösung kann dabei helfen, Ihren Vogel wieder zu erwärmen. Auch hier sollten 40° C nicht überschritten werden.
- ***Transport:*** Denken Sie daran, Ihren Vogel auch während des Transportes zum vogelkundigen Tierarzt gut warmzuhalten. Legen Sie eine gut abgedeckte Wärmflasche auf den Boden der Transportbox und hüllen Sie sie gut in Tücher ein, um Ihren Vogel während des Transportes vor kalter Luft und Zug zu schützen.
- ***homöopathisch:*** Pyrogenium, Crataegus oxyacantha

Beim Tierarzt

- ***Erwärmung:*** Ihr vogelkundiger Tierarzt kann Ihren Vogel in einen Inkubator setzen und ihm sogar intravenös warme Flüssigkeiten zuführen, damit er schneller wieder aufwärmt.
- ***Untersuchung:*** Erfrierungen können zu absterbendem Gewebe und Entzündungen führen, sodass sogar Gliedmaße verloren gehen können. Deshalb muss Ihr vogelkundiger Tierarzt die Erfrierung untersuchen und gegebenenfalls geeignete Gegenmaßnahmen, wie z.B. eine Antibiotika-Therapie, einleiten oder sogar Gliedmaße amputieren, wenn diese durch die Erfrierung absterben. Täte er dies nicht, könnte das Tier an einer Blutvergiftung sterben.
- ***Stabilisierung:*** Ihr Tierarzt hat ganz andere Möglichkeiten als Sie, den Allgemeinzustand Ihres Vogels wieder zu stabilisieren, wenn es ihm nach einer Erfrierung schlecht geht.

Weiterführende Massnahmen

- ***Vorsichtsmaßnahmen:*** Achten Sie in Zukunft bitte stärker darauf, dass Ihre Vögel sich bei Minusgraden nicht zu lange im Freien aufhalten. Ersetzen Sie Sitzstangen aus Metall durch solche aus Holz oder Kunststoff. Im Fachhandel können Sie zusätzlich beheizbare Sitzstangen erstehen.

Flügelbruch

Flügelbrüche sind sehr schmerzhafte Notfälle. Der Vogel muss unbedingt umgehend tiermedizinisch versorgt werden, um das Risiko einer bleibenden Flugunfähigkeit zu minimieren.

Symptome

- ***Flügel ist lahm***
- ***Flügel hängt***
- ***Flügel wirkt verdreht***

Flügelbruch bei einem Wellensittich. Sie können deutlich den herunterhängenden Flügel sehen.

Mögliche Ursachen

- ***Flugunfall:*** Flug gegen eine Fensterscheibe, Wand oder Bruchlandung
- ***Handhabungsfehler:*** ungeschicktes Festhalten oder Fangen des Vogels
- ***Aggressionen:*** Streitigkeiten der Tiere untereinander, insbesondere bei zu geringem Platzangebot und bei Vögeln mit sehr unterschiedlichen Größen
- ***diverse Unfälle:*** durch ungeeignetes Spielzeug oder Transport in zu großen Käfigen oder Transportboxen
- ***Stürze:*** besonders bei flugunfähigen Vögeln; ein Grund mehr, warum die Praxis des Stutzens abzulehnen ist.

Erste Hilfe

Achtung! Versuchen Sie auf keinen Fall, den Flügel an den Körper zu bandagieren. Sie behindern damit unter Umständen die Atmung Ihres Vogels lebensgefährlich.

- ***Wundversorgung:*** Versorgen Sie mögliche blutende Wunden, wie unter Wundversorgung beschrieben.
- ***Flügel fixieren:*** Manche Erste-Hilfe-Anleitungen besagen, dass der Halter den Flügel mit einem sogenannten Achtertourenverband fixieren soll. Ich lehne dies ab, da der Halter in der Regel nicht über die Erfahrung verfügt, diesen Verband richtig anzulegen, ohne den Flügel möglicherweise noch mehr zu beschädigen, die Atmung zu behindern oder seinem Tier unnötige Schmerzen zuzufügen. Stattdessen können Sie gefahrlos den Flügel fixieren, indem Sie Ihren Vogel – je nach Größe des Tieres – vorsichtig in einen abgeschnittenen Strumpf oder Leggings stecken. Das Gewebe dieser Kleidungsstücke ist elastisch genug, dass die Atmung des Vogels nicht behindert wird. Gleichzeitig bewahren Sie das Tier vor Umherflattern, mit dem der Flügel weiter geschädigt werden könnte. Zusätzlich halten Strumpf oder Leggings das Tier warm. Dies ist für ein möglicherweise unter Schock stehendes Tier ebenfalls wichtig.

Ein abgeschnittener Strumpf, über den Körper gezogen, fixiert die Flügel am Körper, ohne die Atmung zu behindern. Die Füße sind frei, sodass Lucio sich trotzdem gut auf Sitzstange oder Hand halten kann.

- **Nehmen** Sie einen Strumpf oder Ähnliches mit einem zum Körper Ihres Tieres passenden Durchmesser.
- **Kürzen** Sie den Strumpf, sodass er der Länge Ihres Vogels vom Schnabel bis circa Schwanzmitte entspricht.
- **Schneiden** Sie in das untere Drittel einen Querschlitz für die Beine, damit Ihr Vogel sie aus dem Strumpf herausstrecken und sich damit beim Transport an seiner Sitzstange festhalten kann. Außerdem wird so der Strumpf fixiert, damit der Vogel nicht herausschlüpfen kann. Dies hängt allerdings von der Lebhaftigkeit Ihrer Vögel ab. Manche sind so ruhig, dass man den Strumpf auch einfach bis kurz vor die Beine ziehen kann und diese nicht durch die Fußschlitze fummeln muss. Es liegt also in Ihrem Ermessen.
- **Anlegen:** Schieben Sie den Strumpf zusammen, so wie Sie es normalerweise beim Anziehen machen würden. Stecken Sie beide Hände mit

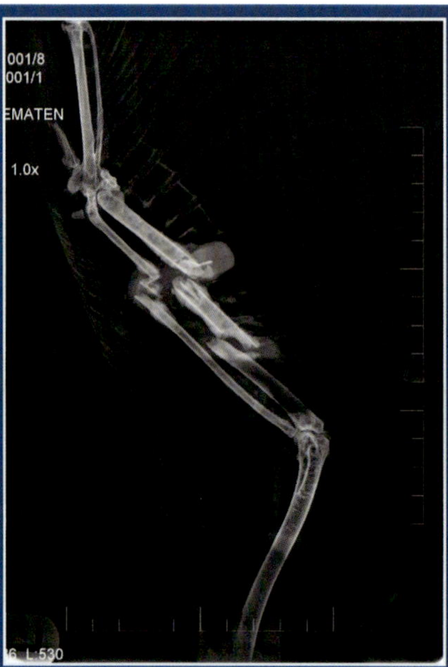

Deutlich ist auf dem Röntgenbild der schwere Flügelbruch zu sehen.

den Handflächen zueinander hinein und halten Sie die Handflächen soweit auseinander, dass Ihr Vogel problemlos dazwischen passt. Ziehen Sie so den Strumpf über den Kopf und Körper Ihres Vogels. Bei sehr kleinen Vögeln können Sie den Vogel auch in einer Hand halten und diese mitsamt Vogel komplett in den Strumpf hineinstecken. Die Hand ziehen Sie anschließend vorsichtig wieder heraus.

- ***Transport:*** Achten Sie beim anschließenden Transport zum Tierarzt darauf, dass die Transportbox so klein und gut gepolstert ist, dass der Vogel darin nicht hin und her geworfen werden kann. Ohne Flügel hat er Schwierigkeiten, sein Gleichgewicht zu halten.

- ***homöopathisch:*** Traumeel, Pyrogenium

Beim Tierarzt

- ***Röntgenuntersuchung:*** Ein Röntgenbild gibt Aufschluss über die Art der Verletzung und der optimalen Behandlung; ob der Flügel wirklich gebrochen und wie der Bruch beschaffen ist.
- ***operative Behandlung:*** Oft muss ein Bruch operativ gerichtet und fixiert werden.
- ***Antibiotika-Therapie:*** damit sich eine offene Wunde nicht entzündet

Weiterführende Maßnahmen

Je nachdem, wodurch Ihr Vogel sich seinen Flügel gebrochen hat, werden die weiterführenden Maßnahmen gestaltet werden. Dazu können gehören:

- ***Medikamentengabe:*** falls er Antibiotika bekommt, müssen Sie diese Ihrem Vogel täglich zur festgesetzten Zeit geben.
- ***Haltung:*** Beseitigung von Gefahrenquellen. Gegebenenfalls müssen Sie Ihre Haltung behindertengerecht anpassen.
- ***Unverträglichkeiten:*** Unverträgliche Tiere müssen voneinander getrennt werden. Das Platzangebot (Flucht- und Versteckmöglichkeiten) muss so gestaltet werden, dass Aggressionen nicht mehr stattfinden.
- ***Flugfähigkeit:*** Gestutzten Tieren ist unbedingt die Flugfähigkeit wieder zu ge-

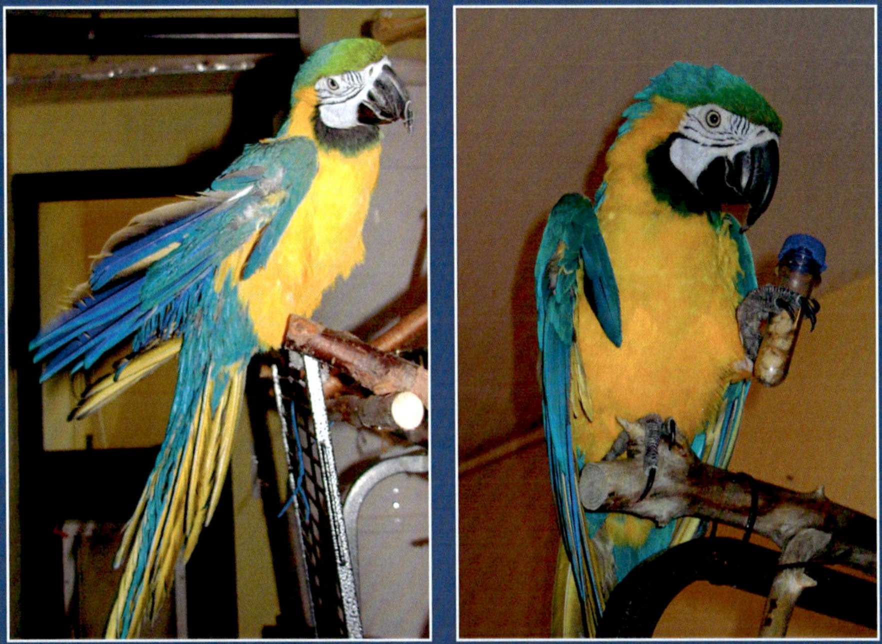

Ein nicht korrekt versorgter Bruch wird zur lebenslänglichen Behinderung. Das linke Bild zeigt Carlo an seinem ersten Tag bei uns. Sein Flügel war mindestens dreißig Jahre zuvor gebrochen – vermutlich beim Fang – und nie versorgt worden. Leider kann ein so alter Bruch nicht mehr korrigiert werden. Das Bild rechts zeigt Carlo ein Jahr später. Auch mit Behinderung können Papageien ein glückliches und erfülltes Leben führen.

während. Weiteres Stutzen ist zu unterlassen.

- ***Gefahrenquellen:*** Beseitigen Sie mögliche Gefahrenquellen.

Fußsohlengeschwür

Fußsohlengeschwüre sind in der Regel haltungsbedingt. Das Tier ist zu dick oder sitzt auf ungeeigneten Sitzstangen. Dadurch werden die Fußsohlen immer an der gleichen Stelle belastet. Dies führt zu Druckstellen und mit der Zeit zu offenen Wunden, die sich oftmals entzünden. Wiegen Sie Ihre Vögel regelmäßig, um Tendenzen zu Übergewicht frühzeitig zu erkennen und zu beheben. Außerdem sollten Sie Sitzstangen aus Naturästen mit unterschiedlichen Durchmessern benutzen.

Symptome

- ***Fußsohle stark gerötet***
- ***Fuß geschwollen***

Deutliche Druckstellen an der Fußsohle einer übergewichtigen Amazone.

Dick gepolsterte Sitzstangen verringern den Druck auf die Fußsohle.

- ***Fußentlastung:***
  - durch häufiges Hochziehen des betroffenen Fußes
  - Vogel legt sich hin
  - hängt sich mit Schnabel am Gitter ein, um Fuß zu entlasten
- ***Fußsohle blutig***

Mögliche Ursachen

- ***Übergewicht:*** Ist der Vogel zu schwer, werden die Füße übermäßig belastet.
- ***ungeeignete Sitzstangen:*** Plastiksitzstangen oder gedrechselte aus Holz führen durch ihren gleichförmigen Durchmesser zu Fußsohlenbelastungen an immer der gleichen Stelle. Mit der Zeit führt dies zu Fußsohlengeschwüren.
- ***Maniküre-Sitzstangen:*** Die Oberflächenstrukturen von manchen Maniküresitzstangen z.B. aus Zement oder Sandpapier können zu einer zu starken Abnutzung der Fußsohle und deren Hornhaut führen. Dadurch können Wunden an den Fußsohlen und Entzündungen entstehen.
- ***unzureichende Flugmöglichkeiten oder gestutze Tiere:*** Beim Freiflug werden die Füße der Tiere entlastet. Außerdem wird die Durchblutung angeregt, was wesentlich zur Gesunderhaltung des Gewebes beiträgt.
- ***Schonhaltung:*** Ist ein Fuß verletzt oder sonstwie erkrankt, wird dieser geschont und der gesunde Fuß übermäßig belastet. Dies kann zu Fußsohlengeschwüren des vormals gesunden Fußes führen.

Erste Hilfe

- ***Sitzstange polstern:*** Umwickeln Sie die Sitzstangen dick mit einem Stück Fleecedecke. Zur Befestigung können Sie Malerkreppband nehmen, dass Sie bei manchen Vögeln allerdings häufig erneuern müssen.
- ***Wunde reinigen:*** Baden Sie den wunden Fuß einige Minuten in warmem (Körpertemperatur des Vogel ist circa 40 Grad) Kamillentee.
- ***Desinfektion:*** Zur Desinfektion können Sie die Fußsohle mit Jodsalbe eincremen.
- ***homöopathisch:*** Pyrogenium

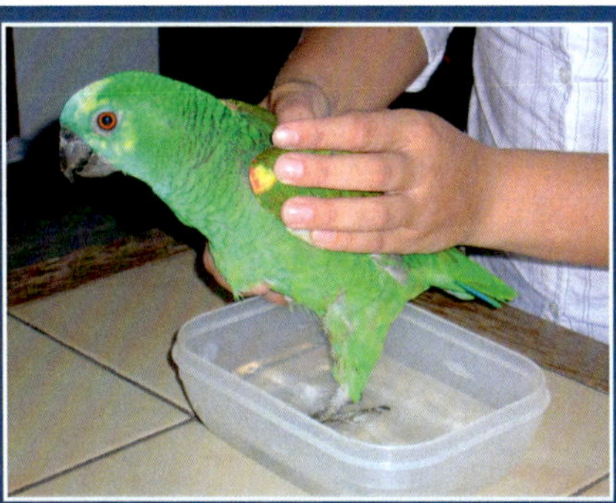

Fußbäder mit Kamillentee gehören zur täglichen Versorgung eines Fußsohlengeschwürs.

Beim Tierarzt

Weitere Maßnahmen, die Ihr vogelkundiger Tierarzt durchführen kann, beinhalten:

- ***Wundbehandlung:*** Es gibt verschiedene Methoden, die Ihr vogelkundiger Tierarzt einsetzen kann, um die Wundheilung zu verbessern. Dazu gehören unter anderem die Wundauffrischung, Förderung des Hautwachstums und sogar der Einsatz von „Kunsthaut".
- ***Antibiotikabehandlung:*** um die Entzündung zu bekämpfen und Blutvergiftungen vorzubeugen

Weiterführende Massnahmen

- ***Behandlung:***
  - ***Baden:*** Baden Sie den betroffenen Fuß täglich in lauwarmem Kamillentee.
  - ***Heilen:*** Cremen Sie die wunden Stellen dick mit der vom Tierarzt verschriebenen Salbe, Vitamin-A-haltiger Augensalbe oder Aloe-Vera-Gel ein.
- ***Haltungsumstellung:***
  - ***Sitzgelegenheiten:*** Statten Sie den Käfig ausschließlich mit Naturästen unterschiedlicher Durchmesser aus. Auch ein Ruhebrettchen sollte nicht fehlen. Dafür sollten Sie unbedingt auf Sandpapier und sogenannte Maniküre-Sitzstangen verzichten. Während der Genesungszeit sollten die Sitzstangen unbedingt dick gepolstert werden. Aus Hygienegründen sollte das Polster täglich gewechselt werden.
  - ***Freiflug:*** Ihr Vogel benötigt täglich mehrere Stunden Freiflug.
- ***Ernährung:*** Lassen Sie sich von Ihrem Tierarzt erklären, wie Ihr Tier schonend abnehmen kann. Radikalkuren sind für Papageienvögel lebensgefährlich und sollten auf keinen Fall versucht werden.

Unterschiedliche Arten der Schonhaltung bei einer Amazone mit gebrochenem Fuß.

Luna zeigt beim Sitzen eine deutliche Schonhaltung des linken Fußes.

Genaues Hinsehen zeigt, dass der Fuß geschwollen und verfärbt ist.

Die Untersuchung durch einen vogelkundigen Tierarzt ergab, dass Luna eine Fußentzündung hatte, die antibiotisch behandelt werden musste.

Fuss- und Bein-erkrankungen

Fuß- und Beinerkrankungen können vielfältige Ursachen haben und zudem zu weiteren Problemen führen. Deshalb sind Fuß- und Beinerkrankungen als Notfall einzustufen. Auch ist es für den Laien oft schwer einzuschätzen, wie schwerwiegend eine solche Erkrankung ist. Deshalb sollte umgehend ein erfahrener vogelkundiger Tierarzt aufgesucht werden.

Symptome

- ***Blutungen:*** an Bein, Fuß oder Zehen
- ***Funktionslosigkeit:*** Ihr Vogel benutzt den Fuß nicht mehr zum Greifen. Möglicherweise hängt der Fuß auch einfach herab.
- ***Schonhaltung:*** Der Vogel lahmt, zieht den Fuß hoch, belastet ihn so wenig wie möglich oder benutzt ihn überhaupt nicht mehr.
- ***Schwellungen:*** an Bein, Fuß oder Zehen
- ***Verfärbung:*** durch Bluterguss oder Entzündung
- ***Verformungen:*** Bein, Fuß oder Zehen wirken verdreht oder fehlgeformt.

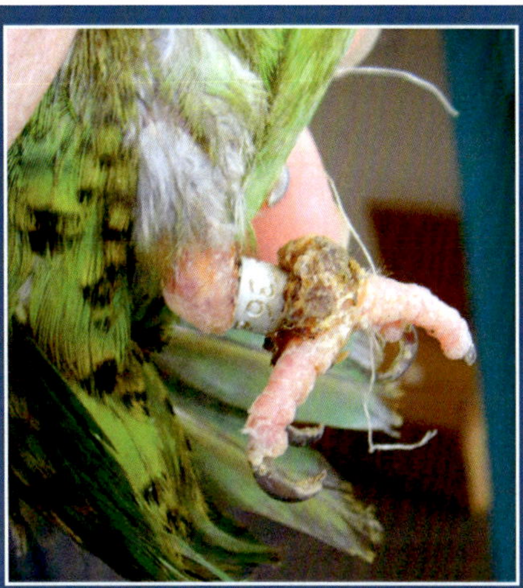

Soweit sollte es wirklich nicht kommen müssen. Kontrollieren Sie regelmäßig den Sitz der Fußringe bei Ihren Papageien.

Mögliche Ursachen

- ***ungeeignete Käfige und Spielzeuge:*** Manche Käfige und Spielzeuge sind die reinsten Fußfallen für Papageien. Überprüfen Sie Zubehör stets in Hinblick auf mögliche Gefahren.
- ***Infektionen***
- ***Legenot***
- ***Nierenprobleme***
- ***Gicht:*** Tierische Eiweiße in der Ernährung erhöhen die Harnsäure und tragen langfristig zu einer Gichterkrankung bei.
- ***Fußleinen oder -ketten:*** Fußleinen oder -ketten sind extrem gefährlich für Papageien. Wenn ein Papagei sich erschreckt und losfliegt, stürzt er unweigerlich in die Leine. Sein ganzes Gewicht mitsamt der Flugbeschleunigung hängt dann an dem einen Bein, an dem die Leine befestigt ist. Aufgrund der fragilen und splitternden Röhrenknochenstruktur kann es dabei sehr leicht zu schwerwiegenden Verletzungen und komplizierten Knochenbrüchen kommen. Deshalb sind Fußleinen oder -ketten strikt abzulehnen.
- ***offene Fußringe:*** Papageien mit offenen Fußringen können mit diesen hängenbleiben und sich den Fuß schwer verletzen. Es ist zu überlegen, ob solche aufgebogenen Fußringe vorsichtshalber erneuert oder das Tier anderweitig gekennzeichnet werden sollte.
- ***geschlossene Fußringe:*** Auch mit geschlossenen Fußringen können Papageien, z.B. an hervorstehenden Schrauben oder Nägeln, hängenbleiben.
- ***Stürze:*** von flugunfähigen Papageien;

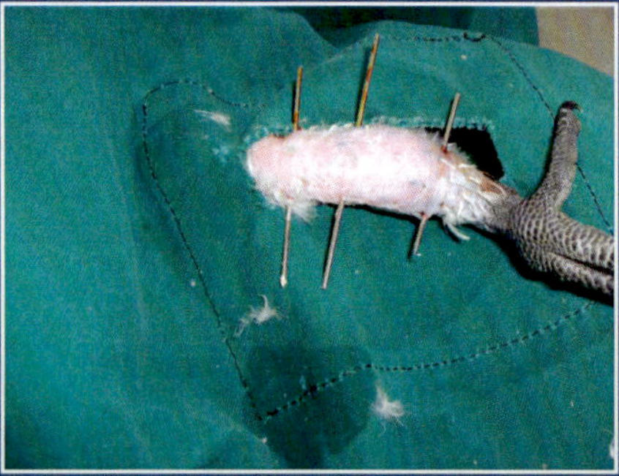

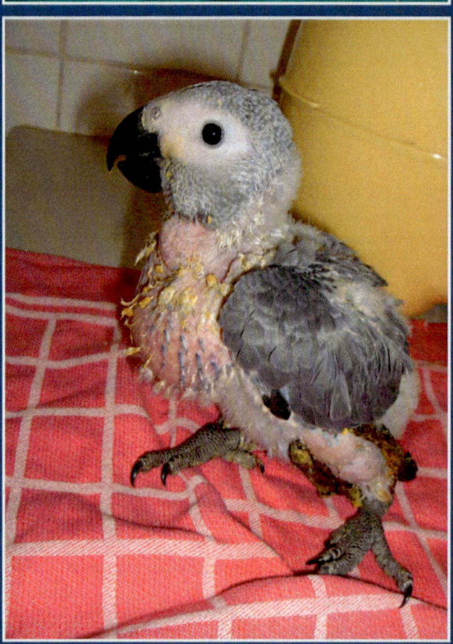

Ein Beinbruch bei diesem Graupapageienküken, das bei der Handaufzucht vom Tisch fiel, musste mit Metallstiften fixiert werden, damit der Knochen wieder richtig zusammenwachsen konnte. Nach der Operation kam der junge Vogel erstaunlich gut damit zurecht.

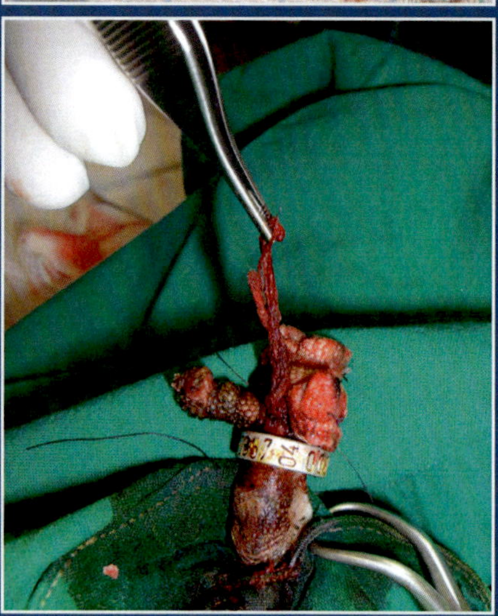

Eine schwere Fußverletzung – so wie bei dieser Edelpapageienhenne – muss operativ versorgt werden.

Sogar mit einer Fußamputation können viele Papageien, so wie Matz, noch eine gute Lebensqualität haben. Matz verlor sein Bein, weil er sich damit in einem Seil verhedderte und es erst bemerkt wurde als der Fuß bereits ganz schwarz war. Deshalb sollten alle Spielzeuge und andere Gegenstände aus Textilien täglich auf lose Fransen und andere Fußfallen kontrolliert und gegebenenfalls aus der Voliere entfernt werden.

einer von mehreren Gründen, warum das Flügelstutzen abzulehnen ist.

Erste Hilfe

Achtung! Verletzungen am ringtragenden Fuß sind besonders kritisch. Das Bein kann durch die Verletzung anschwellen. Dabei wird es vom Ring eingeschnürt, der Blutfluss wird unterbunden und der Fuß kann dadurch schlimmstenfalls absterben. Deshalb muss der Ring umgehend entfernt werden, falls das Bein anschwillt! Da die Gefahr recht hoch ist, dass ein Laie dabei das Bein des Tieres noch stärker verletzen oder sogar brechen könnte, sollten Sie diese Prozedur nach Möglichkeit durch Ihren Tierarzt durchführen lassen. Ist Ihr Tierarzt während der nächsten Stunden mit Sicherheit nicht zu erreichen und beginnt der Fuß zu schwellen, müssen

Ausgelassen spielen der fußamputierte Matz und seine Partnerin Monty miteinander.

Sie den Ring, trotz des Verletzungsrisikos selbst abnehmen, damit Ihr Vogel sein Bein nicht verliert:

- ***Fixieren:*** Der Vogel muss gut gehalten werden, um das Verletzungsrisiko während der Ringentfernung zu minimieren.
- ***offener Ring:*** mit Zange aufbiegen
- ***geschlossener Ring:*** mit Seitenschneider an zwei gegenüberliegenden Seiten aufschneiden. Halten Sie den Ring dabei unbedingt mit einer Flachzange, um ihn zu stablisieren. Sonst kann er dabei verkanten und so das Bein gebrochen werden.

Achtung! Papageien sind meldepflichtige Tiere. Denken Sie daran, den entfernten Ring gut aufzubewahren und dem für Sie zuständigen Amt mitzuteilen, dass der Ring entfernt werden musste. Mit dem Amt besprechen Sie auch, wie und ob – manchmal sprechen medizinische Gründe gegen Nachberingung oder Chippen – eine Nachkennzeichnung erfolgen muss.

- *Wundversorgung:* Versorgen Sie mögliche blutende Wunden wie unter Wundversorgung beschrieben.
- *Knochenbruch:* Ist das Bein gebrochen, sollte es nach der Wundversorgung noch geschient werden, um ihm Stabilität zu geben. Auch wenn Ihr Vogel keine Schmerzäußerungen von sich gibt – das ist übrigens normal bei Vögeln – können Sie davon ausgehen, dass es ihm sehr weh tut. Seien Sie bitte deshalb besonders behutsam und polstern Sie das betroffene Gliedmaß gut ab, bevor Sie es schienen.

  Zum Schienen selbst nehmen Sie je nach Größe des Vogels einen Holzspachtel oder ein Wattestäbchen, die Sie entsprechend ablängen. Bei Vögeln mit sehr dünnen Beinen können sie auch einen Trinkhalm der Länge nach aufschneiden und um das Bein legen. Die Schiene fixieren Sie mit Klebeband oder selbsthaftendem Verbandsmaterial am verbundenen Bein.
- *homöopathisch:* Arnica montana, Bellis perennis, Hamamelis, Pyrogenium

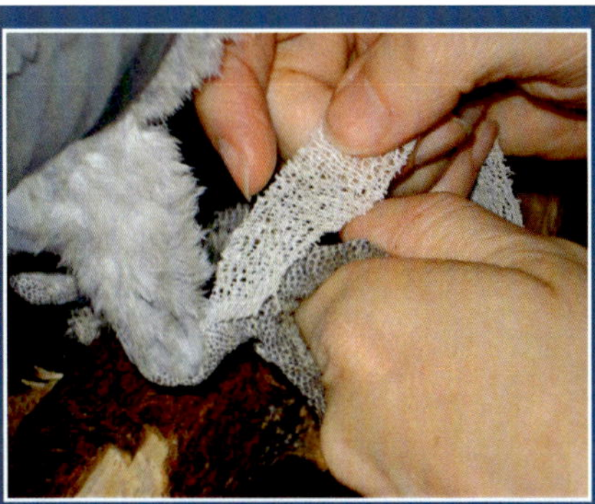

Gegebenenfalls müssen Sie die Wunde durch einen Verband schützen.

Beim Tierarzt

Weitere Maßnahmen, die Ihr vogelkundiger Tierarzt durchführen kann, beinhalten:

- ***Untersuchung*** des gesamten Beines
- ***Röntgen:*** um die Art der Verletzung genau beurteilen zu können
- ***Operation:*** falls gebrochen, eventuell operative Versorgung des Bruchs. Bei schweren Verletzungen und Erkrankungen kann es sein, dass eine oder mehrere Zehen oder sogar der ganze Fuß amputiert werden müssen. Nach einer Umgewöhnungszeit sind viele Papageien durchaus in der Lage, noch ein gutes Leben mit hoher Lebensqualität zu führen. Von vorschnellem Einschläfern sollte deshalb abgesehen werden.

Weiterführende Maßnahmen

- ***Weitere Pflege:*** Ein Knochenbruch verheilt in etwa vier Wochen, andere Arten von Fußverletzungen schneller. Während der Genesungszeit muss Ihr Tier sein Bein unbedingt schonen. Bringen Sie die Sitzstangen dicht über dem Boden an und stellen Sie Wasser- und Futternäpfe so auf, dass ihr Vogel sie mühelos erreichen kann.

- ***Überprüfung von Gefahrenquellen:*** Käfig, Zubehör, Fußringe
- ***Ernährung:*** Überprüfen Sie die Ernährung Ihrer Papageien. Eiweiße tragen zu Gichterkrankungen bei, und Übergewicht kann zu Fuß- und Beinerkrankungen beitragen sowie die Heilung erschweren. Lassen Sie sich von Ihrem vogelkundigen Tierarzt bezüglich einer artgerechten, nährstoff- und abwechslungsreichen Ernährung beraten.
- ***Haltung:*** Gegebenenfalls müssen Sie Ihre Haltung behindertengerecht anpassen.

Haut- und Gefiederprobleme

Die meisten Haut- und Gefiederprobleme sind nicht akut, sondern entwickeln sich über einen längeren Zeitraum und weisen oft auf tieferliegende Probleme hin. Ursachen sind oft unzulängliche Haltungsbedingungen und Fehlernährung. Es gibt aber auch unzählige andere organische und psychische Ursachen. Deshalb sollten Sie Ihr Tier unbedingt einem vogelkundigen Tierarzt vorstellen. Nur dieser kann eine korrekte Diagnose für die Haut- und Gefiederprobleme erstellen. Außerdem kann er Ihnen helfen, Haltung und Ernährung zu optimieren. Da die Ursache außerdem meist unklar ist, zielen Erste-Hilfe-Maßnahmen lediglich darauf ab, dem Tier Linderung zu verschaffen und zu verhindern, dass es sich aufgrund des Unwohlseins selbst verletzt. Auf keinen Fall sollten Sie irgendwelche Selbstmedikation versuchen, da die Vogelhaut sehr empfindlich ist und die Probleme sich dadurch erheblich verschlimmern könnten.

Federn, verformt

Verformte Federn können auf schwerwiegende Krankheiten, wie z.B. Polyoma oder PBFD, hinweisen. Erste-Hilfe-Maßnahmen in dem Sinne gibt es nicht, Sie sollten aber in jedem Fall Ihren Tierarzt zur Untersuchung und genauen Bestimmung der ursächlichen Erkrankung aufsuchen.

Gefiederverfärbungen

Verfärbungen des Gefieders sind kein Notfall in dem Sinne. Aber sie sind ein Hinweis auf – oftmals schwere – Erkrankungen, die das Stoffwechselsystem Ihres Vogels betreffen. Da es sich nicht um akute, sondern um chronische Prozesse handelt, müssen Sie nicht unmittelbar zum Tierarzt gehen. Aber gehen sollten Sie unbedingt und zwar maximal innerhalb einer Woche. Denn die Erkrankung ist höchstwahrscheinlich schwer und Ihr Vogel bereits in einem schlechten Zustand – auch wenn

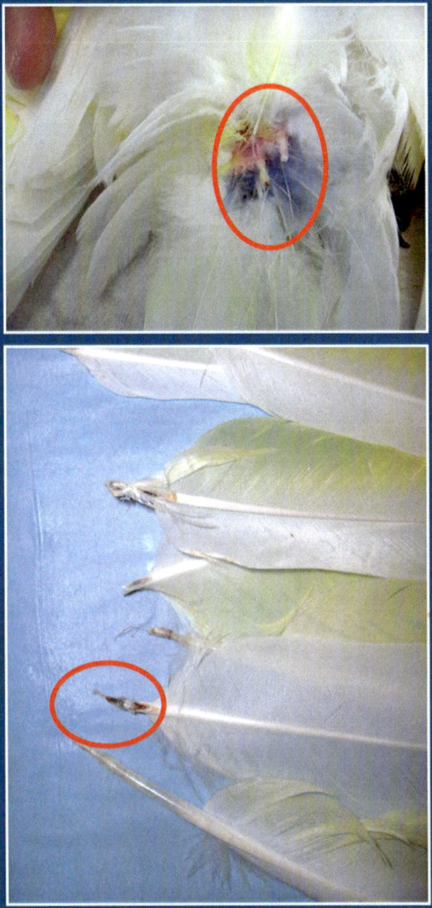

Typische Federeinschnürungen bei PBFD

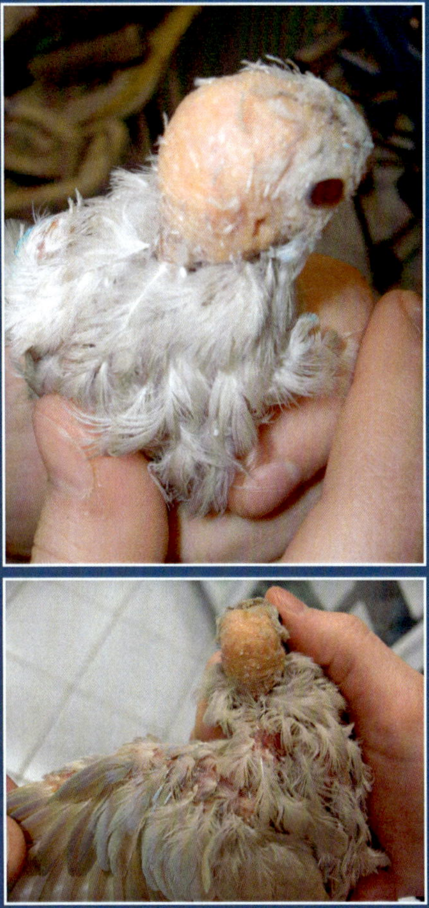

Polyoma-Erkrankung bei einem Jungvogel.

er sich so weit zusammen reißt, dass Sie bislang nicht viel davon bemerkt haben.

Symptome

Die Art der Gefiederverfärbung hängt stark von der Art des Vogels ab, kann dann aber ein wichtiger Hinweis sein, z.B.:

- ***Graupapageien:***
  - ***rote Federn:*** Wenn einzelne Federn des Deckgefieders sich bei Graupapageien rot verfärben, kann dies auf Leber- und Stoffwechselstörungen hinweisen. Eine weitere Ursache kann PBFD sein.

Oscarine, rechts im Bild, hat eine chronische Zinkvergiftung durch die jahrelange Haltung in einem Messingkäfig. Ihre Leberprobleme kann man ihrem Gefieder sehr deutlich ansehen. Zum Vergleich links im Bild ihr gesunder Partner Pedro.

- ***Dunkelfärbung:*** Verfärbt sich bei Ihrem Graupapagei das gesamte Gefieder dunkel, kann dies ein Hinweis auf eine schwerwiegende Erkrankung mit sehr schlechtem Allgemeinzustand sein. Die Ursache für diese Dunkelfärbung ist nicht bekannt, aber es wird vermutet, dass dies mit mangelnder Produktion von Gefiederpuder zusammenhängt.

  Achtung! In diesem Fall gehen Sie bitte umgehend zu einem vogelkundigen Tierarzt.

• ***Aras und Amazonen:***
  - ***schwarze oder dunkelbraune Federn:*** weisen auf Leberprobleme und Stoffwechselstörungen, aber auch auf eine PBFD-Erkrankung hin.

• ***schwärzliche Verfärbung:*** chronische Schwermetallvergiftung

1. Gefiederverlust durch Partnerrupfen

2. Gefiederverlust durch PBFD

Mögliche Ursachen

- ***Stoffwechselstörungen***
- ***Leberprobleme***
- ***PBFD***
- ***chronische Bleivergiftung***

Gefiederverlust

Kahle Stellen oder ausdünnende Federn können verschiedene Ursachen haben, die schwer zu ermitteln sind. Manche Vögel rupfen sich selbst, aber der Gefiederverlust kann auch krankheitsbedingt oder durch den Partner hervorgerufen sein. Insbesondere, wenn die kahlen Stellen an Körperbereichen sind, an die der Vogel selbst nicht herankommen kann, z.B. am Kopf, liegt die Vermutung einer Krankheit oder Rupfen durch den Partner nahe. Auch hier sind eher chronische Prozesse im Spiel. Der Vogel sollte gründlich untersucht werden, um die ursächliche Erkrankung zu ermitteln.

Symptome

- ***dünnes Gefieder:*** Gefieder wirkt spärlich. Daunengefieder lugt zwischen den Deckfedern hervor
- ***kahle Stellen***
- ***Der Vogel wirkt „unordentlich“ oder „zerfleddert“***

Mögliche Ursachen

- ***Hormonstörungen***
- ***PBFD***
- ***Federrupfen:*** Der Vogel rupft sich selbst oder wird vom Partner gerupft. ***Achtung!*** Wenn ein Vogel am Kopf kahl ist, dann liegt es in den seltensten Fällen daran, dass er sich dort selbst rupft, denn dazu ist er anatomisch nicht fähig. Also müssen Sie in Zusammenarbeit mit Ihrem vogelkundigen Tierarzt andere Ursachen erforschen, woran es liegen könnte, dass Ihr Vogel einen kahlen Kopf bekommt.

Haut- und gefiederzerstörendes Verhalten

Eine besondere Gruppe innerhalb der Haut- und Gefiederprobleme nehmen haut- und gefiederzerstörende Verhaltensweisen ein. Sie können sehr abrupt auftreten oder entwickeln sich über einen längeren Zeitraum. Die Ursachen sind vielfältig und oft – wenn überhaupt – nur durch akribische Detektivarbeit von Ihnen und Ihrem papageienkundigen Tierarzt zu ermitteln. Zudem hält das Verhalten oft an, selbst lange nachdem die ursprünglichen Auslöser beseitigt worden sind. Deshalb gilt, dass Sie so schnell wie möglich handeln sollten, bevor sich eine Gewohnheit bilden kann, wenn Sie bemerken, dass Ihr Vogel anfängt, sich übermäßig zu putzen, sein Gefieder sonstwie zu zerstören oder sich sogar selbst zu verletzen. Parallel zu den tierärztlichen Untersuchungen sollten Sie unbedingt die Haltungsbedingungen und die Ernährung optimieren.

Symptome

- ***gefiederzerstörendes Verhalten:*** Rupfen, Federn zerbeißen, übertriebene Gefiederpflege
- ***Federverlust:*** kahle Stellen, fehlendes Deck- oder Daunengefieder, auffallend viele Federn am Boden
- ***Juckreiz:*** Vogel kratzt sich ständig
- ***Selbstverstümmelung:*** Haut blutet, eventuell offene Wunden, Blut im Gefieder
- ***ungepflegtes, zotteliges Aussehen***

Mögliche Ursachen

- ***Allergien***
- ***Aufzuchtform:*** Rupfen kommt auffallend häufig bei Handaufzuchten vor, insbesondere bei Weibchen, wenn sie in die Geschlechtsreife kommen.
- ***Fehlernährung:*** Vitaminmangel, insbesondere Vitamin-A-Mangel, Nahrung zu eiweißhaltig, zu reichhaltig, zu fett
- ***Fettsucht***
- ***Föhnen:*** manche Halter meinen, ihrem Vogel etwas Gutes zu tun, wenn sie ihn nach dem Bad oder der Dusche trockenföhnen. Das Gegenteil ist leider der Fall. Durch das Föhnen werden Gefieder und Haut ausgetrocknet und geschädigt. Zu glauben, dass nur heiße Luft dem Gefieder und der Haut schadet, ist falsch. Auch kühle Luft wirkt durch den Luftstrom austrocknend.
- ***Gefieder- und Hautverschmutzungen:*** Gefiedersprays, Anfassen des Vogels mit unsauberen Händen, z.B. Nikotin, Handcremes, Parfum etc., Luftverunreinigungen, die sich auf dem Gefieder ablagern, z.B. Rauch, Raumsprays
- ***genetische Ursachen***
- ***Hauterkrankungen:*** Haut gerötet, Krusten auf der Haut, Haut geschwollen, „Warzen" oder andere Wucherungen auf der Haut, Bläschen, Tumore
- ***Hautreizungen:*** durch Raumsprays oder Rauchen, Salben
- ***hormonelle Störungen***
- ***Infektionen:*** Bakterien, Pilze, Viren

1. Arielle circa vier Wochen nach Ihrer Ankunft bei mir – gerupft und flugunfähig.

2. Arielle nach einem dreiviertel Jahr – fast wieder voll befiedert.

Die kleine Arielle, eine Handaufzucht, rupfte sich im Zoogeschäft innerhalb von nur zwei Tagen fast ihr komplettes Gefieder, inklusive ihres Schwanzes, aus. Glücklicherweise haben die Zuständigen schnell und verantwortungsbewusst reagiert. Eine Untersuchung beim vogelkundigen Tierarzt ergab keine organischen Ursachen. Arielle wurde zu mir gebracht und psychisch so weit stabilisiert, dass Ihr Gefieder schnell wieder zurückwachsen konnte, ohne dass sie es sich wieder auszupfte. Hätten die Besitzer gewartet, hätte das Rupfen zur Gewohnheit werden können und Arielles Heilung wäre ungleich schwieriger oder sogar unmöglich gewesen.

- Leber- und Nierenprobleme
- ***Parasiten:*** Federlinge, Milben

  Achtung! Versuchen Sie bitte nicht, aufs Geratewohl Milben selbst zu behandeln. Die diversen Mittelchen aus Zooläden sind giftig und oftmals noch nicht einmal besonders effektiv. Lassen Sie bitte zuerst von Ihrem Tierarzt abklären, ob ein Parasitenbefall überhaupt vorliegt, und wenn ja, welcher. Dieser kann dann mit gezielten Maßnahmen behandelt werden. Insbesondere muss neben der Behandlung der betroffenen Vögel auch auf peinlichste Hygiene geachtet werden. Der Käfig muss komplett gereinigt und die Käfigeinrichtung erneuert werden, da die Tiere sich ansonsten sofort wieder anstecken.

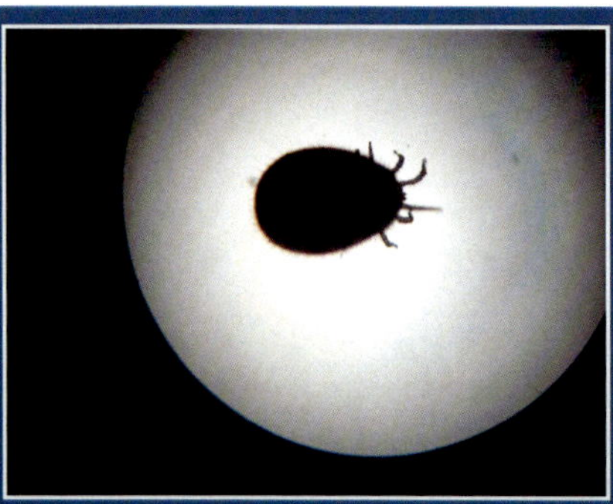

Auch Milben können für gefiederzerstörendes Verhalten verantwortlich sein.

- ***psychische Ursachen:*** Langeweile, Stress, Einsamkeit
- ***Stress:*** Unterflügelsyndrom, EMA-Syndrom
- ***Stutzen:*** Rupfen beginnt häufig an gestutzten Federschäften, die das Tier stören. Außerdem ist es ein erheblicher Stressfaktor, einem Vogel die Möglichkeit zum Fliegen zu nehmen – abgesehen davon, dass dies durch den damit einhergehenden Bewegungsmangel auch gesundheitsschädlich ist. Stutzen ist tierschutzrelevant und strikt abzulehnen!
- ***unzulängliche Haltungsbedingungen:*** insbesondere Einzelhaltung, zu wenig Platz, unzulängliche Flugmöglichkeiten, unzureichende Beschäftigungsmöglichkeiten, zu trockene Raumluft, kein UV-Licht usw.
- ***Verbrennungen***
- ***Vergiftungen:*** chronische Schwermetallvergiftungen
- ***Verletzungen:*** Auslöser für das Rupfen können kleine Wunden sein, die sich entzündet haben
- ***Verhaltensstörungen***

Erste Hilfe

Achtung! Schmieren Sie keine Salben auf juckende Hautstellen. Sie könnten die Hautprobleme verschlimmern, da Vogelhaut extrem empfindlich ist.

Achtung! Benutzen Sie keine kortisonhaltigen Produkte, wie z.B. Topic-Spray. Sie können schwere Schädigungen der Nebenniere bei Papageien verursachen.

- ***Luftfeuchtigkeit erhöhen:*** Oft hilft es bereits, die Luftfeuchtigkeit massiv – auf über 70% – zu erhöhen, um das Wohlbefinden des Papageis erheblich zu steigern.
- ***Duschen:*** Sprühen Sie den Vogel mehrmals täglich mit einer feinzerstäubenden Blumenspritze ein. Dies kann die gereizte Haut kühlen, und die Feuchtigkeit tut dem Gefieder ohnehin gut. Sie können versuchen, dem Sprühwasser Notfalltropfen, Aloe Vera oder Kamillentee hinzuzufügen, um das Tier weiter zu beruhigen und Stress zu minimieren. Auch das Angebot einer Badeschale wird von vielen Vögeln dankbar angenommen. Bitte achten Sie sowohl bei Benutzung einer Blumenspritze als auch einer Badeschale auf peinlichste Hygiene, inklusive mindestens täglichem Wasserwechsel. Ansonsten können beide Geräte schnell verkeimen und Ihr Vogel möglicherweise dadurch erkranken.

- ***Stress reduzieren:*** Schützen Sie Ihren Vogel vor äußeren Stressfaktoren, wie z.B. Besuchern, schreienden Kindern, Dauerberieselung durch Radio oder Fernseher und unverträglichen Artgenossen. Dazu gehört auch, dass Ihr Vogel zwölf Stunden ungestörte Nachtruhe bekommt. Denken Sie daran, ihm Notfalltropfen zur besseren Stressverarbeitung zu verabreichen.
- ***Wundversorgung:*** Hat Ihr Tier offene Hautwunden, müssen Sie diese versorgen, wie unter Wundversorgung beschrieben.
- ***Ablenkung:*** Bieten Sie Ihrem Papagei zerschredderbares Beschäftigungsmaterial an, um ihn von sich selbst abzulenken. Dies können durch das Käfiggitter geflochtene Zeitungspapier- oder Kartonstreifen sein oder z.B. ein Strohhalmstern. Achten Sie darauf, dass Sie das Rupfen nicht durch Beachtung Ihrerseits verstärken.
- ***homöopathisch:*** je nach Diagnose

Achtung! Wenn das Tier plötzlich damit beginnt, sich stark zu rupfen oder sogar zu verstümmeln, können Sie ihm eine selbstgebastelte Halskrause (siehe Kapitel 5, Gewusst wie) umlegen, bis Sie zum Tierarzt kommen. Dies sollte allerdings innerhalb weniger Stunden sein. Eine derart plötzliche und heftige Verhaltensänderung kann auf ein genauso plötzliches und schwerwiegendes gesundheitliches Problem hinweisen.

Beim Tierarzt

- ***eingehende Untersuchung:*** um das ursächliche Problem zu identifizieren und eine gezielte Behandlung einleiten zu können
- ***Psychopharmaka:*** In Extremfällen besteht die Möglichkeit, das Tier medizinisch ruhig zu stellen, bis die Ursache des Rupfens behoben ist. Mit solchen Möglichkeiten sollte man allerdings nicht leichtfertig umgehen, da die entsprechenden Mittel schwere Nebenwirkungen haben können.

Weiterführende Massnahmen

Falls medizinische Ursachen für die Gefiederprobleme Ihres Tieres ausgeschlossen werden können, müssen Sie unbedingt daran arbeiten, die Haltungsbedingungen zu optimieren. Dazu gehören unter anderem Ernährung, Partner, Platzangebot, Beschäftigungsmöglichkeiten, Luftfeuchtigkeit und UV-Licht. Ist dies geschehen, können Sie auch versuchen, eine Verhaltenstherapie mit Ihrem Tier durchzuführen.

Hefepilzinfektion

Hefepilzinfektionen des Magen-Darm-Traktes treten besonders häufig bei Jungvögeln auf, doch auch Alttiere können davon betroffen sein. Bei Jungtieren entstehen Hefepilzinfektionen besonders häufig in der Handaufzucht infolge von man-

Bei Hefepilzinfektionen sieht der Kot oft schaumig aus und riecht unangenehm.

gelnder Hygiene, da das Immunsystem der Jungtiere noch sehr schwach ist oder durch Verletzungen an den Schleimhäuten bei Kropfsondenfütterung. Bei älteren Tieren tritt eine Hefepilzinfektion oft nach oder im Zusammenhang mit anderen Erkrankungen auf, da das Immunsystem geschwächt ist. Auch eine Antibiotikatherapie kann der Auslöser für eine Hefepilzinfektion sein. Deswegen ist es ratsam, bei einer Behandlung mit Antibiotika die normalen Bakterien des Magen-Darm-Traktes mit probiotischen Mitteln zu unterstützen bzw. wieder anzusiedeln.

Symptome

- ***Kot schaumig und übelriechend***
- ***unverdaute Körner im Kot***

Mögliche Ursachen

- ***Handaufzucht:*** mangelnde Hygiene und Verletzungen der Schleimhäute
- ***schwaches Immunsystem:*** durch Stress, schlechte Ernährung, unzureichende Haltungsbedingungen und andere Erkrankungen
- ***Antibiotikatherapie***

Erste Hilfe

- ***Probiotisches Mittel:*** z.B. Bird Bene Bac geben, um die natürliche Darmflora zu unterstützen
- ***Zucker vermeiden:*** vorerst kein Obst oder andere zuckerhaltige Speisen füttern, da dies ein idealer Nährboden für Hefen ist.

Beim Tierarzt

Untersuchung: Zunächst einmal muss festgestellt werden, ob das Tier wirklich Hefen hat oder ob eine andere Erkrankung die Symptome verursacht hat. Dazu gehören bei Verdacht auf Hefen zunächst einmal ein Röntgenbild und entsprechende Proben. Je nachdem was gefunden wurde, muss der Tierarzt weiterführende Untersuchungen durchführen, bis die Krankheitsursache genau ermittelt wurde.

Röntgenbild: Wenn Hefepilze vorliegen, sieht der Magen- und Darmbereich auf dem Röntgenbild oft verdickt und aufgetrieben aus.

Tupfer- und Spülproben: um zu ermitteln, ob tatsächlich Hefen vorliegen.

Behandlung: Medikamente gegen Hefen bzw. andere Krankheiten, die bei der Untersuchung gefunden wurden.

Weiterführende Maßnahmen

- ***Hygiene:*** Ein Übermaß an Hefepilzen kann durch unzureichende Hygiene verursacht sein. Futter- und Wassernäpfe sollten mindestens täglich gewechselt und gründlich gereinigt werden. Außerdem sind solche Unsitten, wie den Vogel aus dem eigenen Mund zu füttern, komplett abzustellen. Abgesehen von Hefen, können Sie auf Ihre Vögeln auf diesem Wege auch etliche andere krankmachende Keime übertragen.
- ***Zucker vermeiden:*** Hefen lieben Zucker. Deswegen muss Ihr Vogel bis zur völligen Genesung auf zuckerhaltige Speisen wie Obst gänzlich verzichten.
- ***Probiotika:*** Sie können die natürliche Darmflora Ihrer Vögel durch regelmäßige Probiotika-Gaben unterstützen. Richten Sie sich bitte dabei an die Anweisungen der Hersteller.

Herz-Kreislauferkrankungen

Auch wenn die Auswirkungen durchaus Notfallcharakter aufweisen können, sind Herz-Kreislauferkrankungen eher chronischer Natur und werden durch eine nichtartgerechte Haltung begünstigt: Die Tiere werden falsch ernährt und bekommen zu wenig Bewegung. Insbesondere Graupapageien sind für Herz-Kreislaufstörungen anfällig. In diesem Zusammenhang möchte ich Sie auf eine Studie hinweisen, in der ein bemerkenswerter Zusammenhang zwischen Alpha-Linolensäure und Arteriosklerose festgestellt wurde. Bei untersuchten verstorbenen Graupapageien hatten die Tiere, die einen hohen Gehalt an Alpha-Linolensäure im Brustgewebe aufwiesen, selten Arteriosklerose und Tiere, die wenig Alpha-Linolensäure im Brustgewebe hatten, zeigten eine auffällig starke Tendenz zu Arteriosklerose. Auch wenn die Studie diesen Zusammenhang nicht abschließend untersuchte, sollte man ihn meines Erachtens bei der Ernährung seiner Tiere berücksichtigen. Alpha-Linolensäure ist z.B. in relativ großen Mengen in Leinsamen und Walnüssen enthalten.

Symptome

- ***Verfärbung der Gesichtshaut:***
  - ***Graupapageien:*** Haut um die Augen ist blau verfärbt
  - ***Aras:*** die weiße Gesichtshaut wirkt gelblich verfärbt
- ***schlechter Allgemeinzustand:*** Vogel wirkt entkräftet
- ***dicker Bauch:*** Flüssigkeitsansammlung
- ***zentralnervöse Störungen***

Mögliche Ursachen

- ***Fehlernährung:*** Übergewicht
- ***Fehlhaltung:*** zu wenig Bewegung
- ***Gefäßveränderungen:*** Arteriosklerose
- ***Infektionen:*** Bakterien
- ***Tumore***
- ***erblich bedingt***

Erste Hilfe

Aufgrund der ungeklärten Ursache der Erkrankung gibt es keine spezifischen Erste-Hilfe-Maßnahmen, die durchgeführt werden könnten. Führen Sie die Basismaßnahmen durch.

- ***homöopathisch:*** Crataegus oxyacantha

Beim Tierarzt

Ihr vogelkundiger Tierarzt wird zunächst die Ursache für die Herz- Kreislaufprobleme Ihres Tieres ermitteln und dann einen angemessenen Behandlungsplan festlegen.

Weiterführende Massnahmen

Falls die Herz-Kreislaufprobleme Ihres Tieres haltungsbedingt sind, sollten Sie diese unter Anleitung Ihres vogelkundigen Tierarztes unbedingt optimieren.

- ***Haltungsumstellung:*** Insbesondere benötigt Ihr Tier vermutlich mehr Bewegung. Es sollte ihm ein großer Käfig (s. Gutachten über die Mindestanforderungen an die Haltung von Papageien) sowie mehrstündiger täglicher Freiflug gewährt werden – am besten mit einem Partnertier, damit Ihr Vogel sich auch wirklich bewegt und nicht nur bei Ihnen sitzt und schmust. Das ist zwar schön für Sie, hilft seinem Fitness-Level aber überhaupt nicht weiter. Zusätzlich können Sie mit Ihren Tieren Flugtraining durchführen, indem Sie ihnen z.B. Apportieren oder „Fangen spielen" beibringen.
- ***Ernährung:*** die Ernährung sollte nährstoff- und abwechslungsreicher sowie weniger fetthaltig gestaltet werden. Achten Sie darauf, dass das Tier Nahrungsmittel mit hohem Anteil an Alpha-Linolensäure erhält.

Hungerkot

Bei sehr dunkel gefärbtem Kot, der in geringen Mengen abgesetzt wird, handelt es sich oft um den sogenannten Hungerkot. Manchmal ist dabei auch die Harnsäure gelb verfärbt. Hungerkot entsteht dann, wenn das Tier entweder nichts mehr frisst oder die Nahrung aufgrund von Hindernissen nicht mehr den Verdauungstrakt durchwandern kann. Aufgrund des hohen Stoffwechsels von Papageienvögeln sind Tiere mit Hungerkot in Lebensgefahr. Ein umgehender Tierarztbesuch ist zwingend notwendig.

Symptome

- ***sehr geringer Kotabsatz, oft in Flüssigkeitslachen***
- ***schwarz-grüne Kotverfärbung***
- ***Erbrechen:*** bei Blockaden im oberen Magen-Darm-Bereich oder im Kropf
- ***Harnsäure ist gelb verfärbt***
- ***schlechter Allgemeinzustand:*** Der Vogel ist teilnahmslos.
- ***geschwollener Bauch***
- ***Vogel frisst nicht***

Mögliche Ursachen

- ***Infektionen:*** Bakterien, Viren, Pilze, insbesondere Darminfektionen
- ***Legenot***
- ***Mangelnde Nahrungsaufnahme:*** z.B. bei Schnabelverletzungen
- ***PDD***
- ***Verstopfung des Magen-Darm-Trakts*** z.B. durch Fremdkörper und Tumore
- ***Vergiftungen:*** Schwermetallvergiftungen, die Fehlfunktionen des Darmes verursachen
- ***Wurmkuren***

Erste Hilfe

Aufgrund der ungeklärten Ursache der Erkrankung gibt es keine spezifischen Erste-Hilfe-Maßnahmen, die durchgeführt werden könnten. Führen Sie die Basismaßnahmen durch.

Beim Tierarzt

- ***Nährstoffe:*** Versorgung des Tieres mit Nährstoffen und Flüssigkeit, z.B. durch eine Infusion
- ***Röntgen:*** um festzustellen, wo im Magen-Darm-Trakt das Problem herrührt
- ***Endoskopie:*** um die Ursache genauer abzuklären
- ***Tests:*** auf Bakterien, Viren, Parasiten
- ***Operation:*** Größere Hindernisse müssen meist operativ entfernt werden, bei kleinen reicht manchmal die einmalige Gabe von Paraffinöl
- ***Zwangsernährung***

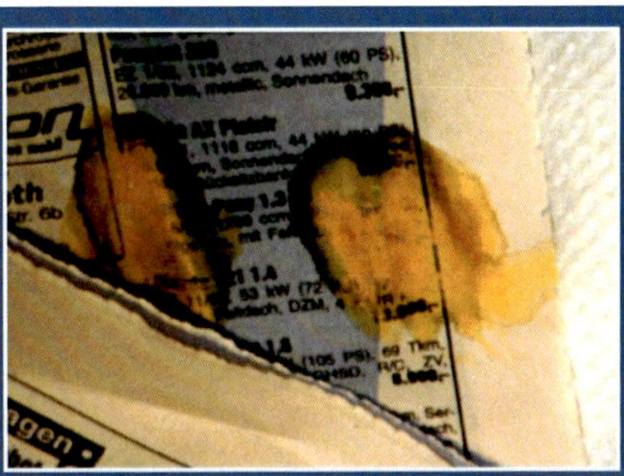

Hungerkot: gelbe Harnsäure und nur sehr geringe Mengen schwärzlichen Kotes

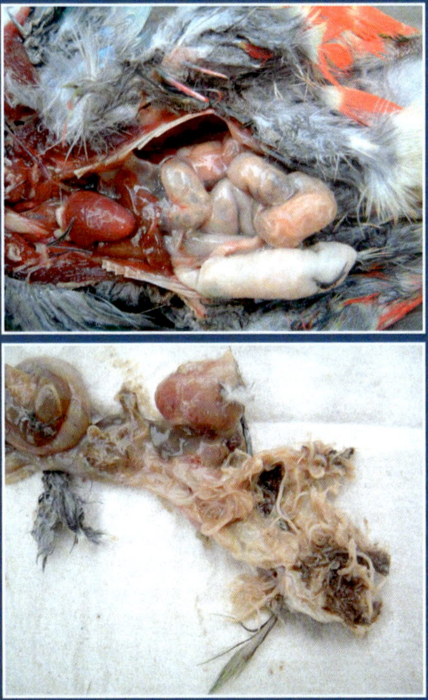

Würmer bei einem Graupapagei, der daran gestorben ist.

Weiterführende Maßnahmen

Die Auslöser der ursächlichen Erkrankung oder Verletzung müssen beseitigt werden. Aufgrund der vielen verschiedenen Ursachen für Hungerkot sollten Sie sich hierbei von Ihrem vogelkundigen Tierarzt beraten lassen.

Insektenstiche und -bisse ⌛-⌛⌛⌛

Insbesondere Tiere in Außenvolieren können sich Insektenstiche zuziehen. Die Behandlung hängt von der Art des Bisses oder Stiches und der Heftigkeit der Reaktion Ihres Tieres ab.

Die meisten Bisse sind lediglich ein wenig unangenehm. Todesfälle aufgrund von Insektenstichen sind bei Papageien extrem selten.

Symptome

- ***geschwollene, gerötete Hautstellen:*** oft mit heftigem Juckreiz verbunden
- ***viele kleine Bisswunden:*** Aussehen wie kleine Pickelchen
- ***Juckreiz:*** Vogel kratzt sich häufig, bearbeitet eventuell bestimmte Hautstellen mit seinem Schnabel
- ***Atemnot:*** Stiche im Schnabel können zu schwerer Atemnot führen

Mögliche Ursachen

- ***Eindringen von Insekten:*** in den Aufenthaltsbereich Ihrer Vögel

Erste Hilfe

- ***Zecken:***
  - ***Entfernen:*** Mit einer Zeckenzange oder einem Zeckenhaken entfernen Sie die Zecke vorsichtig durch leichten Zug. Auf keinen Fall sollte an der Zecke herumgedrückt werden. Auch darf sie nicht mit Öl oder Ähnlichem beschmiert werden. Dies veranlasst die Zecke, ihren Mageninhalt in die Wunde zu spucken und damit möglicherweise gefährliche Krankheitserreger zu übertragen.
  - ***Desinfizieren:*** Zeckenbisse entzünden sich leicht. Schmieren Sie Jodsalbe auf die Bissstelle, um dies zu verhindern.
- ***Bienen, Wespen:***
  - ***Inspektion:*** Steckt der Stachel noch in der Haut? Wenn ja, muss er entfernt werden, damit nicht noch mehr Insektengift in die Wunde gelangt.
  - ***Entfernen:*** von Stacheln, die eventuell noch in der Haut stecken. Vorsicht dabei, dass Sie den daranhängenden Giftbeutel nicht in die Stichwunde drücken. Am besten entfernen Sie den Stachel, indem Sie ihn mit dem Fingernagel vorsichtig herauskratzen.
  - ***Neutralisieren und Kühlen:*** Das Gift von Bienen und Wespen ist basisch und kann durch Säuren neutralisiert werden. Zusätzlich sollte der Stich gekühlt werden, um die Schmerzen weiter zu lindern. Dazu nehmen Sie

mit Eiswasser stark verdünnten Haushaltsessig, tränken einen Gazetupfer darin und halten diesen auf die Einstichstelle. Die Kälte hilft zusätzlich die Schwellung zu reduzieren.

Achtung! Essig kann ätzen. Damit Sie die Haut Ihres Vogels nicht verletzen, müssen Sie den zur Neutralisierung des Insektengiftes verwendeten Essig stark verdünnen. Ein Esslöffel Essig auf einen Becher – das sind ungefähr 150 ml – Eiswasser reicht völlig aus.

- ***homöopathisch:*** Ledum palustre
- ***Stiche im Schnabel und Rachen:*** kommen sehr selten vor. Sollte Ihr Vogel eine Biene oder Wespe verschluckt haben oder in Schnabel oder Rachen gestochen worden sein, droht Erstickungsgefahr. Deshalb ist es ein absoluter Notfall. Fahren Sie sofort zu Ihrem vogelkundigen Tierarzt. Die Erste-Hilfe-Maßnahmen konzentrieren sich darauf, Ihren Vogel vor dem Ersticken zu retten, sodass er es bis zum Tierarzt schafft:
  - ***homöopathisch:*** Apis mellifica
  - ***Kühlen:*** Geben Sie Ihrem Tier einen Eiswürfel oder Stückchen davon in den Schnabel bzw. halten Sie den Eiswürfel an die Einstichstelle am Hals, um die Schwellung zu reduzieren.
  - ***kortisonhaltige Augentropfen:*** Kortison hat erhebliche, unter Umständen sogar lebensgefährliche Nebenwirkungen für Papageien. Benutzen Sie es deswegen nur im äußersten Notfall, wenn Sie sich wirklich sicher sind, dass Ihr Tier sonst ersticken würde. Wenn dies der Fall ist, geben Sie je nach Größe des Tieres einen halben bis zwei Tropfen der kortisonhaltigen Augentropfen in den Schnabel. Das Kortison verhindert das weitere Anschwellen.

    Achtung! Weniger ist mehr. Halten Sie sich strikt an die vorgegebene Dosierung. Es nützt Ihnen und Ihrem Tier gar nichts, wenn es den Insektenstich überlebt, nur um zu einem späteren Zeitpunkt an durch das Kortison verursachtem Versagen der Nebenniere zu sterben. Bitte seien Sie also extrem zurückhaltend bei der Gabe von Kortison.
- ***Ameisen:*** das Gift von Ameisen ist säurehaltig. Auch Ameisenbisse werden durch Neutralisierung und Kühlung gelindert. Nur müssen Sie in diesem Fall statt eines sauren ein basisches Neutralisierungsmittel benutzen.
- ***Neutralisieren und Kühlen:*** Natron mit Eiswasser zu einer dicken Paste verrühren und auf die Bisse auftragen. Die Kälte hilft die Schwellung zu reduzieren.

  Achtung! Die Natronpaste ist für eine kurzzeitige Anwendung von ca. dreißig bis sechzig Minuten geeignet.
- ***homöopathisch:*** Ledum palustre, Apis mellifica, Formica rufa (nicht in der homöopathischen Notfallapotheke enthalten: Wenn Sie häufig Ameisen haben, bitte zulegen.)

Beim Tierarzt

- ***Inhalation mit Sauerstoff:*** bei Atemnot
- ***Antiallergikum:*** um einer möglichen allergischen Reaktion Ihres Vogels auf den Insektenstich entgegenzuwirken
- ***Luftsackintubation:*** Durch einen Schlauch kann dem Tier unter Umgehung der blockierten Atemwege auf direktem Wege Luft oder Sauerstoff zugeführt werden.
- ***Kortison:*** Spritze

Weiterführende Maßnahmen

- ***Insektengitter:*** Da Insektenstiche nicht nur an sich für Ihre Vögel unangenehm oder sogar lebensgefährlich sein können, sondern zusätzlich auch Krankheiten übertragen werden können, sollten Sie Ihre Außenvolieren mit einem Insektenschutzgitter versehen. Dies wird mit Abstandshaltern in einigen Zentimeter Entfernung zum Volierengitter angebracht, damit die Tiere es nicht beschädigen können.

Kloakenvorfall

Ein Kloakenvorfall ist die Verlagerung von Gewebe aus dem inneren Teil der Kloake nach außen.

Symptome

- ***Schleimhaut quillt aus der Kloake heraus:*** oft gerötet; Dies kann für den Laien aussehen wie eine Wucherung.
- ***Kloake:*** geschwollen
- ***kotverschmiertes Gefieder*** im Kloakenbereich
- ***Vogel presst*** auffällig als ob er Verstopfung hätte
- ***Vogel pickt*** an seiner Kloake herum

Mögliche Ursachen

- ***Verhaltensstörungen von Handaufzuchten:*** Kloakenvorfälle sind häufig verhaltensbedingt. Handaufgezogene, sehr auf den Menschen bezogene Tiere – insbesondere bestimmte Kakaduarten – zeigen oft fortwährendes Bettelverhalten gegenüber dem Menschen. Dabei wird die Kloake geweitet und der Vogel presst. Auf Dauer kann dies zu einem Kloakenvorfall führen. Der gleiche Ablauf wird auch bei sexuellem Verhalten gegenüber dem menschlichen Besitzer gezeigt. Dies wird verstärkt durch ständiges Stimulieren des Tieres durch den Menschen, wie Streicheln und Kuscheln. Auch extremes Stubenreinheitstraining kann zu dem Problem beitragen, wenn das Tier seinen Kot über lange Zeiträume einbehält.
- ***Legenot:*** genaugenommen ist es in diesem Fall kein Kloakenvorfall, sondern ein Legedarmvorfall. Dies sieht aber für den Laien ähnlich aus.
- ***Fehlernährung***
- ***Tumore***
- ***Papillome***
- ***Infektionen***

Erste Hilfe

Als Erste-Hilfe-Maßnahme können Sie versuchen, die vorgefallene Kloake wie nachfolgend beschrieben wieder zurückzuschieben.

Achtung! Auf keinen Fall sollten Sie dies machen, wenn Sie sich nicht hundertprozentig sicher sind, dass es sich nicht um eine Legenot handelt (s. Legenot). Würden Sie bei dem Prozedere ein etwaiges Ei zerstören, könnte dies zu schweren, ja sogar lebensbedrohlichen Verletzungen und Entzündungen Ihres Tieres führen. Bitte lesen Sie hierzu auch den Eintrag bezüglich Legenot durch.

- ***Reinigen und Kühlen:*** vorgefallene Kloake vorsichtig mit isotonischer Kochsalzlösung oder kühlem Kamillentee reinigen. Durch das Abkühlen wird gleichzeitig eine Abschwellung bewirkt
- ***Zurückschieben:*** Feuchten Sie ein Wattestäbchen mit isotonischer Kochsalzlösung oder Kamillentee an und versuchen Sie damit vorsichtig die vorgefallene Kloake wieder zurückzuschieben.

  Achtung! Bitte tauchen Sie das Wattestäbchen nicht in die bereits gebrauchte Reinigungsflüssigkeit, da Sie dadurch Verunreinigungen in die Kloake einführen könnten.

  Achtung! Gehen Sie dabei sehr vorsichtig vor. Auf keinen Fall dürfen Sie Gewalt anwenden. Sie riskieren dabei, Ihr Tier zu verletzen, was zu schweren Blutungen führen könnte. Lässt sich die Kloake nicht mit Leichtigkeit zurückschieben, dann lassen Sie es und halten Sie sie mit isotonischer Kochsalzlösung bis zur tierärztlichen Versorgung feucht.

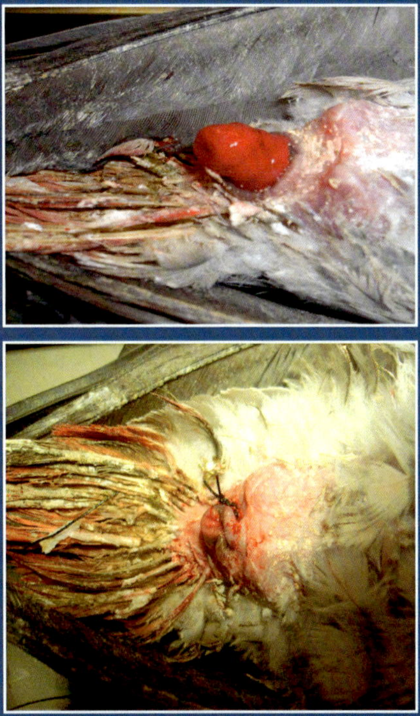

Kloakenvorfall (oben): deutlich ist die leuchtend rote vorgefallene Kloake zu sehen. Sie musste vom Tierarzt genäht werden, damit sie nicht sofort wieder herausrutschte.

- ***homöopathisch:*** Graphites

Beim Tierarzt

- ***Diagnose und Behandlung*** der ursächlichen Erkrankung
- ***Versorgung des Kloakenvorfalls***
- ***operative Behandlung:*** falls notwendig

Weiterführende Maßnahmen

- ***Behandlung:*** Die Behandlung der ursächlichen Erkrankung, z.B. mit oralen Medikamenten, werden Sie zu Hause bis zur völligen Genesung fortführen müssen.
- ***Haltungsumstellung:*** War der Kloakenvorfall verhaltensbedingt, müssen Sie unbedingt den Umgang mit Ihrem Tier ändern, sonst wird das Problem schnell wieder auftauchen. Vermeiden Sie sexuelle Stimulierung und ignorieren Sie Bettel- und Balzverhalten Ihres Tieres Ihnen gegenüber, unabhängig davon, wie niedlich Sie selbst dieses Verhalten finden. Das Leben Ihres Vogels kann davon abhängen! Ferner sollten Sie seine Haltungsbedingungen optimieren. Sorgen Sie für einen gegengeschlechtlichen Partner der gleichen Art und Unterart sowie für viel Beschäftigung.
- ***Ernährungsumstellung:*** Lassen Sie sich von Ihrem Tierarzt bezüglich einer angemessenen Ernährung Ihrer Papageienvögel beraten.

Kloakenpapillom ⌛

Gutartige Wucherungen, die vermutlich durch Herpesviren verursacht werden. Papillome scheinen besonders häufig bei Aras und Amazonen aufzutreten.

Symptome

- ***Durchfall***
- ***Abmagerung***
- ***Appetitmangel***
- ***Erbrechen***
- ***struppiges Gefieder***
- ***Kloake geschwollen***

Mögliche Ursachen

- ***Herpesviren:*** vermuteter Zusammenhang
- ***Stress:*** kann ein Auslöser für akute Krankheitsschübe sein

Erste Hilfe

Nur wenn Sie durch vorherige Diagnose durch einen papageienkundigen Tierarzt sicher sind, dass es sich um eine Papillomatose handelt und diese Vorgehensweise mit ihm auch abgesprochen haben:

- ***Herpessalbe:*** z.B. Aciclovir, dünn auf die Kloake auftragen

Beim Tierarzt

- ***Diagnose:*** Es gibt spezifische Diagnosemaßnahmen bei Verdacht auf ein Kloakenpapillom, die ihr Tierarzt durchführen kann.
- ***operative Entfernung:*** Es ist möglich, die Zubildungen operativ zu entfernen. Da diese allerdings sehr großzügig weggeschnitten werden müssen, sollten Sie mit Ihrem Tierarzt zusammen abwägen, ob dies wirklich verhältnismäßig ist. Zum einen besteht natürlich die Gefahr einer Ansteckung von Geschlechtspartnern des Tieres – wenn dies nicht ohnehin schon längst geschehen ist.

Außerdem wird ein Zusammenhang vermutet zwischen Papillomatose und Tumoren von Gallengang und Bauchspeicheldrüse. Andererseits gibt es Berichte von spontanen Heilungen und auch von erfolgreichen Behandlungen mit Herpessalbe.

Weiterführende Maßnahmen

- ***Beobachten:*** Herpesschübe scheinen oft durch Stressfaktoren ausgelöst zu werden. Dazu können intensives Sonnenlicht, Durchnässung und Stress ganz allgemein gehören. Am besten führen Sie ein Papilloma-Tagebuch, um herauszufinden, welche Faktoren bei Ihrem Vogel einen Krankheitsschub auslösen. Diese Faktoren sollten Sie dann versuchen zu vermeiden bzw. dem Stress frühzeitig entgegenzuwirken, wenn die Situation unvermeidbar ist.

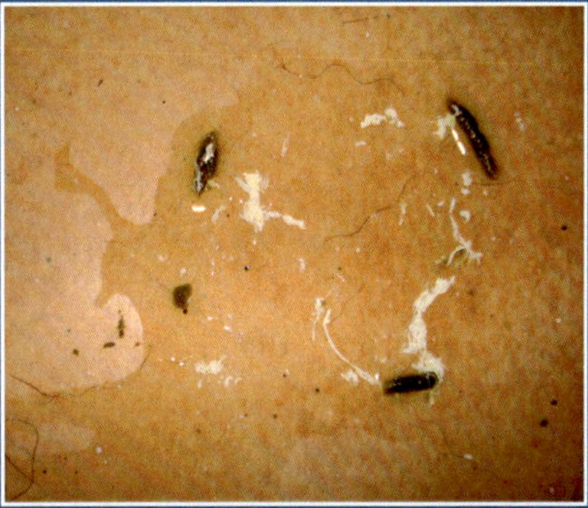

Polyurie – nicht Durchfall

Voluminöser Morgenkot

Der Kot in diesem Bild entstand durch den Verzehr von Brombeeren. Er gibt keinen Anlass, eine Krankheit zu vermuten.

Kotveränderungen

Kotveränderungen können futter- oder stressbedingt sein. Aber sie können auch wichtige und ernst zu nehmende Krankheitshinweise sein. Hinzu kommt, dass Papageien einen sehr hohen Stoffwechsel haben. Deshalb kann eine Situation, in der Ihr Vogel Nährstoffe nur noch unzureichend verarbeiten kann, schnell lebensbedrohlich werden. Deshalb sollten Sie den Kot Ihrer Papageien täglich begutachten. Bemerken Sie Kotveränderungen, die Sie nicht durch das Futter erklären können, muss die Ursache festgestellt werden. Gehen Sie bei nicht erklärbaren Kotveränderungen deshalb stets innerhalb der nächsten 24 Stunden zu Ihrem vogelkundigen Tierarzt.

Roter Kot

Roter Kot kann durch die Nahrung, aber auch durch Blut im Kot entstehen und weist dann auf ernsthafte Erkrankungen hin (s. Blut im Kot).

Schwarz-grüner Kot, geringe Mengen

Bei sehr dunkel gefärbtem Kot, der in geringen Mengen abgesetzt wird, handelt es sich oft um den sogenannten Hungerkot (s. Hungerkot). Manchmal ist dabei auch die Harnsäure gelblich verfärbt.

Grau-beiger Kot

Voluminöser, grau-beiger Kot, der manchmal auch als zementfarben bezeichnet wird, ist sehr typisch für Probleme mit der Bauchspeicheldrüse (s. Bauchspeicheldrüse, Fehlfunktion).

Grosse Mengen Flüssigkeit

Das vermehrte Ausscheiden von Flüssigkeit bei weiterhin normal und festgeformtem Kotanteil wird als Polyurie bezeichnet. Polyurie hat viele mögliche Ursachen, zum Beispiel Stress, erhöhte Flüssigkeitsaufnahme durch vermehrtes Trinken oder Fressen von wasserhaltigem Obst und Gemüse, Nierenschäden, hormonelle Störungen, Verarbeitung von Giften, z.B. bei Aspergillose.

Polyurie ist nicht mit echtem Durchfall zu verwechseln – auch wenn dieses Symptom oft fälschlicherweise als solches bezeichnet wird. Bei echtem Durchfall ist der Kotstrang nicht mehr geformt, sondern breiig und formlos.

Grosse Mengen Kot, selten

Große Mengen Kot, die selten, manchmal unter auffälligem Pressen, abgesetzt werden, sind ein Hinweis auf raumfordernde Prozesse, wie zum Beispiel Legenot, Tumore, Wucherungen. Sie behindern durch ihr Volumen die Passage von Futter durch den Ernährungstrakt. Dies kann ein Notfall sein. Bitte suchen Sie umgehend Ihren vogelkundigen Tierarzt auf.

Achtung! Der seltene Absatz von großen Mengen Kot ist nicht zu verwechseln mit dem voluminösen Morgenkot, der von vielen Papageien nach dem Aufwachen abgesetzt wird, nachdem sie die ganze Nacht keinen Stuhlgang hatten. Es wird vermutet, dass Papageienvögel ihren Kot u.a. nachts einhalten, um Raubtieren keinerlei Hinweis auf ihre Schlafstellen zu geben.

Kot, schwarz

Schwarzer Kot in normalen Mengen kann ein Hinweis auf Verletzungen im oberen

Verdauungstrakt sein. Das Eisen im Blut oxidiert. Dadurch wirkt das Blut und somit der Kot schwarz (s. Blut im Kot). Schwarzer Kot kann auch futterbedingt auftreten, z.B. wenn der Papagei viel rotes Fleisch gefressen hat.

Unverdaute Körner im Kot

Unverdaute Körner im Kot sind bei Papageien ungewöhnlich und weisen auf eine schwere Verdauungsstörung hin. Die bekannteste und gefürchtetste Ursache für unverdaute Körner im Kot ist sicherlich PDD. Aber es gibt auch etliche andere beilange nicht so schwerwiegende Ursachen, wie z.B. diverse Infektionen, insbesondere Hefepilze oder Megabakteriose (s. Hefepilze). Konsultieren Sie ihren vogelkundigen Tierarzt, der eine genaue Diagnose stellen kann.

Erste Hilfe

Die gravierendste Gefahr für Ihren Vogel bei Kotveränderungen besteht zunächst in der häufig damit verbundenen verminderten Nährstoffaufnahme. Da die meisten Kotveränderungen sich zudem gezielter Erste-Hilfe-Maßnahmen entziehen, sollten Sie sich auf die Stabilisierung des Allgemeinzustandes Ihres Vogels konzentrieren. Befolgen Sie dazu die Basismaßnahmen des Kapitels „Allgemeine Maßnahmen". Das Tier sollte innerhalb der nächsten vierundzwanzig Stunden Ihrem vogelkundigen Tierarzt vorgestellt werden.

Unverdaute Körner im Kot (oben) können ein Hinweis auf PDD sein. Dieser Vogel (Mitte) magerte völlig ab, bevor er an dieser heimtückischen Krankheit leider verstarb. Bei der Obduktion (unten) ist der riesengroße Drüsenmagen deutlich zu sehen.

Bringen Sie die abgerissene Kralle mit zum Tierarzt. Eventuell kann er sie über das freiliegende Krallenbett kleben, um dieses zu schützen.

Beim Tierarzt

- ***Stabilisierung***
- ***Ermittlung und Behandlung*** der ursächlichen Erkrankung

Weiterführende Massnahmen

Die Auslöser der ursächlichen Erkrankung oder Verletzung müssen beseitigt werden. Im Falle von PDD müssen Sie die künftige Nährstoffzufuhr Ihres Vogels sicherstellen. Lassen Sie sich hierbei von Ihrem vogelkundigen Tierarzt beraten.

Krallenverletzung ⌛⌛⌛

Krallenverletzungen treten bei Papageienvögeln häufig auf. Oftmals geht die Verletzung jedoch über die offensichtliche Blutung an der Kralle hinaus. Ist der Vogel z.B. hängengeblieben, kann er sich bei seinen Befreiungsversuchen Zerrungen oder sogar Gelenkschädigungen zugezogen haben. Krallenverletzungen entzünden sich außerdem leicht. Gehen Sie deshalb möglichst umgehend zu Ihrem vogelkundigen Tierarzt.

Symptome

- ***Kralle blutet***
- ***Kralle fehlt ganz oder teilweise***

Mögliche Ursachen

- ***Hängenbleiben:*** in Spielzeugen, Käfiggittern, Vorhängen; Durch die Befreiungsversuche des Tieres kann es sich schwer verletzen.
- ***Bisse:*** insbesondere von Artgenossen durch Käfiggitter hindurch
- ***Selbstverstümmelung:*** Manche Papageien neigen dazu, sich bei Stress selbst zu benagen. Oft fängt dies mit einem Zupfen an den Krallen an, verschlimmert sich aber zusehends.

Erste Hilfe

Da Krallenverletzungen heftig bluten können, ist Ihre oberste Priorität die Wundversorgung. Befindet sich die Verletzung am ringtragenden Fuß, dann lesen und befolgen Sie bitte auch den dazugehörigen Abschnitt „Fuß- und Beinerkrankungen".

- ***Wunde reinigen:*** Spülen Sie die Wunde gründlich mit Jod-, isotonischer Kochsalzlösung oder Kamillentee
- ***Blutung stillen:*** Oft hört die Blutung von selbst auf, wenn Sie Ihren Vogel einfach in Ruhe lassen. Wenn nicht, halten Sie ein mit Eisen-III-Chloridlösung getränktes Wattestäbchen auf die Wunde, bis die Blutung aufhört.
- ***Blutung veröden:*** Ist die Kralle abgebrochen und die Blutung hört nicht auf, können Sie sie durch kurzes Betupfen mit einem heißen Lötkolben veröden. Bitte seien Sie dabei vorsichtig, damit Sie Ihrem Vogel keine Verbrennungen zufügen.
- ***Desinfizieren:*** Die Wunde sollte dick mit Jodsalbe eingeschmiert werden. Diese hält die Wunde auch feucht, damit das Krallenbett nicht austrocknet. Das ist wichtig, damit es nicht abstirbt und eine neue Kralle nachwachsen kann.
- ***Verbinden:*** Das Verbinden der Krallenverletzung dient dazu, die Wunde vor Verschmutzungen und auch vor dem Austrocknen zu schützen.
- ***homöopathisch:*** Hamamelis

Beim Tierarzt

Ihr vogelkundiger Tierarzt wird Ihren Vogel untersuchen, um festzustellen, ob noch andere Verletzungen vorliegen, und die Kralle medizinisch versorgen. Dazu gehören:

- ***Wundversorgung:*** Überprüfung Ihrer Erste-Hilfe-Arbeit und fachmännischer Wundverband
- ***operative Wundversorgung:*** Bei schweren Krallenverletzungen kann eine Amputation der betroffenen Kralle notwendig sein.
- ***Medikamentöse Versorgung:*** z.B. Antibiotika und parallel dazu Schimmelpilzvorsorge; gegebenenfalls Schmerzmittel

Weiterführende Massnahmen

- ***Gefahrenquellen beseitigen:*** Entfernen Sie Käfige, Dekorationen und sonstige Gegenstände, an denen Ihre Vögel mit ihren Krallen hängenbleiben können, damit ein solcher Unfall sich nicht wiederholt.

Krampfanfall

Krampfanfälle sind keine Krankheit an sich, sondern immer ein Hinweis auf eine schwerwiegende andere Erkrankung oder Verletzung. Suchen Sie bitte umgehend Ihren vogelkundigen Tierarzt auf, wenn Ihr Vogel Krampfanfälle bekommt.

Symptome

- unkontrollierte Zuckungen von Körperteilen oder des ganzen Vogels

Mögliche Ursachen

- ***Aspergillose***
- ***Bleivergiftung***
- ***Hitzschlag***

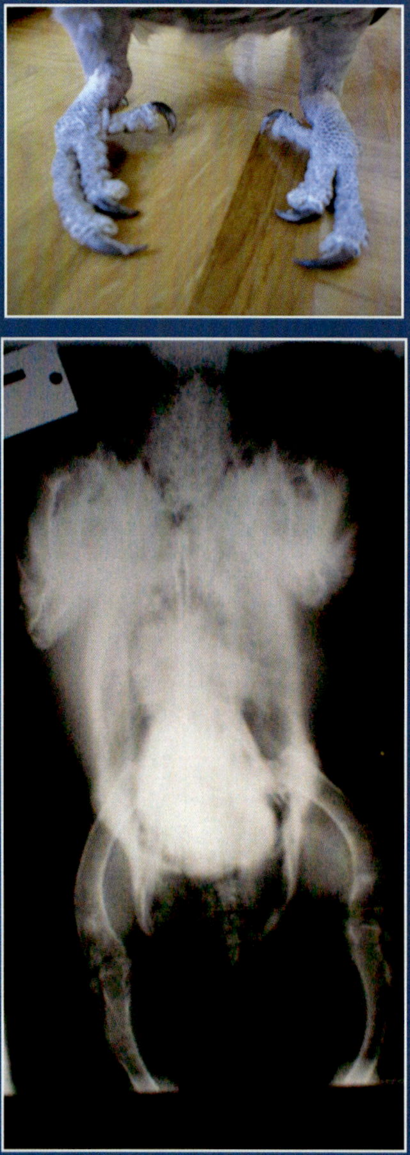

Keine Fußkrämpfe, sondern Knochenverformungen aufgrund von Handaufzucht.

- ***Infektionen***
- ***Kopfverletzungen:*** Flug gegen Wand, Fensterscheiben, Spiegel; Partnervogel
- ***Mangelerscheinungen:*** niedriger Blutzucker, niedriger Kalziumspiegel
- ***zentralnervöse Ausfallerscheinungen:*** Epilepsie

Erste Hilfe

Manchmal werden Vögel im Vorfeld von Krampfanfällen unruhig und nervös. In dem Fall können Sie sich besser vorbereiten:

- ***vor Verletzungen schützen:*** Der Vogel muss davor geschützt werden, sich selbst zu verletzen. Räumen Sie alles Spielzeug, Näpfe und sonstige Gegenstände beiseite und polstern Sie Käfigboden und Seitenwände gut ab, falls er bei seinem Krampfanfall von der Stange fällt.
- ***Abdunkeln:*** Manchmal kann man den Vogel durch Abdunkeln des Käfigs beruhigen.
- ***homöopathisch:*** Stramonium

Beim Tierarzt

- ***Untersuchung:*** eingehende Untersuchung, um die ursächliche Erkrankung zu ermitteln

Weiterführende Massnahmen

Die Auslöser der ursächlichen Erkrankung oder Verletzung müssen beseitigt werden. Lassen Sie sich hierbei von Ihrem vogelkundigen Tierarzt beraten.

Kropf, leert sich nicht

Es gibt vielfältige Ursachen, warum der Kropf sich nicht leert. Allen gemeinsam ist jedoch, dass das Tier keine Nährstoffe bekommt, wenn die Nahrung vom Kropf nicht in den Verdauungstrakt gelangt. Dies ist lebensbedrohlich. Gehen Sie bitte umgehend zu einem papageienkundigen Tierarzt.

Symptome

- ***Kropf:*** ist dick und voll
- ***Kot:*** Vogel setzt keinen oder kaum Kot ab (s. Hungerkot)
- ***Erbrechen***
- ***Jungvogel:*** tritt besonders bei sehr jungen Vögeln auf

Mögliche Ursachen

- ***Fremdkörper***
- ***Handaufzucht:*** verschiedene Probleme
- ***hormonelle Probleme***
- ***Infektionen:*** Bakterien, Pilze, Viren
- ***Kropfverbrennungen:*** Handaufzucht!
- ***Kropfverstopfung:*** zu kaltes oder nachquellendes Handaufzuchtfutter, übermäßige Gritaufnahme
- ***Parasiten***
- ***Tumore***
- ***Verdauungstrakt arbeitet nicht richtig oder ist blockiert:*** vielfältige Ursachen, insbesondere unsachgemäße Handaufzucht
- ***Vergiftungen:*** insbesondere Schwermetalle, salzhaltige Speisen

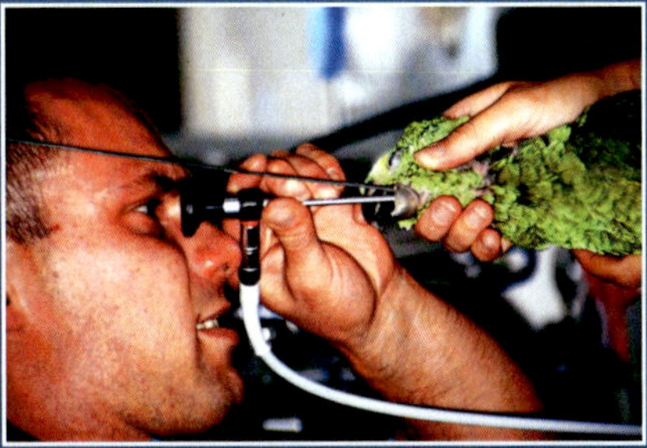

Entfernung einer Kropfsonde aus dem Kropf einer jungen Amazone. Auch dies ist ein immer wieder auftretender Unfall bei der Handaufzucht, der leider oft tödlich für das Küken endet.

Erste Hilfe

Es gibt nicht viel, was Sie als Erste-Hilfe-Maßnahme durchführen können. Begeben Sie sich umgehend zu einem vogelkundigen Tierarzt. Falls Sie wirklich keinen Tierarzt in absehbarer Zeit erreichen, können Sie versuchen Ihrem Tier etwas Nährstofflösung einzuflößen, damit es wenigstens etwas Energie bekommt. Seien Sie sich aber bewusst, dass die Prognose denkbar schlecht ist und es weitaus besser wäre, egal wie weit Sie fahren müssen, doch zu einem vogelkundigen Tierarzt zu gehen. Falls sich der Kropfinhalt fest anfühlt, könnte es sich um eine Kropfverstopfung handeln. In dem Fall könnten folgende Maßnahmen helfen:

- ***Nährstofflösung:*** Versuchen Sie, Ihrem Tier vorsichtig ein paar Tropfen warme aber nicht heiße (circa 40° C) Nährstofflösung einzuflößen.
- ***Papayapüree:*** Züchter berichten, dass pürierte Papaya hilft, eine Kropfverstopfung zu verflüssigen.
- ***Paraffinöl:*** Eine kleine Menge Paraffinöl kann helfen, den Kropfinhalt besser durchrutschen zu lassen.

  Achtung! Halten Sie sich strikt an die vorgegebenen Dosierungen im Kapitel „Die Notfallapotheke". Bei Mehrgabe kann Ihr Vogel lebensgefährlichen und extrem schwer zu stoppenden Durchfall bekommen.
- ***Massieren:*** Massieren Sie den Kropf sanft, um den Kropfinhalt zu lockern und zum Weiterrutschen zu bewegen. Bitte seien Sie dabei sehr vorsichtig, damit Sie Ihr Tier nicht verletzen.

Beim Tierarzt

- ***Infusion:*** um das Tier zu stabilisieren
- ***Kropfspülung:*** um die kompaktierte Masse aus dem Kropf zu entfernen
- ***Medikamentöse oder operative Behandlung:*** je nach Ursache

Weiterführende Massnahmen

Die Auslöser der ursächlichen Erkrankung oder Verletzung müssen beseitigt werden. Lassen Sie sich hierbei von Ihrem vogelkundigen Tierarzt beraten.

Kropfdurchbruch ⌛⌛⌛

Kropfverletzungen können vielerlei Ursachen haben. Durch die Kropfverletzung kann die Nährstoffversorgung Ihres Tieres lebensgefährlich beeinträchtigt sein. Außerdem muss die Wunde versorgt und meist operativ verschlossen werden. Gehen Sie bitte umgehend zu einem erfahrenen vogelkundigen Tierarzt!

Symptome

- ***verklebtes Halsgefieder:*** Brei läuft nach der Fütterung aus dem Durchbruch nach außen auf den Hals. Es sieht aus, als ob der Vogel beim Fressen gekleckert hat.
- ***Futter unter der Haut:*** Bei teilweisen Kropfdurchbrüchen, die nicht durch alle Hautschichten gehen, können Sie Futter unter der obersten Hautschicht sehen. Dies stellt eine erhebliche Entzündungsgefahr dar.

Mögliche Ursachen

- ***Beißereien***
- ***Verletzungen:*** Bei unfachmännischer Kropfsondenfütterung kann mit der Sonde die Kropfwand durchstoßen werden.

- ***Fremdkörper***
- ***Kropfverbrennungen:*** unsachgemäße Handaufzucht (s. Kropfverbrennung)

Erste Hilfe

Es gibt nicht viel, was Sie als Erste-Hilfe-Maßnahme durchführen können. Ein Kropfdurchbruch ist eine lebensgefährliche Verletzung! Begeben Sie sich umgehend zu einem vogelkundigen Tierarzt. Versuchen Sie das Tier mit den Basismaßnahmen im Kapitel „Allgemeine Maßnahmen" zu stabilisieren. Falls Sie den Tierarzt nicht erreichen können:

- ***Wunde reinigen:*** Reinigen bzw. spülen Sie die Wunde mit Jod-, isotonischer Kochsalzlösung oder Kamillentee.
- ***homöopathisch:*** Pyrogenium, Bellis perennis

Beim Tierarzt

- ***Untersuchung:*** um das Ausmaß und dadurch erfolgte Schäden der Verletzung genau zu beurteilen
- ***operative Versorgung:*** Der Kropfdurchbruch muss in der Regel operativ verschlossen werden.
- ***Antibiotika:*** damit die Wunde sich nicht entzündet

Weiterführende Maßnahmen

- ***keine unnötige Handaufzucht:*** Aufgrund der gesundheitlichen und seelischen Probleme für Küken und Elterntiere sind kommerzielle Handaufzuchten strikt abzulehnen. Dies betrifft natürlich nicht Nothandaufzuchten, wenn das Küken sonst sterben würde, etwa weil die Eltern es nicht füttern.
- ***Handaufzucht nur durch erfahrene Personen:*** keine Abgabe von nicht futterfesten Küken an Laien!
- ***Haltung:*** Trennen Sie unverträgliche Tiere voneinander. Bieten Sie ausreichend Platz an, um Überbesetzungsstress und dadurch entstehende Aggressionen zu minimieren. Bieten Sie Rückzugsmöglichkeiten an. Entfernen Sie scharfkantige oder spitze Gegenstände, die Ihre Vögel verschlucken oder an denen sie sich verletzen können, aus der Umgebung der Tiere.

Kropfverbrennung

Bei unsachgemäßer Handaufzucht von Jungtieren oder Zwangsernährung von älteren Tieren mit zu heißer Nahrung ($>45^{\circ}$ C) kann es zu Kropfverbrennungen kommen. Da die Symptome oft erst verzögert auftreten, sich aber zunehmend verschlimmern (z.B. Kropfdurchbruch), sollten Sie umgehend einen vogelkundigen Tierarzt aufsuchen, sobald Sie die ersten Symptome bemerken. Zusätzlich zu dem eigentlichen Problem kann es zu Entzündungen, Kreislaufproblemen und anderen Komplikationen kommen, die dem Tier das Leben kosten können.

Auf den ersten Blick könnte man meinen, dass diese kleine Handaufzucht sich einfach ein wenig vollgekleckert hat...

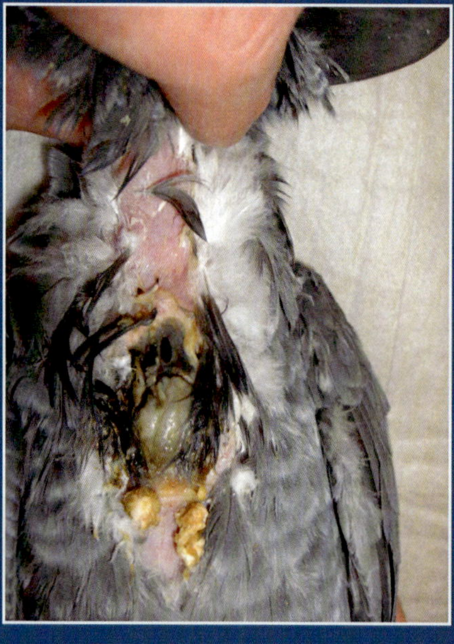

...doch bei genauerem Hinsehen erkennt man die schreckliche Verletzung – eine üble Kropfverbrennung, durch unsachgemäße Handaufzucht entstanden, die chirurgisch versorgt werden muss.

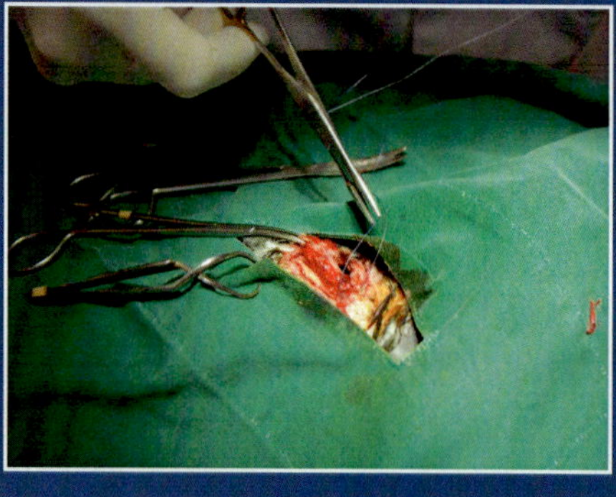

Symptome

- ***Erbrechen***
- ***Kropfhaut:*** ist gerötet, geschwollen, manchmal auch dunkel verfärbt
- ***Kropfverstopfung:*** Dadurch kann der Kropf auch vergrößert wirken.

Mögliche Ursachen

- ***Aufzuchtbrei zu heiß:*** Dies passiert, wenn entweder der gesamte Brei zu stark erhitzt wurde oder beim Erhitzen mit der Mikrowelle. Diese erhitzt ungleichmäßig, sodass heiße Stellen im Brei entstehen, an denen sich das Tier verbrennen kann, wenn der Brei vor dem Füttern nicht sehr gründlich durchgerührt wird.

Erste Hilfe

Es gibt keine gezielten Erste-Hilfe-Maßnahmen. Begeben Sie sich umgehend zu einem papageienkundigen Tierarzt. Versuchen Sie das Tier mit den Basismaßnahmen im Kapitel „Allgemeine Maßnahmen" zu stabilisieren, falls Sie den Tierarzt nicht erreichen können.

- ***homöopathisch:*** Urtica urens, Pyrogenium, Bellis perennis

Beim Tierarzt

Weitere Maßnahmen, die Ihr papageienkundiger Tierarzt durchführen kann, beinhalten:

- ***Untersuchung:*** um das Ausmaß und dadurch erfolgte Schäden der Verbrennung zu beurteilen
- ***operative Versorgung:*** Ein eventuell entstandener Kropfdurchbruch muss operativ verschlossen werden.
- ***Antibiotika:*** damit die Wunde sich nicht entzündet

Weiterführende Maßnahmen

- ***keine unnötige Handaufzucht:*** Kommerzielle Handaufzuchten sind aufgrund der gesundheitlichen und seelischen Probleme für Küken und Elterntiere strikt abzulehnen. Natürlich betrifft dies nicht lebensrettende Maßnahmen, wenn z.B. die Eltern das Küken nicht füttern.
- ***Handaufzucht nur durch erfahrene Personen:*** keine Abgabe von nicht futterfesten Küken an Laien!
- ***Methode:*** Um Kropfverbrennungen zu vermeiden, sollten Sie sich strikt an die vorgegebenen Temperaturangaben halten. Außerdem sollten Sie davon absehen, Aufzuchtbrei in der Mikrowelle zu erwärmen. Am sichersten ist es, das Wasser zu erhitzen, mit dem der Brei angerührt wird und diesen im Wasserbad auf Temperatur zu halten. Verlassen Sie sich bei der Temperaturkontrolle nicht auf Ihr Gefühl, sondern benutzen Sie ein Thermometer.

Krusten in der Nase

Krusten in der Nase entstehen normalerweise über einen längeren Zeitraum. Sie

Das Nasenloch dieses Graupapageis war mit einem Aspergillose-Granulom völlig verstopft. Außerdem litt das Tier an Vitamin-A-Mangel. Die Kruste musste vom Tierarzt entfernt werden.
Anmerkung: Rundkäfige sind tierschutzwidrig und sollten auf keinen Fall benutzt werden. Auch das Material dieses Käfigs – Messing – ist für Papageien völlig ungeeignet, denn es enthält mindestens ein Drittel Zink, das schwere – auch tödliche – Vergiftungen verursachen kann.

sind keine Erkrankung an sich, sondern weisen auf andere gesundheitliche Probleme oder auch Behinderungen hin. Gehen Sie zum Tierarzt, damit dieser ermitteln kann, was die Krusten in der Nase Ihres Vogels verursacht hat.

Symptome

- ***Nasenlöcher:*** verklebt oder mit Materie gefüllt

Mögliche Ursachen

- ***Infektionen:*** Bakterien, Pilze, Viren
- ***Schimmelpilze***
- ***Nasengranulome***
- ***Behinderung:*** der Vogel ist nicht in der Lage, seine Nase mit den Krallen selbst zu säubern

Erste Hilfe

Gehen Sie innerhalb der nächsten 24 Stunden mit Ihrem Tier zum Tierarzt. Zwar könnten Sie versuchen, die Krusten in der Nase mit lauwarmen Kamillentee oder isotonischer Kochsalzlösung aufzuweichen und zu entfernen. Nur behebt dies nicht die ursächliche Erkrankung. Zusätzlich erschwert die Entfernung der Krusten möglicherweise die Diagnose für Ihren Tierarzt. ***Achtung!*** Auf keinen Fall sollten Sie in der Nase herumpulen oder gar versuchen, die Krusten gewaltsam zu entfernen. Dies kann zu heftigen Blutungen führen und ist somit eine Aufgabe für den Tierarzt.
Inhalation: Ein wenig Linderung kann eine Inhalation mit isotonischer Kochsalzlösung oder Wasser verschaffen.

Beim Tierarzt

- ***Krusten entfernen***
- ***Untersuchung, Diagnose und Behandlung:*** der ursächlichen Erkrankung

Weiterführende Massnahmen

- ***Entfernen:*** regelmäßiges Entfernen der Krusten in der Nase, nach Anleitung Ihres vogelkundigen Tierarztes
- ***Behandlung*** der ursächlichen Erkrankung
- ***Haltung:*** Verbesserung der Haltungsbedingungen, wenn diese zur Erkrankung beigetragen haben, z.B. Erhöhung der Luftfeuchtigkeit oder vermehrter Freiflug

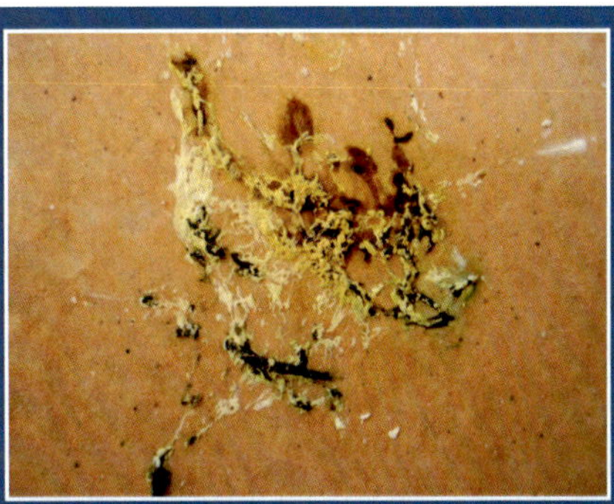

Kot eines Vogels mit chronischer Zinkvergiftung, die durch einen Messingkäfig entstand. Die gelbgrüne Harnsäure weist auf den schlechten Zustand der Leber hin.

Leberprobleme

Leberprobleme können viele Ursachen haben. Auffallend häufig ist bei Heimvögeln jedoch Fehlernährung die Ursache. Insbesondere Vögel, die mit einem hohen Anteil oder sogar ausschließlich mit Körnerfutter ernährt werden, bekommen aufgrund der Nährstoffarmut und des Fettgehaltes von Saaten schwerwiegende Lebererkrankungen. Die meisten Leberprobleme entstehen über einen längeren Zeitraum. Da die Erkrankung möglicherweise bereits fortgeschritten ist, wenn Sie Symptome bemerken, sollten Sie zügig zu Ihrem vogelkundigen Tierarzt gehen.

Symptome

- ***Teilnahmslosigkeit***
- ***Appetitmangel***
- ***Durchfall***
- ***gelbgrün verfärbte Harnsäure***
- ***Gefiederverfärbungen:*** bei Graupapageien: rot; bei Aras, Amazonen und etlichen Sittichen: schwarz-braun

Mögliche Ursachen

- ***Fehlernährung***
- ***Infektionen:*** Bakterien, Pilze, Viren
- ***Schwermetallvergiftung***
- ***Tumore***

Erste Hilfe

Spezifische Erste-Hilfe-Maßnahmen gibt es nicht, da Leberprobleme meist über einen längeren Zeitraum entstehen. Stablisieren Sie den Zustand des Tieres falls nötig mit den Basismaßnahmen des Kapitels „Allgemeine Maßnahmen“ und bringen Sie ihr Tier baldmöglichst zu einem vogelkundigen Tierarzt.

- ***homöopathisch:*** Alumina (bei chronischen Schwermetallvergiftungen), Flor de piedra in Kombination mit Carduus marianus zur Unterstützung der Leberfunktion

Beim Tierarzt

- ***Diagnose und Behandlung*** der ursächlichen Erkrankung
- ***leberstärkende Mittel***

Weiterführende Maßnahmen

- ***Ernährungsumstellung:*** Falls noch nicht geschehen, ist die Umstellung auf eine abwechslungsreiche, fettärmere Ernährung für eine nachhaltige Verbesserung des Gesundheitszustandes Ihres Vogels unabdingbar!
- ***Mariendistelsamen:*** Mariendistelsamen und darauf basierende Produkte verbessern die Leberfunktion und können sogar zur Regenerierung der geschädigten Leberzellen beitragen. Die meisten Papageienvögel fressen Mariendistelsamen sehr gerne, sodass sie einfach als Leckerbissen gegeben oder zum Futter gereicht werden können. Die Menge beträgt pro Vogel – je nach Größe – zwischen einem Tee- und einem Esslöffel. Falls der Vogel übergewichtig ist und abnehmen muss, sollten Sie aufgrund des Fettgehaltes von Mariendistelsamen statt der Samen besser eines der darauf basierenden Produkte geben. Bei mäkeligen Fressern können Sie auch Mariendistelsamenpulver über das Futter streuen.

Legenot ⌛⌛⌛

Eine Legenot ist ein lebensbedrohlicher Notfall. Bitte suchen Sie umgehend einen erfahrenen vogelkundigen Tierarzt auf.

Achtung! Riskieren Sie nicht, das Ei durch mechanische Manipulationen, z.B. Massage oder Herausdrücken, zu zerbrechen. Dies kann für die Henne tödlich sein! Lassen Sie es nicht zu, dass jemand versucht, das Ei zu zertrümmern, um es zu entfernen!

Symptome

- ***Pressen***
- ***Lautäußerungen:*** Zeitgleich mit dem Pressen gibt der Vogel oft Laute von sich. Diese können in der Tonfarbe von einem dumpfen Stöhnen bis zu einem hohen Quieken variieren.
- ***geschwollener Bauch***
- ***Henne sitzt breitbeinig*** auf ihrer Sitzstange oder auf dem Käfigboden
- ***Erschöpfung:*** schlechter Allgemeinzustand.
- ***frisches Blut im Kot:*** eventuell
- ***Legedarmvorfall:*** Körpergewebe tritt aus der Kloake hervor
- ***Lähmungserscheinungen:*** an den Beinen durch den Druck des Eis
- ***Durchblutungsstörungen:*** kalte Füße
- ***Große Mengen Kot, selten:*** Kot wird selten, aber in großen Mengen abgesetzt, manchmal unter auffälligem Pressen. Dies ist oft ein Hinweis auf raumfordernde Prozesse. Sie behindern durch

Legenot bei einer Kakadu- und einer Katharinasittichhenne. Was bei diesen beiden Tieren deutlich zu sehen ist, ist bei anderen Papageien oft schwer zu erkennen. Deswegen müssen Sie unbedingt auf alle Symptome achten.

ihr Volumen die Passage von Futter durch den Ernährungstrakt.

Mögliche Ursachen

- ***Erschöpfung:*** z.B. durch Dauerlegen oder schlechten Allgemeinzustand
- ***Infektionen:*** Bakterien, Pilze, Viren
- ***Fehlernährung:*** Kalziummangel, Fettleibigkeit und Vitamin-A-Mangel
- ***Stress***
- ***Verletzungen:*** durch Unfälle oder den Geschlechtsakt

Erste Hilfe

- ***Nährstofflösung:*** Passen Sie die Grundnährstofflösung für eine Legenot, wie folgt an:
  - ***Kalzium:*** Nehmen Sie Frubiase als Lösungsmittel anstatt Wasser oder Kamillentee. Falls Sie keine Frubiase zur Hand haben, fügen Sie Kalzium aus einer anderen Quelle, z.B. aus einer Vitaminmischung hinzu.
  - ***Vitamin A:*** Fügen Sie der Nährstofflösung, falls vorhanden, Vitamin A

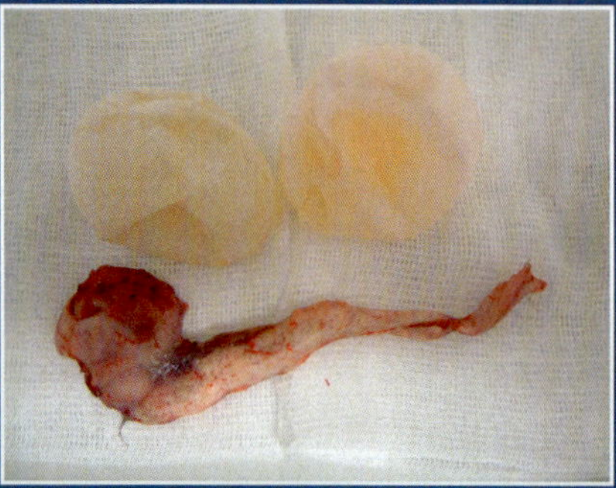

Zwei Windeier – das sind Eier mit zu dünner Schale – zusammen mit dem bei der Operation entfernten Legedarm.

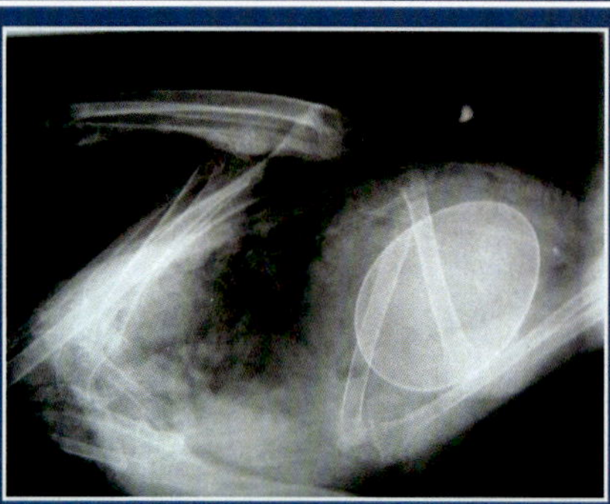

Röntgenbild eines Vogels mit Legenot. Das Ei ist deutlich zu sehen.

(5000 I.E. pro kg Körpergewicht) oder Korvimin (10g pro kg Körpergewicht) hinzu.

- **Wärme:** Rotlicht
- **erhöhte Luftfeuchtigkeit:** Stellen Sie die Krankenbox in die Dusche, nachdem Sie vorher dort mit dem heißen Duschstrahl Dampf erzeugt haben.
  Achtung! Das Tier sollte nicht nass werden!
- **Kloake bedampfen:** Alternativ können Sie auch sehr vorsichtig die Kloake bedampfen. Dies sollten Sie aber nur bei extrem zahmen Tieren versuchen, da es sonst zu stressig wird. Dazu füllen Sie heißes Wasser in einen Becher und halten die Kloake über den Wasserdampf.
  Achtung! Sie müssen unbedingt darauf achten, dass Sie das Tier vorsichtig handhaben, damit Sie nicht aus versehen das Ei zerbrechen, was tödlich für die Henne sein könnte.
  Achtung! Geben Sie acht darauf, dass Sie Ihr Tier nicht am Wasserdampf verbrühen. Deshalb müssen Sie Ihre Finger beim Bedampfen unbedingt zwischen Kloake und Becher halten.
- **Ruhe, Dunkelheit:** Setzen Sie die Henne in einen nistkastenähnlichen Behälter, z.B. in eine zugedeckte Transportbox, damit sie die Ruhe hat, ihr Ei auch zu legen.
- **Gleitmittel:** Eventuell können Sie ein paar Tropfen körperwarmes (40° C) Paraffinöl als Gleitmittel in die Kloakenöffnung geben. Benutzen Sie eine Spritze ohne Kanüle und geben Sie acht, dass Sie das Ei dabei nicht beschädigen.
- **homöopathisch:** Pulsatilla pratensis, Sepia, Bellis perennis (Nachbehandlung)

Beim Tierarzt

- ***Infusion:*** Kalzium, Vitamin A, Nährstoffe
- ***röntgenologische Untersuchung***
- ***Operation***
- ***möglicherweise Hormonbehandlung:*** um Dauerlegen zu unterbinden

Weiterführende Maßnahmen

- ***Ernährungsumstellung:*** Falls noch nicht geschehen, ist die Umstellung auf eine abwechslungsreiche, fettärmere Ernährung für eine nachhaltige Verbesserung des Gesundheitszustandes Ihres Vogels unabdingbar. Insbesondere ist darauf zu achten, dass Sie Ihrem Tier genügend Kalzium zur Verfügung stellen.
- ***Dauerlegen unterbinden:***
  Achtung! Auf keinen Fall sollten Sie gelegte Eier entfernen, da es wahrscheinlich ist, dass die Henne nachlegen wird. Wollen Sie keine Jungen, dann können Sie die Eier gegen Kunsteier austauschen (vorher auf Körpertemperatur anwärmen).
  - ***Brutstätten entfernen:*** Durch die Entfernung aller möglichen Brutstätten helfen Sie, die Anregung der Brutstimmung zu vermeiden.
  - ***Beschäftigung:*** Durch ausreichende Beschäftigung werden viele Tiere vom Brutgeschäft abgelenkt. Seien Sie kreativ – Ihr Tier benötigt täglich neue Aufgaben und Abwechslung, sei es durch Spielzeug, dass es sich sein Futter „erarbeiten" muss oder dass Sie es durch angemessenes Training beschäftigen.
  - ***Reduzierung der Tageslichtstunden:*** In den Tropen haben Papageien eine Tag-Nacht-Gleiche von ungefähr jeweils zwölf Stunden. In der Wohnungshaltung geht der durchschnittliche Papageientag oft weit darüber hinaus. Eine Reduzierung der Tageslichtstunden auf höchstens zwölf Stunden – dies müssen Sie sukzessive ausprobieren – hilft oft, den Bruttrieb zu unterbinden.
  - ***Nahrungsangebot reduzieren:*** In der freien Wildbahn schreiten Papageien nur zum Brutgeschäft in Zeiten, in denen das Nahrungsangebot besonders reichhaltig ist. Durch das Simulieren einer nahrungsärmeren Zeit kann die Brutstimmung gedrosselt werden. Dies

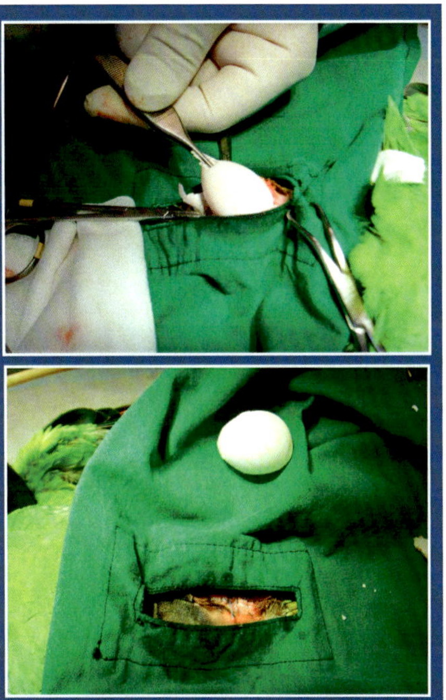

Operation einer Amazone mit Legenot. Vorsichtig wird das Ei unter Narkose entfernt.

bedeutet natürlich nicht, dass Sie Ihre Vögel hungern lassen sollten. Der Speiseplan soll nur ein wenig karger – bei gleicher Ausgewogenheit – werden.

- ***häufiges Duschen:*** Es wurde berichtet, dass mindestens dreimal tägliches Abduschen des Tieres während eines Zeitraums von drei Wochen, den Bruttrieb reduzierte. Es wird vermutet, dass dies für das Tier eine Regenzeit simuliert – also ein Fortschreiten der Saison. Da viele Papageien im unmittelbaren Anschluss an die Regenzeit brüten – erscheint diese Erklärung nicht ganz schlüssig. Ich vermute, dass das häufige Duschen die Tiere schlichtweg beschäftigt, da frisch gebadete Papageien oft Stunden damit verbringen, ihr Gefieder wieder trocken zu pflegen. Nichtsdestotrotz würde ich auch diese Methode ausprobieren, um Dauerlegen zu verhindern, da dieses Verhalten, wenn es nicht unterbunden wird, zum Tod des Tieres führen kann.

• ***Handaufzucht abstellen:*** Die Entnahme von Eiern bzw. Küken zur Kunstbrut und Handaufzucht wird unter anderem durchgeführt, um die Produktivität der Elterntiere zu erhöhen. Oft resultiert sie – wie von skrupellosen Züchtern gewünscht – in mehreren aufeinanderfolgenden Gelegen, mit schwerwiegenden gesundheitlichen Konsequenzen für die Henne, wie z.B. Legenot. Deshalb sind kommerzielle Handaufzuchten strikt abzulehnen. Dies betrifft natürlich nicht Nothandaufzuchten, wenn das Küken sonst sterben würde, etwa weil die Eltern es nicht ausreichend füttern.

Luftsackriss ⏳⏳⏳

Bei Verdacht auf einen Luftsackriss sollten Sie umgehend einen vogelkundigen Tierarzt aufsuchen. Der Überdruck im Luftsack muss beseitigt werden, damit der Riss sich nicht weiter vergrößert und abheilen kann. Der Riss könnte außerdem durch einen Unfall verursacht worden sein, der zusätzliche Folgen haben könnte. Weitere Ursachen für einen Luftsackriss können Mangelerscheinungen oder eine hochgradige Aspergillose sein. Die Luftsäcke werden dadurch so spröde, dass sie aufreißen können.

Symptome

• ***Kopf oder Hals angeschwollen:*** Drückt man mit einem Finger auf die Schwellung und entfernt ihn wieder, so springt die Schwellung wie bei einem Luftballon sofort wieder zurück.

Mögliche Ursachen

• ***Aspergillose***
• ***Mangelernährung***
• ***Unfall:*** z.B. Sturz
• ***Verletzung:*** durch andere Tiere

Erste Hilfe

- ***Druck vermindern:*** Falls Ihr vogelkundiger Tierarzt wirklich nicht zu erreichen ist, können Sie versuchen den Druck im Luftsack selbst abzulassen. Damit verhindern Sie, dass der Riss sich weiter vergrößert. Da Sie bei unsachgemäßer Handhabung jedoch Ihr Tier schwer verletzen können, sollten Sie diese Maßnahme nur im äußersten Notfall durchführen, wenn Sie sich a) ganz sicher sind, dass es sich tatsächlich um einen Luftsackriss handelt, und b), wenn Sie Ihren Tierarzt innerhalb der nächsten 24 Stunden mit Sicherheit nicht erreichen können.
  - ***Desinfizieren:*** Desinfizieren Sie die angeschwollene Stelle gründlich mit einem in Desinfektionsmittel getränkten sterilen Tupfer oder mit speziellen Desinfektionstüchlein.
  - ***Einstich:*** Stechen Sie dann vorsichtig, in einem sehr flachen Winkel mit einer Kanüle unter die aufgeblähte Haut. Dies erlaubt der eingeschlossenen Luft zu entweichen. Zusätzlich können Sie die verbleibende Luft vorsichtig herausdrücken.
  - ***Beobachten:*** Überprüfen Sie regelmäßig, ob der Luftstau sich nachbildet. Gegebenenfalls müssen Sie die Prozedur wiederholen. Bitte suchen Sie schnellstmöglich einen vogelkundigen Tierarzt auf.
- ***homöopathisch:*** Aconitum napellus

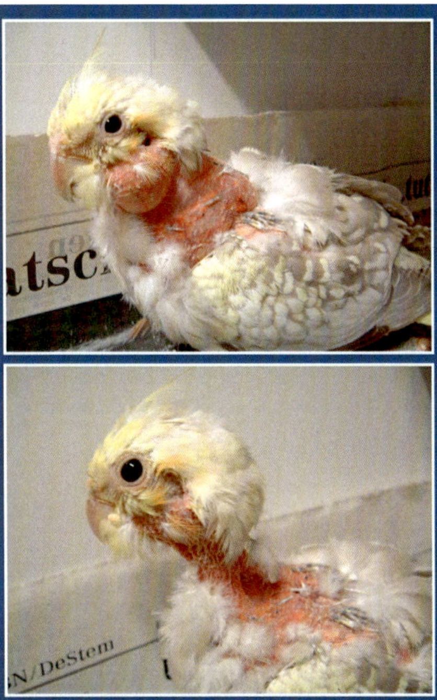

Luftsackriss: Bei diesem Nymphensittich ist die ballonartig aufgeblähte Haut deutlich zu sehen. Das zweite Bild zeigt denselben Vogel nach Ablassen der Luft.

Beim Tierarzt

- ***Ableitung der Luft:*** durch Kanüle oder Schnitt
- ***Untersuchung:*** ob andere Verletzungen oder eine ursächliche Erkrankung vorliegen
- ***Behandlung:*** Festlegung eines weiterführenden Behandlungsplans, falls der Riss durch Unfall oder Streitereien entstand und andere Verletzungen gegeben sind oder wenn das Tier an einer ursächlichen Erkrankung leidet.

Weiterführende Maßnahmen

- ***falls Luftsackriss unfallbedingt:***
  - ***Haltungsbedingungen:*** Oft sind Aggressionen zwischen Artgenossen eine Folge von Platzmangel. Dies muss überprüft werden und gegebenenfalls das vorhandene Platzangebot signifikant erweitert und Rückzugmöglichkeiten geschaffen werden.
  - ***Schwarmzusammensetzung:*** Unverträgliche Vögel müssen voneinander getrennt werden.
  - ***Vorsichtsmaßnahmen:*** Weiteren Unfällen muss vorgebeugt werden, z.B. durch für den Vogel deutliches Kennzeichnen von Fenstern oder Abpolstern des Käfigbodens bei flugunfähigen Vögeln.
  - ***Flugfähigkeit:*** Bei gestutzten Tieren ist die Flugfähigkeit wiederherzustellen.
- ***falls Luftsackriss Aspergillose-bedingt:***
  - ***Haltungsoptimierung:*** Viel Freiflug, UV-Licht, hohe Luftfeuchtigkeit und ausreichende Frischluft sind wesentliche Faktoren, die helfen, eine Aspergillose-Erkrankung unter Kontrolle zu halten.
  - ***Ernährungsumstellung:*** Lassen Sie sich von Ihrem vogelkundigen Tierarzt bezüglich einer angemessenen Ernährung Ihrer Papageien beraten.
  - ***Aspergillose-Behandlung:*** Eine schwerwiegende Aspergillose, die einen Luftsackriss verursachte, wird meist oral behandelt.

Nasennebenhöhlen-Entzündung ⧖⧖

Eine Entzündung der Nasennebenhöhlen – auch Sinusitis genannt – kann durch verschiedene Bakterienherde hervorgerufen werden.

Achtung! Entzündungen der Nasennebenhöhlen sind ansteckend. Die Umgebung des Vogels sollte desinfiziert werden, um eine Wiederansteckung und die Ansteckung der anderen Tiere zu vermeiden.

Symptome

- ***Schwellungen im Gesichtsfeld***
- ***Nasenausfluss:*** schleimig-eitriger Ausfluss aus der Nase
- ***Niesen, Kopfschütteln***
- ***Atemprobleme***
- ***eingesunkene Augen:*** Manchmal wirken die Augen durch die sie umgebende Schwellung wie eingedrückt.
- ***Augenausfluss***

Mögliche Ursachen

- ***mangelnde Hygiene:*** Eine Nasennebenhöhlenentzündung kann durch verschiedene Bakterien ausgelöst werden.
- ***schwaches Immunsystem***
- ***mangelhafte Ernährung***

Erste Hilfe

Es gibt für Nasennebenhöhlenentzündungen keine spezifischen Erste-Hilfe-Maßnahmen. Führen Sie nur die Basismaßnahmen durch und gehen Sie zu Ihrem vogelkundigen Tierarzt.

- ***homöopathisch:*** Pyrogenium

Beim Tierarzt

- ***Abstriche:*** aus Nase und Rachen zur genauen Bestimmung des Krankheitserregers
- ***Antibiotikum:*** spezifisches Antibiotikum oral oder per Inhalation. Falls möglich, ist eine Inhalationstherapie vorzuziehen, da diese schonender für das Tier ist.
- ***Pilzbehandlung:*** Da Antibiotika das Schimmelpilzwachstum fördern und viele Papageien Schimmelpilze haben oder dafür anfällig sind, sollte parallel dazu eine Pilzbehandlung stattfinden.
- ***Probiotika:*** Da die nützlichen Bakterien des Verdauungstraktes durch eine orale Antibiotika-Behandlung absterben, können Sie ein Probiotikum, wie z.B. Bird Bene Bac, geben, um diese zu ersetzen.
- ***Nasenspülung:*** Die Behandlung kann auch eine tägliche Spülung der Nasennebenhöhlen über mehrere Tage erforderlich machen.

Weiterführende Maßnahmen

- ***Hygiene:*** Die Bakterien, die eine Nasennebenhöhlenentzündung hervorrufen, können vom Menschen, aber auch von anderen Tieren übertragen werden. Deshalb sollte die Hygiene im Umfeld und im Umgang mit dem Tier überprüft und gegebenenfalls verbessert werden.

Lucios Nasennebenhöhlenentzündung wurde lange nicht behandelt und verursachte eine dauerhafte Schädigung des Schnabels.

- ***Ernährung und Haltung:*** sollten angepasst werden, um das Immunsystem des Tieres zu stärken. Befragen Sie hierzu Ihren vogelkundigen Tierarzt.

Neurologische Ausfallerscheinungen

Neurologische Probleme können die verschiedensten Ursachen haben, die vom Laien nur schwer abzuklären sind. Erste-Hilfe-Maßnahmen richten sich daher primär auf die Stabilisierung des Allgemeinzustandes.

Symptome

- ***„epileptischer Anfall"***
- ***Erblindung***
- ***Gleichgewichtsstörungen***
- ***Kopf wird schiefgehalten***
- ***Krämpfe***
- ***Lähmungserscheinungen***
- ***Zittern***

Mögliche Ursachen

- ***Herz-Kreislauf-Probleme:*** Arteriosklerose, Durchblutungsstörungen, Herzprobleme
- ***Hunger:*** Blutzuckerspiegel aufgrund von mangelnder Nahrungsaufnahme zu niedrig
- ***Infektionen:*** Bakterien, Pilze, Viren, insbesondere PMV
- ***Leberschäden:*** Fehlfunktionen der Leber führen zu einer unzureichenden Entgiftung des Körpers.
- ***raumfordernde Prozesse:*** Legenot, Tumore
- ***Mangelerscheinungen:*** Insbesondere
  - ***Vitamin B, D3, E***
  - ***Selenmangel***
  - ***Kalziummangel:*** besonders bei Graupapageien, bzw. Kalzium und Phosphor im falschen Verhältnis (sollte 2:1 sein, damit der Vogelkörper das Kalzium auch verwerten kann)
- ***Unfälle:*** Kopfverletzungen, Gehirnerschütterung, Verletzungen an der Wirbelsäule
- ***Vergiftungen:*** insbesondere Schwermetallvergiftung, Chemikalien

Erste Hilfe

- ***Achtung!*** Bei Verdacht auf mögliche Kopf- oder Wirbelsäulenverletzungen sollten Sie auf keinen Fall eine Infrarotlampe benutzen. Durch die Ausweitung der Blutgefäße würde der Druck zunehmen und die Probleme verschlimmern. Wenn also die Symptome nach einem Unfall auftreten, ist es ratsam, Ihren Vogel relativ kühl – bei Zimmertemperatur – unterzubringen
- ***Kopfverletzung, Test:*** Aufgrund des getrennten Verlaufs der optischen Nerven bei Vögeln reagieren die Pupillen separat voneinander. Diese Erkenntnis können Sie nutzen, um den Verdacht auf eine Kopfverletzung, insbesondere Gehirnerschütterung, zu bestätigen:
  - ***Taschenlampe:*** Nehmen Sie eine kleine Stabtaschenlampe und leuchten Sie damit kurz separat von der Seite in jedes Auge.
  - ***Pupillenreaktion:*** Ist die Pupillenreaktion unterschiedlich, ist dies ein ernstzunehmender Hinweis auf eine mögliche Gehirnverletzung. Die durch die Verletzung hervorgerufene Schwellung drückt auf Nerven und Gehirn und verursacht die ungleiche Pupillenreaktion. Setzen Sie Ihren Vogel ruhig und dunkel.
- ***Nährstofflösung:*** Da neurologische Ausfallerscheinungen oft durch Mangelerscheinungen ausgelöst werden, sollten Sie der Nährstofflösung eine Vitamin-

und Minaralstoffmischung sowie zusätzliches Kalzium hinzufügen:

- **Kalzium:** Nehmen Sie anstatt Wasser oder Kamillentee Frubiase als Lösungsmittel.
- **Vitamine:** Fügen Sie der Nährstofflösung eine Vitaminmischung hinzu.

- **Ruhe, Wärme und Dunkelheit:** Setzen Sie das Tier ruhig, dunkel und warm.
- **homöopathisch:** Arnica montana

Beim Tierarzt

- **Krämpfe:** Es kann ein Mittel gegen Krämpfe gespritzt werden
- **Schwellung reduzieren:** Bei Kopf- und Wirbelsäulenverletzungen kann ein Mittel gegeben werden, um die Schwellung zu reduzieren und somit den Druck auf die Nerven zu erleichtern. Dies muss innerhalb der ersten 24 Stunden geschehen. Auf keinen Fall sollten Sie diese Mittel auf eigene Faust geben! Sie haben starke Nebenwirkungen und unterdrücken das Immunsystem. Deshalb müssen gleichzeitig und über einen längeren Zeitraum Antibiotika und Pilzmittel verabreicht werden.
- **Zwangsernährung:** Ist der Allgemeinzustand Ihres Vogels so schlecht, dass er keine Nahrung aufnimmt, kann Ihr Tierarzt eine Zwangsernährung durchführen
- **allgemeine stabilisierende Maßnahmen:** Infusion, Sauerstoff, Kreislaufmittel
- **Untersuchung und Ermittlung** der ursächlichen Erkrankung oder Verletzung

Aufgrund einer Ohrentzündung verdrehte Schnappi ihren Kopf. Leider entstand ein bleibender Schaden, sodass Schnappi auch nach ihrer Genesung den Kopf weiterhin verdrehte.

Weiterführende Massnahmen

Die Auslöser der ursächlichen Erkrankung oder Verletzung müssen beseitigt werden. Lassen Sie sich hierbei von Ihrem vogelkundigen Tierarzt beraten.

Öl im Gefieder

Ist das Gefieder eines Vogels in größerem Umfang mit Öl verunreinigt, z.B. durch Sturz in einen Behälter mit Öl, so ist dies als absoluter Notfall einzustufen. Mit dem verklebten Gefieder kann der Vogel seine Körpertemperatur nicht mehr regulieren und schnell lebensgefährlich auskühlen. Versucht er sein Gefieder selbst zu reinigen, kann er das Öl verschlucken. Dabei kann es – je nach Art des Öls – zu

Vergiftungen kommen, von den möglichen Hautreizungen mal ganz abgesehen. Zusätzlich kann das Tier beim Sturz in das Öl dieses inhaliert haben, was Atemprobleme hervorrufen könnte. Es kann ihm auch in die Augen geraten sein, mit möglicher Reizung und Schädigung derselbigen. Zu guter Letzt gehen Ölunfälle im Haushalt oft mit mehr oder minder schweren Verbrennungen einher.

Symptome

- ***verklebtes, öliges Gefieder***

Mögliche Ursachen

- typischer Haushaltsunfall: offene Friteusen, Salatschüsseln, Bratpfannen, offene Behälter mit Altöl oder Pflegeölen

Erste Hilfe

Nach Möglichkeit sollten Sie umgehend einen vogelkundigen Tierarzt aufsuchen. Es ist schwierig und stressig für Ihren Vogel, ölverklebtes Gefieder gereinigt zu bekommen. Da aufgrund des Schocks, Verbrennungen oder Verschlucken des Öls außerdem Komplikationen eintreten könnten, ist es das Beste, wenn Ihr Tierarzt sofort entsprechende Gegenmaßnahmen einleiten kann. Können Sie Ihren Tierarzt nicht erreichen, dann gehen Sie bitte wie folgt vor – versuchen Sie bitte jedoch weiterhin Ihren vogelkundigen Tierarzt zu erreichen und Ihren Vogel so schnell wie möglich zu ihm zu bringen:

Achtung! Während des ganzen Reinigungsprozederes sollten Sie so vorsichtig wie möglich mit dem Gefieder umgehen, damit es nicht noch weiter geschädigt wird. Rubbeln Sie nicht an Ihrem Vogel herum, sondern behandeln Sie die Federn vorsichtig in Wuchsrichtung.

Achtung! Ist Ihr Vogel schwer verölt, dann versuchen Sie nicht, alles in einem Schritt herauszubekommen. Gehen Sie lieber mehrere Runden mit Erholungspausen dazwischen durch. Das ist schonender für das Tier und sein Gefieder.

Achtung! Ihr Vogel hat jetzt einiges mitgemacht. Achten Sie bitte unbedingt auf die Warnsignale, damit Sie rechtzeitig erkennen, ob es ihm zu viel wird. Machen Sie Pausen, damit Ihr Vogel sich zwischendurch wieder beruhigen und erholen kann.

Achtung! Ist Ihr Vogel in heißes Öl gefallen, dann müssen Sie die Verbrennungen kühlen, bevor Sie damit anfangen, das Öl zu entfernen. Befolgen Sie bitte die Maßnahmen unter „Verbrennungen“.

- ***Wärme:*** Damit Ihr Vogel nicht auskühlt, sollten Sie am besten unter einer Wärmelampe oder in einem gut beheizten Raum arbeiten.
- ***Nährstofflösung:*** Geben Sie Ihrem Vogel Nährstofflösung, der Sie Notfalltropfen beigefügt haben. Schock und Dehydrierung sind eine drohende Gefahr, der Sie entgegenwirken müssen. Außerdem hilft die Flüssigkeit, eventuell verschlucktes Öl wieder aus dem Köper

auszuleiten.

- ***Abtupfen:*** Entfernen Sie so viel Öl wie möglich durch Abtupfen mit saugkräftigem Küchenpapier. Hat Ihr Vogel Öl auf Augen, Naselöchern und Schnabel, entfernen Sie dies mit angefeuchteten Tupfern und Wattestäbchen.
- ***Abwaschen:*** Als Nächstes füllen Sie eine Schüssel oder ein Spülbecken mit körperwarmem Wasser. Das sind bei Papageien ungefähr 40° C. In das Wasser geben Sie 1% Geschirrspülmittel, das sind 10 ml auf einen Liter Wasser. Nach einer Auskunft des International Bird Rescue Research Centres, die dies ausgiebig getestet haben, funktioniert das Geschirrspülmittel der Marke Fairy am besten bei der Entfernung von Öl aus dem Gefieder.
- Streichen Sie das Spülmittelwasser durch alle Federn, bis sie gründlich damit benässt sind. Bitte achten Sie darauf, dass das Spülmittelwasser nicht in die Augen oder in den Schnabel Ihres Vogels gerät. Waschen Sie das Gefieder sanft, aber gründlich durch. Wenn das Wasser dreckig wird, ersetzen Sie es durch neues. Als Anhaltspunkt: Bei Opfern von Ölpest werden meist zehn bis 15 Wannen frisches Spülmittelwasser benötigt, bevor der Vogel vom Öl befreit ist. Anschließend spülen Sie das Geschirrspülmittel mit reichlich frischem, warmem Wasser aus dem Gefieder Ihres Vogels aus.
- ***Trocknen:*** Tupfen Sie Ihren Vogel mit frischen Handtüchern trocken. Sie können auch versuchen, ihn mit dem Föhn auf der niedrigsten Wärmestufe oder mit Rotlicht zu trocknen.

  Achtung! Der Föhn sollte nicht teflonhaltig sein.

  Achtung! Der Föhn oder das Rotlicht sollten nicht zu heiß sein.
- ***Beobachten:*** Halten Sie Ihren Vogel die nächsten Stunden unter ständiger Beobachtung. Er hat viel mitgemacht. Versuchen Sie weiterhin, Ihren vogelkundigen Tierarzt zu erreichen und Ihren Vogel so bald wie möglich dorthin zu bringen. Denken Sie daran, ihn warmzuhalten. Bieten Sie ihm Futter und Trinkwasser an. Falls er nichts frisst, flößen Sie ihm Nährstofflösung und -brei ein, damit er bei Kräften bleibt.

Beim Tierarzt

- ***allgemeine stablisierende Maßnahmen:*** Infusion, Sauerstoff, Kreislaufmittel
- ***Entfernen des Öls:*** aus dem Gefieder mit Spezialmitteln
- ***Vergiftungsbehandlung:*** Bei einer Vergiftung aufgrund des Öls können Gegenmaßnahmen getroffen werden.

Weiterführende Maßnahmen

- ***Vorsichtsmaßnahmen:*** Achten Sie in Zukunft bitte stärker darauf, dass mögliche Gefahrenherde für Ihre Vögel unzugänglich sind, z.B. durch Abdeckung.

Schnabelerkrankungen und -verletzungen ⌛⌛⌛

Schnabelerkrankungen und -verletzungen sind als Notfälle einzustufen. Da Vögel ihre Schnäbel zur Futteraufnahme und auch zum Klettern benötigen, können Schnabelprobleme zum Verhungern des Tieres oder zu weiteren Unfällen führen. Wird ein Schnabelproblem nicht schnell behandelt, kann es zu bleibenden Schäden kommen. Zusätzlich tendieren Schnabelverletzungen zu Entzündungen. Veränderungen am Schnabel weisen oft auch auf andere gesundheitliche Probleme des Vogels hin wie z.B. Erkrankungen oder Mangelerscheinungen. Erste-Hilfe-Maßnahmen für Schnabelverletzungen sind nachfolgend aufgeführt. Für Schnabelerkrankungen gibt es keine spezifischen Erste-Hilfe-Maßnahmen. Bitte halten Sie sich an die Angaben zu den allgemeinen Erste-Hilfe-Maßnahmen.

Symptome

- ***Schnabel blutet***
- ***Beschädigungen am Schnabel:*** Schnabelteile fehlen, Schnabel ist gespalten
- ***Änderungen an der Schnabelsubstanz oder der Schnabelhaut:*** Horn wirkt brüchig oder schwammig, Wucherungen, Verfärbungen
- ***Übermäßiges Schnabelwachstum:*** damit einhergehend abbrechender und blutender Schnabel

Mögliche Ursachen

- ***Aggressionen:*** Streit zwischen Artgenossen, Raubtiere
- ***Fehlernährung***
- ***Hormonveränderungen:*** Tumore
- ***Infektionen:*** Bakterien, Pilze, Viren
- ***Leberschäden:*** verschiedene Ursachen
- ***Parasiten***
- ***Unfall:*** Sturz – bei flugunfähigen und gestutzten Tieren, Flug gegen Fenster oder Wände, Einklemmen in Türen

Erste Hilfe

Schnabelverletzungen gehen oft mit Kopfverletzungen einher. Bitte lesen Sie deshalb auch den dortigen Eintrag durch.

- ***Blutung stillen:*** Halten Sie einen in Eisen-III-Chloridlösung getunkten sterilen Tupfer auf die blutende Stelle, bis die Blutung zum Stillstand kommt.
- ***Wundreinigung:*** nur falls Sie Ihren Tierarzt nicht erreichen können. Spülen Sie die Verletzung vorsichtig mit Jodlösung – der Vogel soll die Reinigungslösung nicht schlucken.
- ***Nährstofflösung:*** Falls Ihr Vogel aufgrund der Schmerzen keine Nahrung aufnimmt, müssen Sie ihm Flüssigkeit und Energie zuführen.
  - ***Traumeel:*** Nehmen Sie eine Ampulle Traumeel und füllen Sie die Flüssigkeit bis zur benötigten Gesamtmenge für die Erstellung der Nährstofflösung mit Wasser oder Kamillentee auf.
- ***homöopathisch:*** Arnica montana

oben: Vitamin-A-Mangelgranulom
unten: Milbenbefall

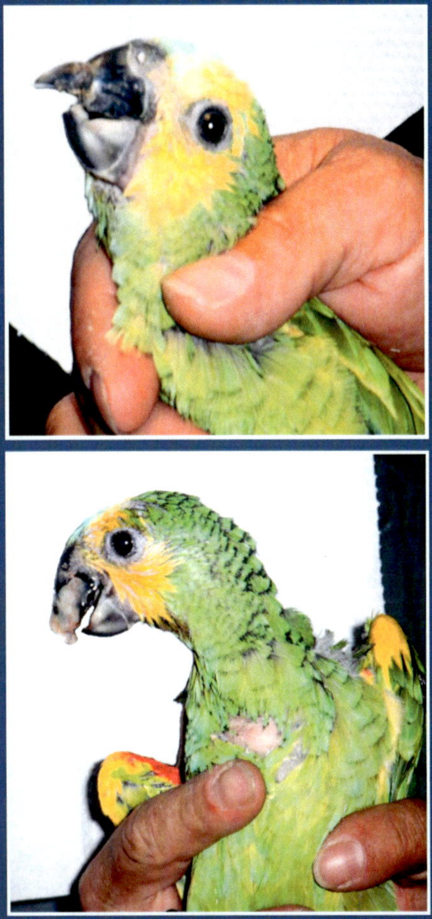

Eine üble Schnabelverletzung konnte durch eine Epoxydharz-Prothese wieder gerichtet werden.

Beim Tierarzt

- ***Stabilisierung des Tieres***
- ***eingehende Untersuchung:*** um die Ursache der Schnabelerkrankung oder -verletzung abzuklären und zusätzliche Probleme identifizieren zu können.
- ***Röntgen:*** um mögliche durch den Unfall verursachte Knochen- oder Organschäden feststellen zu können.
- ***Desinfektion***
- ***operative Versorgung***
- ***Antibiotika- und Pilzbehandlung***

Jacks Schnabel wurde von den Eltern abgebissen und wächst nicht mehr nach.

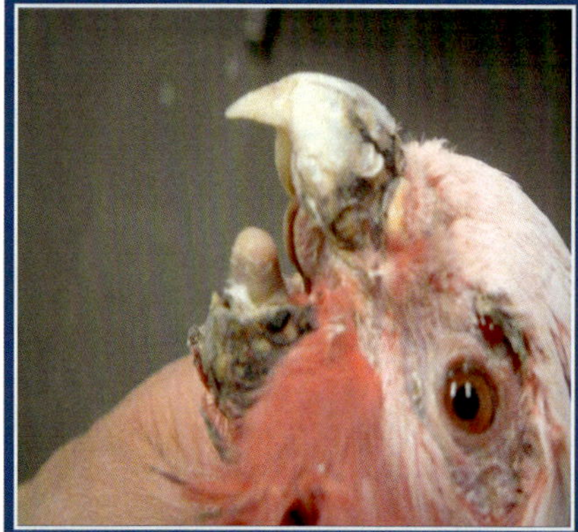

Verletzung durch den Partner

Weiterführende Maßnahmen

- ***Haltungsbedingungen:*** Oft sind Aggressionen zwischen Artgenossen durch Platzmangel bedingt. Dies muss überprüft werden und gegebenenfalls das vorhandene Platzangebot erweitert und Rückzugsmöglichkeiten geschaffen werden.
- ***Schwarmzusammensetzung:*** Unverträgliche Vögel müssen voneinander getrennt werden.
- ***Vorsichtsmaßnahmen:*** Weiteren Unfällen muss vorgebeugt werden, z.B. durch für den Vogel deutliches Kennzeichnen von Fenstern oder Abpolstern des Käfigbodens bei flugunfähigen Vögeln.
- ***Flugfähigkeit:*** Bei gestutzten Tieren ist die Flugfähigkeit wiederherzustellen.

Schock

Ein Schock ist das Versagen des Kreislaufs, sodass lebenswichtige Organe nicht mehr mit Blut versorgt werden. Ein Schock kann vielfältige Ursachen haben und ist lebensbedrohlich. Bei Papageienvögeln kann Schock durch übermäßige Handhabung, insbesondere bei nicht zahmen Tieren, entstehen. Achten Sie deshalb stets auf Hinweise (s. Warnsignale), die andeuten, dass es Ihrem Vogel zu viel wird.

Symptome

- ***Allgemeinzustand schlecht:*** Vogel wirkt müde, aufgeplustertes Gefieder
- ***Atmung:*** schnell und flach
- ***Augen:*** wirken eingesunken
- ***Gefäßrückfüllzeit:*** Wenn eine Vene leergestrichen wird, benötigt sie länger als normal, um sich wieder mit Blut zu füllen.
- ***Hautverfärbung:*** Bei Arten mit unbe-

fiedertem Gesichtsfeld verändert sich die Hautfarbe aufgrund der mangelnden Durchblutung. Die Verfärbung ist von Art zu Art unterschiedlich. So verfärbt sich die Gesichtshaut von Aras gelblich, die von Graupapageien bläulich.

- ***Zahm:*** Vogel wirkt unüblich zahm, Fluchtreflex fehlt

Mögliche Ursachen

- ***Blutverlust***
- ***Flüssigkeitsverlust:*** Durchfall, Erbrechen, Verbrennungen
- ***Handhabung:*** insbesondere von nicht zahmen Tieren und durch nicht vertraute Personen

Erste Hilfe

- ***Ruhe:*** Setzen Sie den Vogel ruhig und dunkel in seine Transportbox.
- ***Wärme:*** Unter Schock stehende Tiere kühlen schnell aus. Sorgen Sie für eine warme und feuchte Umgebung (s. „Allgemeine Maßnahmen"). Achten Sie jedoch darauf, das Tier nicht zu überhitzen. In seinem Zustand kann es sein, dass Ihr Vogel nicht versuchen wird, der Wärmelampe auszuweichen, selbst wenn es ihm zu warm sein sollte.
- ***Flüssigkeit:*** Wenn Ihr Vogel ansprechbar ist und keine Angst vor Ihnen hat, können Sie verlorene Flüssigkeit und Elektrolyte durch Nährstofflösung ersetzen. Fügen Sie der Lösung folgende Mittel zu:
  - ***Notfalltropfen:*** zwei Tropfen
  - ***Natron:*** Bei Schock kann der Körper übersäuern. Dem können Sie entgegenwirken, indem Sie der Nähstofflösung Natron hinzufügen. ***Dosierung:*** ein halber Teelöffel
- ***homöopathisch:*** Crataegus oxyacantha und Aconitum napellus wirken gemeinsam gegen Schock und Schmerzen.

Beim Tierarzt

- ***Sauerstoff:*** erleichtert die Atmung
- ***Blutung stoppen***
- ***medikamentöse Behandlung:*** je nach Ursache des Schocks, kreislaufstärkende bzw. -anregende Mittel, Antibiotika, blutstillende Mittel
- ***Infusion:*** um Flüssigkeitsverlust zu ersetzen und Medikamente zu geben

Weiterführende Massnahmen

Die Auslöser der ursächlichen Erkrankung oder Verletzung müssen beseitigt werden. Lassen Sie sich hierbei von Ihrem vogelkundigen Tierarzt beraten.

Schultergürtelbruch

Schultergürtelbrüche entstehen insbesondere bei Flugunfällen, z.B. gegen für den Vogel unsichtbare Hindernisse wie Fensterglas oder Spiegel.

Symptome

- ***Atemnot***

- ***Atemgeräusch:*** Bruchstelle knackt beim Atmen
- ***Flügel:*** hängt einseitig herab

Mögliche Ursachen

- ***Flugunfall:*** Flug gegen Wand, Fensterscheiben
- ***Sturz:*** insbesondere bei gestutzten oder flugunfähigen Tieren

Erste Hilfe

Der Vogel muss absolut ruhig gestellt werden, damit er sich nicht weiter verletzt. Ansonsten können Sie nicht viel machen. Je weniger das Tier gehandhabt wird, desto besser. Bringen Sie ihn sofort zum vogelkundigen Tierarzt.

Achtung! Ein Schultergürtelbruch kann mit einer Gehirnerschütterung einhergehen. Wenden Sie deshalb kein Rotlicht an!

- ***homöopathisch:*** Arnica montana

Beim Tierarzt

- ***Röntgen:*** um die Diagnose zu erstellen
- ***Therapie:*** Als Behandlung kann nicht viel gemacht werden, außer den Vogel über einen längeren Zeitraum ruhig zu stellen, bis der Bruch verheilt ist.
- ***Medikamente:*** Gegebenenfalls werden Ihrem Vogel Antibiotika und Schmerzmittel verabreicht werden.

Weiterführende Massnahmen

Je nachdem, wodurch Ihr Vogel sich seinen Schultergürtel gebrochen hat, werden die weiterführenden Maßnahmen gestaltet werden. Dazu können gehören:

- ***Medikamentengabe:*** Falls er Antibiotika bekommt, müssen Sie diese Ihrem Vogel täglich zur festgesetzten Zeit geben.
- ***Ruhe:*** Halten Sie den Vogel völlig ruhig in seinem Krankenkäfig, bis der Bruch verheilt ist.
- ***Gefahrenquellen:*** Beseitigen Sie mögliche Gefahrenquellen, z.B. durch deutliche Kennzeichnung von Fenstern und Spiegeln.
- ***Flugfähigkeit:*** Gestutzten Tieren ist unbedingt die Flugfähigkeit wieder zu gewähren. Weiteres Stutzen ist zu unterlassen.
- ***Zwangsernährung:*** Zusätzliche Verletzungen können eine Zwangsernährung erforderlich machen.

Schwermetallvergiftung, akut ⌛⌛⌛

Akute Schwermetallvergiftungen entstehen durch das Verschlucken von Schwermetallpartikeln. Oft hat der Besitzer nichts davon bemerkt und könnte beschwören, dass das Tier keinen Zugang zu Schwermetallen hatte. Also gilt, auch wenn Sie glauben, sicher zu sein, dass Ihr Vogel keine Schwermetalle aufgenommen haben kann: Gehen Sie umgehend zu einem papageienkundigen Tierarzt, wenn Ihr Vogel Symptome einer Schwermetallvergiftung zeigt.

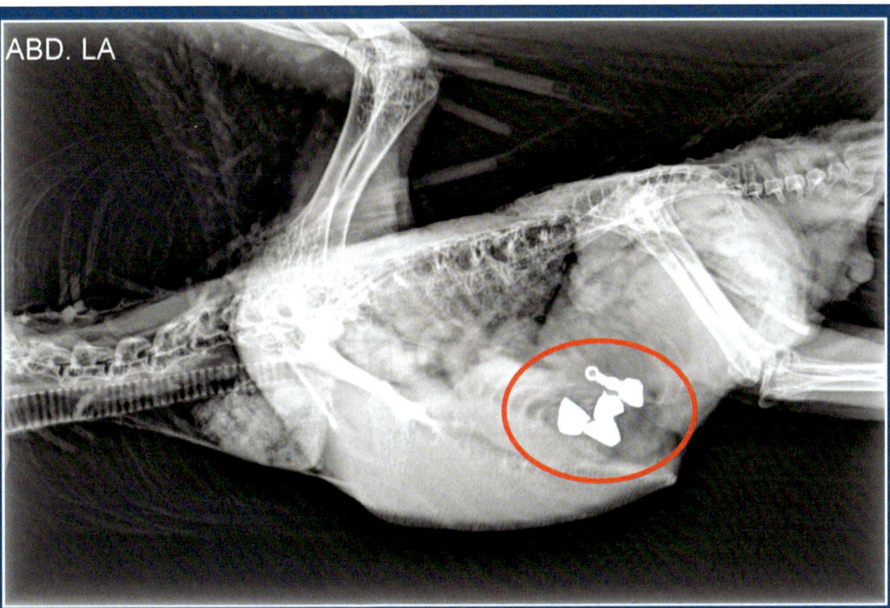

Auf diesem Röntgenbild eines kleinen Soldatenaras sind die röntgendichten Schwermetallpartikel deutlich zu erkennen. Das Leben des Tieres konnte durch umgehende fachkundige Behandlung gerettet werden.

Symptome

- ***Erbrechen***
- ***blutiger Kot***
- ***Durchfall***
- ***Krämpfe***
- ***Apathie***
- ***Appetitmangel***
- ***Lähmungserscheinungen***

Mögliche Ursachen

Entgegen hin und wieder verbreiteten Geschichten enthalten Zeitungen kein Blei oder andere Schwermetalle! Nachfolgend finden Sie eine kurze Aufstellung von schwermetallhaltigen Gegenständen, durch die Ihr Vogel sich vergiftet haben könnte:

- ***Zink:*** Zinkvolieren, Messingkäfige, verzinkte Spielsachen, andere verzinkte Objekte, wie z.B. Schrauben und Muttern, Geldstücke
- ***Blei:*** Gardinenschnüre, Tiffanylampen, Plomben, sehr alte Farbe
- ***Verunreinigungen:*** in Futtermitteln und Bodensubstrat

Erste Hilfe

Das Schwermetall muss so schnell wie möglich aus dem Körper ausgeleitet werden. Je kürzer der Metallpartikel im Körper verweilt, desto weniger davon kann vom Organismus aufgenommen werden. Dies verringert die Schwere der Vergiftungserscheinungen. Zusätzlich sollte die Aufnahme des Metalls durch den Körper erschwert werden. Dies erreichen Sie auf zwei Wegen: erstens durch Mittel, die eine physische Barriere um den Schwermetallpartikel bilden und somit eine Auflösung verhindern, und zweitens durch Adsorptionsmittel, die bereits gelöste Metallionen aus dem Körper aufnehmen und durch den Verdauungstrakt aus dem Körper leiten. Zusätzlich muss der Zustand des Vogel stabilisiert und die Auswirkung des Schwermetalls auf den Organismus minimiert werden:

- ***Adsorptionsmittel:*** Geben Sie Ihrem Vogel Heilerde, um bereits gelöste Metallionen aufzunehmen und leichter aus dem Körper zu befördern.
- ***Abführmittel:*** Durch abführend wirkende Mittel wird die Passage des Schwermetallpartikels durch den Körper beschleunigt. Je kürzer die Verweildauer des Partikels im Körper ist, desto weniger davon kann aufgenommen werden. Dadurch wird die schädigende Wirkung minimiert.
  - ***Flohsamenschalen:*** sind ein ausgezeichneter Ballaststoff, der die Passage von kleineren Schwermetallpartikeln durch den Magen-Darm-Trakt wesentlich stärker beschleunigt als z.B. diverse Öle. Falls Sie diese nicht im Haus haben, können Sie sich jedoch auch mit Öl als Abführmittel behelfen. ***Achtung!*** Die Schalen quellen stark auf. Vermeiden Sie eine Überdosierung, die zu einer Verstopfung des Magen-Darm-Traktes führen könnte.
  - ***Paraffinöl:*** fungiert als Abführmittel ***Achtung!*** Halten Sie sich strikt an die vorgegebenen Dosierungen im Kapitel „Die Notfallapotheke". Bei Mehrgabe kann Ihr Vogel lebensgefährlichen und extrem schwer zu stoppenden Durchfall bekommen.
  - ***Speiseöle:*** Haben Sie kein Paraffinöl im Haus, können Sie auch Speiseöle, wie z.B. Olivenöl, in der gleichen Dosierung verwenden.
  - ***Erdnussbutter:*** formt eine Schutzschicht um den Metallpartikel und verhindert das weitere Auflösen und somit die Aufnahme der schädlichen Metallionen in den Körper. Zudem erleichtert Erdnussbutter auch die Passage des Partikels durch den Magen-Darm-Trakt.
- ***Nährstofflösung:*** zum Ausleiten, Organschutz, und um durch Erbrechen oder Durchfall verlorene Flüssigkeit und Nährstoffe zu ersetzen.
  - ***Vitamine:*** Die Vitamine B-Komplex, C und E dienen dem Zellschutz. Fügen Sie deshalb Ihrer Nährstofflösung Vitamine zu. Da die Vitaminzusammensetzung verschiedener Präparate stark variieren kann und man

meistens auch keine Einzelvitaminpräparate im Haus hat, ist es am praktikabelsten, eine Vitaminmischung, wie z.B. Korvimin, hinzuzugeben.
- *Flüssigkeit:* Generell gilt, bei Vergiftungen so viel Flüssigkeit wie möglich aufzunehmen, um das Ausspülen des Giftes aus dem Körper zu erleichtern.

- *homöopathisch:* Arnica montana, Okoubaka, Alumina (bei chronischen Zink- und Bleivergiftungen)

Beim Tierarzt

- ***Röntgenuntersuchung:*** um zu bestätigen, dass Ihr Tier tatsächlich Schwermetallpartikel aufgenommen hat. Falls nein, wird Ihr Tierarzt durch eine genaue Diagnose feststellen können, woran Ihr Vogel genau erkrankt ist, und eine entsprechende Behandlung durchführen.
- ***Medikamentöse Behandlung:*** Falls es sich tatsächlich um eine Schwermetallvergiftung handelt, wird Ihr Tierarzt Ihren Vogel mit spezifischen Medikamenten behandeln, um das Schwermetall schnellstmöglich unter dem geringsten Schaden für Ihr Tier auszuleiten. Dazu gehören Komplexbildner, wie z.B. Metallcaptase.
- ***Allgemeinzustand stabilisieren:*** Ist Ihr Tier in einem sehr schlechten Allgemeinzustand, kann Ihr Tierarzt verschiedene Maßnahmen ergreifen, um es wieder zu stabilisieren. Dazu gehören unter anderem Infusionen, Zwangsernährung, Kreislaufmittel und Mittel gegen Krämpfe.

Weiterführende Maßnahmen

- ***Gefahrenherde verbannen:*** Um die Wiederholung einer derartigen Vergiftung zukünftig zu vermeiden, sollten Sie alle – wirklich alle – schwermetallhaltigen Gegenstände, wie z.B. Zinkvolieren oder alte Lackanstriche, aus dem Umfeld Ihrer Tiere verbannen.

Überhitzung

In geschlossenen Räumen mit Glasfronten, wie z.B. Wintergärten oder Autos, können Papageien schnell überhitzen. Dies ist lebensgefährlich. Entsprechende Gegenmaßnahmen müssen umgehend eingeleitet werden.

Symptome

- ***Atemnot***
- ***Flügel:*** beidseitig vom Körper abgespreizt
- ***Gleichgewichtsstörungen***

Mögliche Ursachen

- ***überhitzte Räume:*** Wintergarten, Auto
- ***Wärmelampe:*** Wärmelampen sollten immer so aufgestellt werden, dass der Vogel sich an kühlere Stellen innerhalb des Käfigs oder Krankenbehälters zurückziehen kann.
- ***Außenvolieren:*** in denen die Vögel schutzlos der prallen Sonne ausgesetzt sind

An einem heißen Tag bietet eine kalte Dusche – wie hier für Jack und Scarlett – eine willkommene Abkühlung.

Erste Hilfe

- ***Abkühlen:*** Umhüllen Sie den Vogel mit einem feinen, kühlen Sprühnebel. Dies reduziert die Umgebungstemperatur und kühlt ihn gleichzeitig ab.
  - ***Baden:*** Sie können den Vogel, falls es nicht zu stressig für ihn ist, auch in kühlem Wasser baden.
- ***Trinken:*** Geben Sie Ihrem Vogel kaltes, klares Wasser zu trinken.
- ***Wärme:*** Achten Sie darauf, dass Sie den Vogel nicht durch Ihre Gegenmaßnahmen unterkühlen. Er sollte bei Zimmertemperatur untergebracht werden.
- ***homöopathisch:*** Aconitum napellus

Beim Tierarzt

- ***allgemeine stablisierende Maßnahmen:*** Infusion, Sauerstoff, Kreislaufmittel

Weiterführende Massnahmen

- ***Haltung:*** Sorgen Sie stets für Beschattung, wenn Ihre Tiere sich in Außenvolieren oder verglasten Bereichen, die schnell aufheizen, aufhalten. Diese sollten gut belüftet werden, um eine Überhitzung zu vermeiden. Bauen Sie gegebenenfalls temperaturgesteuerte Fensteröffner ein. Zusätzlich können Sie durch das feinneblige Versprühen von Wasser die Räumlichkeiten abkühlen. Dies funktioniert sogar in Außenvolieren.

Verätzungen ⌛⌛⌛

Verätzungen werden in der Regel durch Haushaltschemikalien, wie z.B. Reinigungsmittel, hervorgerufen. Sie können innerlich und äußerlich wirken, da die Papageien leider oft den Behälter mit der ätzenden Substanz selbst aufgenagt haben und somit auch meist etwas davon in den Schnabel aufgenommen haben.
Wir behandeln hier die äußerlichen Verätzungen. Für innere Verätzungen schlagen Sie bitte unter „Vergiftungen" nach und befolgen Sie die dort gegebenen Anweisungen.

Symptome

- ***Hautverfärbungen***
- ***Federausfall an den betroffenen Stellen***
- ***Blutungen***
- ***Hautablösung***

Mögliche Ursachen

- ***Haushaltsreiniger und -chemikalien***

Erste Hilfe

Bei Verätzungen müssen Sie zuerst das Ätzmittel entfernen und neutralisieren, um weiteren Schaden abzuwenden:

- **Abspülen:** Saure und alkalische Verbindungen, mit denen unsere Stubenvögel in Kontakt kommen, liegen in der Regel in einer wässrigen Lösung vor. Dies macht es uns leicht, sie durch gründliches Spülen mit Wasser von der Haut zu entfernen, bevor sie weiteren Schaden anrichten können und bevor Ihr Vogel das Mittel beim Versuch, sich selbst zu reinigen, in seinen Schnabel aufnehmen kann.

Achtung! Spülen ist bei Verätzungen wirklich das Allerwichtigste. Spülen Sie mindestens fünfmal so lange, wie es Ihnen Ihre Intuition gebietet.

Neutralisieren: Wenn Sie wissen, womit Ihr Vogel sich verätzt hat, können Sie versuchen, das Mittel zu neutralisieren.

- ***Säuren:*** Säuren werden durch alkalische Mittel neutralisiert. Ein alkalisches Mittel, das in vielen Haushalten vorliegt, ist Natron. Dies können Sie einfach mit ein wenig Wasser zu einer Paste anrühren und auf die Verätzung auftupfen. Haben Sie kein Natron im Haus, können Sie auch Seife benutzen. Der Nachteil von Seife ist, dass sie oft Parfüme und andere Zusatzstoffe enthält, die die empfindliche Vogelhaut reizen könnten. Aber zur Not ist es besser als nichts. Rühren

Sie mit einem Wattestäbchen ein bisschen Wasser auf ein Seifenstück ein. Die so entstandene Lauge tupfen Sie auf die betroffene Hautstelle auf.

- *Laugen:* Verätzungen durch Laugen können Sie durch verdünnten Haushaltsessig neutralisieren.

  Achtung! Essig kann ätzen. Damit Sie die Haut Ihres Vogels nicht zusätzlich verletzen, müssen Sie den zur Neutralisierung der Lauge verwendeten Essig wirklich stark verdünnen. Ein Esslöffel Essig auf einen Becher – das sind ungefähr 150 ml – Wasser reicht völlig aus.

- *Wundversorgung:* zur besseren Wundheilung können Sie eine Wundheilsalbe dünn auf die betroffene Stelle auftragen.
- *homöopathisch:* Pyrogenium, Urtica urens

Beim Tierarzt

- ***Wunduntersuchung:*** Verätzungen können zu absterbendem Gewebe und Entzündungen führen, sodass sogar Gliedmaße verloren gehen können. Deshalb muss Ihr vogelkundiger Tierarzt die Wunde untersuchen und gegebenenfalls geeignete Gegenmaßnahmen, wie z.B. eine Antibiotika-Therapie, einleiten.
- ***Stabiliserung:*** Ihr Tierarzt hat ganz andere Möglichkeiten als Sie, den Allgemeinzustand Ihres Vogels wieder zu stabilisieren, wenn es ihm nach einer Verätzung schlecht geht.

Weiterführende Maßnahmen

- ***Vorsichtsmaßnahmen:*** Achten Sie in Zukunft bitte stärker darauf, dass mögliche Gefahrenherde für Ihre Vögel unzugänglich sind. Stellen Sie insbesondere Flaschen mit Haushaltsreinigern und anderen Chemikalien in einen verschlossenen Schrank, damit sie nicht durch Ihre Vögel aufgenagt werden können.

Verbrennungen ⏳ - ⏳⏳⏳

Verbrennungen sind typische Haushaltsunfälle für Vögel und können leicht bis lebensgefährlich sein. Die größte Gefahr geht von heißen Herdplatten, Speisen und Getränken aus. Aber auch Kerzen und offene Feuerstellen können extrem gefährlich sein. Hat Ihr Vogel sich an letzteren verletzt, dann lesen Sie bitte unbedingt auch den Eintrag zu Atemnot durch, da Ihr Vogel vermutlich auch Rauch inhaliert hat.

Symptome

- ***Hautverfärbungen***
- ***Federausfall an den betroffenen Stellen***
- ***Blutungen***
- ***Hautablösung***

Mögliche Ursachen

- ***Bügeleisen:*** *Achtung!* Gefahr von Teflonvergiftungen!
- ***Küche:*** Kontakt mit heißen Herdplatten, Kochgeschirr, Getränken und Speisen

- ***Küchengeräte:*** ***Achtung!*** Gefahr von Teflonvergiftungen! Waffeleisen, Raclette, Fondue, Friteuse
- ***Kerzen:*** Flamme, heißes Kerzenwachs
- ***Hausbrand***
- ***Stromschlag***

Erste Hilfe

Bei Verbrennungen gilt es, das Leben Ihres Vogels zu retten. Entfernen Sie zuallererst das Tier aus dem Gefahrenbereich und sorgen Sie für Frischluft und die Stabilisierung Ihres Tieres – s. „Allgemeine Maßnahmen" – damit es nicht an Atemnot, Rauchvergiftung oder Schock stirbt. Dann erst ergreifen Sie die hier aufgeführten spezifischen Maßnahmen.

Achtung! Hat Ihr Tier einen Stromschlag bekommen, stellen Sie unbedingt den Strom ab, bevor Sie versuchen Ihr Tier zu retten. Ist dies nicht möglich, versuchen Sie das Tier mit Hilfe eines nichtleitenden Gegenstandes, z.B. eines Kunststoffbesens, aus der Gefahrenzone zu schieben.

Achtung! Ist Ihr Tier schwer verbrannt, hat es vermutlich auch einen Schock. Bitte lesen Sie unbedingt auch die spezifischen Maßnahmen bei Schock durch.

- ***Reinigen:*** Entfernen Sie zuerst heiße Auflagerungen, z.B. heiße Speisen, durch gründliches Abspülen mit kaltem Wasser. Dies kühlt gleichzeitig die Verbrennung. Rubbeln Sie bitte nicht auf der Verbrennung herum. Zum einen tut es Ihrem Vogel zusätzlich weh, zum anderen ist Vogelhaut sehr empfindlich und könnte beschädigt werden. Dies würde zu unnötigen Komplikationen führen.
- ***Abkühlen:*** Verbrennungen breiten sich auch nach Entfernung der Brandursache weiter aus. Um dies zu unterbinden, müssen sie unbedingt gekühlt werden. Zusätzlich lindern Sie damit die Schmerzen.

  Achtung! Halten Sie keine Eiswürfel direkt auf die betroffene Stelle, dies könnte zu Erfrierungen führen. Schonender für das Gewebe ist es, wenn Sie einen Eiswürfel und etwas Wasser in eine kleine Plastiktüte geben und gut verschließen. Dies können Sie als Kühlpackung bedenkenlos auch über einen längeren Zeitraum anwenden.
- ***Wundheilung:*** An unbefiederten Stellen können Sie die Verletzung mit Brandgel einschmieren, um die Schmerzen zu lindern und die Heilung zu beschleunigen.
- ***Nährstofflösung:*** Verbrennungen gehen oft mit Flüssigkeits- und Elektrolytverlust einher. Ersetzen Sie diese durch die Gabe von Nährstofflösung.
- ***Wärme:*** Achten Sie darauf, dass Sie Ihren Vogel nicht durch Ihre Behandlung unterkühlen. Vögel mit Verbrennungen kühlen an sich schon schnell aus. Halten Sie ihr Tier deshalb warm, wie in den „Allgemeinen Maßnahmen" beschrieben.
- ***homöopathisch:*** Urtica urens, Pyrogenium, Crataegus oxyacantha

Beim Tierarzt

- ***Wunduntersuchung:*** Verbrennungen können zu absterbendem Gewebe und Entzündungen führen, sodass sogar Gliedmaße verloren gehen können. Deshalb muss Ihr vogelkundiger Tierarzt die Wunde untersuchen und gegebenenfalls geeignete Gegenmaßnahmen, wie z.B. eine Antibiotika-Therapie, einleiten.
- ***Stabilisierung:*** Ihr Tierarzt hat ganz andere Möglichkeiten als Sie, den Allgemeinzustand Ihres Vogels wieder zu stabilisieren, wenn es ihm nach einer Verbrennung schlecht geht.

Weiterführende Massnahmen

- ***Vorsichtsmaßnahmen:*** Achten Sie in Zukunft bitte stärker darauf, dass mögliche Gefahrenherde für Ihre Vögel unzugänglich sind, z.B. durch Abdeckung von heißen Speisen und Getränken, Fernhalten aus der Küche, wenn darin heiße Speisen zubereitet werden, Vermeidung von offenen Flammen und Feuer, Abdeckung von Elektrokabeln.

Vergiftungen, allgemein ⌛⌛⌛

Vergiftungen sind in der Regel äußerste Notfälle. Vermeiden Sie es, Zeit durch Herumdoktern zu verlieren, und suchen Sie unverzüglich einen vogelkundigen Tierarzt auf! Falls Sie wissen, womit Ihr Vogel sich vergiftet hat, notieren Sie es sich bitte. Handelt es sich um Chemikalien, Reinigungsmittel oder ähnliches, nehmen Sie den Behälter mit zum Tierarzt, damit dieser genau feststellen kann, welches Gift Ihr Tier zu sich genommen hat. Zusätzlich sollten Sie auch die für Ihre Region zuständige Giftnotrufzentrale anrufen. Es spart Zeit, wenn Sie Ihrem Tierarzt vorab Mittel und Gegenmittel durchgeben können, denn letzteres muss möglicherweise erst noch besorgt oder hergestellt werden.

Symptome

Die Symptome bei Vergiftungen sind leider oftmals sehr unspezifisch, sodass es schwerfällt festzustellen, woran das Tier genau leidet. Folgende Symptome treten am häufigsten auf:

- ***schlechter Allgemeinzustand***
- ***Appetitmangel***
- ***Atemnot***
- ***Durchfall***
- ***Erbrechen***
- ***Gleichgewichtsstörungen***
- ***Kollaps***
- ***Krämpfe***
- ***Teilnahmslosigkeit***

Mögliche Ursachen

Nachfolgend sehen Sie eine kurze Auflistung der häufigsten Vergiftungsursachen. Vergiftungen durch Schwermetalle sind so häufig, dass für sie ein separater Eintrag erstellt wurde.

- ***Alkohol:*** Manche Besucher, aber auch Besitzer, finden es lustig, Haustiere betrunken zu machen. Dass sie damit das Leben der Tiere gefährden, ist ihnen wohl nicht bewusst. Unabhängig davon, ob der Alkohol absichtlich oder unabsichtlich von Ihrem Vogel aufgenommen wurde: Es kann sich um eine für ihn lebensgefährliche Vergiftung handeln.
- ***Avocados:*** Der für Papageien giftige Bestandteil von Avocados ist das Persin. Es ist in den unterschiedlichen Avocadoarten in verschiedenen Mengen enthalten. Vergiftungserscheinungen bei Papageien treten innerhalb von zwölf Stunden nach Einnahme auf und beinhalten insbesondere Atem- und Herz-Kreislaufprobleme. Ein Gegengift gibt es nicht, sodass nur die Symptome behandelt werden können. Der Tod tritt innerhalb von ein bis zwei Tagen ein.
- ***Bleichmittel/Haushaltsreiniger/Seifen:*** sind größtenteils alkalische, wasserlösliche Gifte. Ihre Inhaltsstoffe sind vielfältig. Für manche gibt es Gegengifte, für andere nicht. Nehmen Sie auf jeden Fall den Behälter mit der Angabe der Inhaltsstoffe mit zu Ihrem vogelkundigen Tierarzt.
- ***Nikotinvergiftung:*** Nikotinvergiftungen sind sehr gefährlich, da das Gift äußerst schnell wirkt. Symptome treten normalerweise innerhalb von 15 bis 45 Minuten auf. Der Tod tritt meist durch Lähmung des Atmungstrakts ein. Eine Nikotinvergiftung kann nicht wirklich behandelt werden. Bitte seien Sie deshalb extrem vorsichtig und halten Sie Zigaretten fern von Ihren Vögeln. Auch Zigarettenrauch ist schädlich für sie. Der empfindliche Atmungstrakt reagiert sehr sensibel auf Rauch. Außerdem können die Ablagerungen aus dem Zigarettenrauch auf dem Gefieder der Vögel zum Federrupfen führen. Beachten Sie bitte auch, dass nicht nur Tabakprodukte, sondern auch Insektizide Nikotin enthalten können.
- ***Salz:*** Fast alle verarbeiteten Nahrungsmittel enthalten Salz. Dies ist für Vögel besonders problematisch, da sie nicht schwitzen und Salz nicht so gut ausscheiden können, wie wir Menschen. Eine – auch tödlich endende – Salzvergiftung kann die Folge von gut gemeintem Mitessenlassen sein. Deshalb sollten Sie sehr vorsichtig bei der Wahl der Nahrungsmittel sein, die Sie mit Ihrem Vogel teilen.

Erste Hilfe

Bei Vergiftungen ist es wichtig, das Gift so schnell wie möglich aus dem Körper auszuleiten und dabei Sorge zu tragen, dass so wenig wie möglich vom Körper aufgenommen wird.

Achtung! Entgegen mancher Empfehlung sollten Sie aufgrund der hohen Erstickungsgefahr niemals Erbrechen bei Vögeln auslösen.

Gehen Sie umgehend zu einem vogelkundigen Tierarzt. Zum einen gibt es für manche Gifte auch Gegenmittel, außerdem hat er ganz andere Möglichkeiten, Ihr Tier zu stabilisieren, als Sie. Erste-Hilfe-Maßnahmen, die Sie durchführen können, beinhalten:

- ***Ausleiten:*** Flohsamenschalen, um das Gift so schnell wie möglich durch den Magen-Darm-Trakt hindurch zu befördern
- ***Adsorptionsmittel:*** Aktivkohle oder Heilerde, um gelöstes Gift aufzunehmen und besser auszuleiten
- ***Nährstofflösung:*** Die Gabe einer Nährstofflösung erfüllt zwei Zwecke. Zum einen hilft sie, das Gift aus dem Körper zu spülen, und verdünnt die Konzentration. Zum anderen ersetzt sie durch Erbrechen oder Durchfall erfolgte Flüssigkeits- und Elektrolytverluste.
  - ***bei Säuren:*** Hat Ihr Vogel Säure gefressen, können Sie der Nährstofflösung einen halben Teelöffel Natron zur Neutralisierung der Säure beifügen.
- ***homoeopathisch:*** Okoubaka, Carbo vegetabilis

Beim Tierarzt

- ***allgemeine stabilisierende Maßnahmen:*** Infusion, Sauerstoff, Kreislaufmittel
- ***Gegengift:*** Gegebenenfalls kann Ihrem Vogel ein Gegengift verabreicht werden.
- ***Kropfspülung:*** um das Gift, falls es sich noch im Kropf befindet, schnellstmöglich aus dem Körper zu entfernen.

Weiterführende Massnahmen

- ***Vorsichtsmaßnahmen:*** Achten Sie in Zukunft bitte stärker darauf, dass Giftstoffe für Ihre Vögel unerreichbar sind.

10. Nach dem Tierarzt

Die weitere Versorgung Ihres Tieres nach dem Tierarztbesuch ist maßgeblich für seine Genesung.

Deshalb möchte ich an dieser Stelle auch darüber ein paar Worte schreiben:

Wärme

Kranke oder genesende Vögel sind für ein bisschen extra Wärme sehr dankbar. Bieten Sie Ihrem Vogel im Krankenkäfig eine Wärmelampe an, aber so, dass er dieser auch ausweichen kann, um der Gefahr einer Überhitzung zu entgehen.

Luftfeuchtigkeit

Auch eine erhöhte Luftfeuchtigkeit hilft dem kranken Tier, sich wohler zu fühlen. Dies ist besonders leicht herzustellen, wenn Sie Ihr Bad als Krankenzimmer nutzen. Heißes Wasser, dass Sie durch die Brause in die Dusche oder Badewanne laufen lassen, erhöht schnell die Luftfeuchtigkeit im ganzen Raum. Alternativ können Sie selbstverständlich auch einen Luftbefeuchter verwenden. Achten Sie aber bitte auf peinlichste Hygiene des Gerätes, damit es nicht zur „Keimschleuder“ wird.

Gewicht überprüfen

Manchmal sind kranke Vögel mäkelige Fresser. Oft verbergen sie dies, indem sie so tun, als ob sie fressen, dabei aber keine oder nur wenig Nahrung zu sich nehmen. Dies behindert den Genesungsprozess und kann schlimmstenfalls sogar lebensbedrohlich sein. Deshalb sollten Sie unbedingt täglich das Gewicht Ihres Patienten überprüfen. So merken Sie schnell, falls er abnimmt. Denken Sie daran, Ihren Vogel stets zur gleichen Zeit, am besten vor dem Füttern, zu wiegen, damit Sie zuverlässige Wiegungen bekommen. Nimmt Ihr Vogel ab, werden Sie ihn zur Not zwangsernähren müssen. Dies sollten Sie mit Ihrem Tierarzt besprechen, sobald Sie einen Gewichtsverlust registrieren.

Ernährung

Ein krankes Tier benötigt Energie, um wieder gesund zu werden. Das heißt, selbst wenn Ihr Vogel keinen Appetit hat, muss er dazu gebracht werden zu fressen. Dazu gibt es mehrere Möglichkeiten:

Lieblingsspeisen

Zuerst sollten Sie versuchen, Ihrem Vogel seine absoluten Lieblingsspeisen zu reichen. Falls es sich hierbei um menschliche Speisen handelt, müssen Sie unbedingt darauf achten, dass sie nicht salzhaltig sind. Vögel können Salz schlecht ausscheiden und vergiften sich dementsprechend schnell.

Warme Speisen

Oftmals nehmen Vögel warme Speisen besser an als kalte. Versuchen Sie es also mit warmen – aber nicht zu heißen – Nudeln, Reis und Gemüse. Auch Nährbreis werden gerne genommen und geben schnell Energie.

Löffelfütterung

Ist Ihr Patient zahm, dann kann er oft mit Löffelfütterung zum Fressen bewegt werden. Am besten verwenden Sie dazu nährstoffreichen Aufzuchtbrei. Statt des Löffels können Sie Ihren Vogel auch mit – sorgfältig vorher gewaschenen – Fingern füttern. Dazu streichen Sie einfach portionsweise Aufzuchtbrei in seinen Schnabel. Was Sie auf keinen Fall machen sollten, ist Ihren Vogel aus Ihrem Mund zu füttern, auch wenn er es gut annimmt. Die Bakterien, die Sie als „Säugetier" in Ihrem Mund haben, sind hochgefährlich für Vögel. Insbesondere, wenn das Immunsystem Ihres Tieres durch seine Erkrankung ohnehin bereits geschwächt ist.

Spritzenfütterung

Bei nicht so zahmen Vögeln oder bei solchen, die mit der Hand aufgezogen wurden, kann eine Fütterung mit der Spritze zum gewünschten Erfolg führen. Falls Ihr Vogel nicht freiwillig aus der Spritze frisst, müssen Sie ihn im Kappengriff halten und ihn zwangsweise mit der Spritze füttern. Achten Sie dabei darauf, dass Sie den Brei an den seitlichen Innenschnabel in kleinen Mengen spritzen, damit er sich nicht daran verschlucken kann.

Kropfsonde

Schlimmstenfalls muss eine Zwangsernährung über eine Kropfsonde erfolgen. Aufgrund der hohen Verletzungsgefahr sollte

Ein Vogel, der seinen Partner im Kranheitsfall füttert, kann einen wesentlichen Beitrag zur Heilung leisten.

dies von Ihrem vogelkundigen Tierarzt durchgeführt werden. Dazu wird der Vogel normalerweise stationär aufgenommen.

Partnertier

Nicht zu unterschätzen ist der positive Einfluss, den das Partnertier auf einen kranken Vogel haben kann. Manchmal regt der fressende Partner den Patienten ebenfalls zum Fressen an. Oft übernimmt der Partner aber auch sehr gewissenhaft und erfolgreich die Zwangsernährung seines kranken Gefährten. Wenn der Patient also keine hochansteckenden Krankheiten hat, die auf den Partner übertragen werden könnten, ist zu überlegen, ob man diesen nicht dazu setzt. Dies sollte erst einmal unter Beobachtung erfolgen, um sicherzugehen, dass es für das kranke Tier nicht zu stressig ist.

Trinken

Achten Sie darauf, dass Ihr Vogel genügend Flüssigkeit zu sich nimmt. Dies gilt besonders, wenn er Medikamente über das Trinkwasser bekommt. Manche Vögel weigern sich schlichtweg das „vergiftete" Wasser zu trinken. Überprüfen Sie die in der Rubrik „Austrocknung" im Kapitel „Spezifische Maßnahmen" beschriebenen Symptome. In Absprache mit Ihrem vogelkundigen Tierarzt kann es sinnvoller sein, wenn Sie Ihrem Vogel die Medikamente direkt in den Schnabel geben und sauberes Trinkwasser separat bereitstellen.

Antibiotika und Pilzbehandlungen

Papageien sind extrem anfällig für Pilzinfektionen. Deshalb sollte bei einer Antibiotikatherapie generell und insbesondere, wenn das Tier ein geschwächtes Immunsystem hat, unbedingt eine vorsorgliche Pilzbehandlung durchgeführt werden. Am einfachsten und schonendsten geschieht dies über eine Inhalationstheraphie. Dazu wird ein Pilzmittel in einen Inhalator gefüllt und das Tier in einem abgedeckten Behältnis, z.B. Transportbox oder Krankenkäfig, damit vernebelt. Das Gute an einer Inhalationstherapie ist, dass sie gezielt im Atmungstrakt wirkt. Da nur geringe Mengen des Medikamentes in den Blutkreislauf gelangen, ist diese Art der Therapie sehr schonend und fast ohne Nebenwirkungen.

Leider ist bei schwerem Pilzbefall eine Inhalationstherapie nicht ausreichend als Behandlung. Dann muss zu oralen Pilzmitteln gegriffen werden. Besprechen Sie das Thema Pilzvorsorge und -behandlung unbedingt mit Ihrem vogelkundigen Tierarzt.

Achtung! Insbesondere bei Antibiotika ist es sehr wichtig, dass Sie sich genau an die vorgegebenen Eingabezeiten und -dauer halten. Wird eine antibiotische Behandlung nicht bis zum Schluss durchgeführt, kann dies zu sogenanten Resistenzen führen. Das heißt, das Bakterium wird unempfindlich gegen das Medikament, sodass es zukünftig nicht mehr wirksam ist.

Verbände

Verbände sollten auf jeden Fall trocken gehalten werden. Feuchte Verbände sind zum einen eine Brutstätte für Keime, zum anderen weichen Sie die Haut auf und behindern die Heilung. Sollte der Verband einmal feucht geworden sein, müssen Sie ihn wechseln. Lassen Sie sich deshalb von Ihrem Tierarzt zusätzliches Verbandsmaterial und Instruktionen mitgeben, wie der Verband gewechselt werden muss. Alternativ, falls Ihr vogelkundiger Tierarzt nicht zu weit weg wohnt, können Sie Ihr Tier auch einfach zum Verbandswechsel zu ihm bringen. Natürlich gilt dies auch, wenn der Verband sich ablöst oder stark verschmutzt wurde.

Achten Sie unbedingt darauf, ob Gliedmaße, die aus dem Verband hervorlugen, anschwellen oder sich verfärben. Das ist ein Warnhinweis! Suchen Sie in dem Fall umgehend Ihren vogelkundigen Tierarzt auf. Können Sie diesen nicht erreichen, sollten Sie auf jeden Fall den Verband entfernen. Denn es könnte sein, dass er zu stramm sitzt und die Blutzufuhr abschnürt. Zerstört Ihr Papagei jeden Verband, müssen Sie ihm schlimmstenfalls – in Absprache mit Ihrem vogelkundigen Tierarzt – eine Halskrause anlegen, damit die Heilung nicht behindert wird. Aber versuchen Sie es doch zuerst mit ein paar Tricks: Dekorieren Sie den Verband mit aufgesetzten Klebebandschleifen und ähnlichem, die er abfrickeln kann, ohne gleich den Verband zu beschädigen. Natürlich hilft es auch, wenn Sie den Krankenkäfig mit gut erreichbarem Beschäftigungsmaterial bestücken. Sie können z.B. Zeitungspapier oder Kartonstreifen durch das Gitter flechten oder Strohhalme und Wattestäbchen mit Kabelbindern zusammenbinden und in den Käfig hängen.

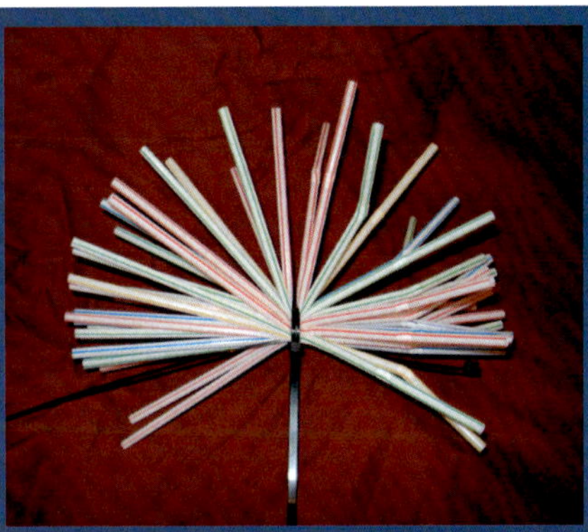

Ein simpler Strohhalmstern hält viele Papageien stundenlang beschäftigt.

Überwachung

Sind Sie berufstätig – wie viele von uns –, kann es unglaublich beruhigend sein, wenn Sie einen netten Nachbarn darum bitten können, tagsüber hin und wieder nach Ihrem Patienten zu sehen. So wissen Sie, ob noch alles in Ordnung ist, und können notfalls schnell eingreifen, falls es Ihrem Vogel schlechter geht.

Lily nimmt ihre Medizin.

Teil C

Übersichten

Freilebender Lori in Sydney

11. Symptome- und Schlagwortregister

A

Lucio und Banane

12. Glossar

Adipositas

Auch Fettsucht genannt, bezeichnet starkes Übergewicht einhergehend mit übermäßigem Körperfett.

Antibiogramm

Ergebnis verschiedener Untersuchungsmethoden, mit denen bestimmt wird, gegen welche Antibiotika das zu untersuchende Bakterium resistent ist und welche wirksam sind.

Arteriosklerose

Arteriosklerose, auch Arterosklerose oder umgangssprachlich Arterienverkalkung genannt, bezeichnet eine Erkrankung der Arterien (Schlagadern), die zu Ablagerungen von Blutfetten, Blutgerinsel, Bindegewebe und Kalk in den Gefäßwänden führt. Dadurch wird der Blutfluss behindert.

Aspergillose

Aspergillose ist eine Erkrankung des Atmungstraktes, die durch verschiedene Arten der Aspergillus-Schimmelpilze verursacht wird. Aspergillose ist von Tier zu Tier bzw. zum Menschen so gut wie nicht übertragbar, sondern entsteht durch eine Kombination verschiedener Faktoren. Aspergillose-Pilze kommen überall vor, sind aber insbesondere in Erd- und Zirbelnüssen in der Schale, Körnerfutter und organischer Einstreu in hohen Konzentrationen vorzufinden. Beim Aufknacken von Körnern und Nüssen oder beim Umgang mit organischer Einstreu wird Sporenstaub aufgewirbelt und vom Tier eingeatmet. Ob die eingeatmeten Schimmelpilzsporen zu einer Erkrankung führen, hängt dann größtenteils von der Haltung ab. Haltungsmängel schwächen das Immunsystem Ihres Tieres und ganz spezifisch auch die Schleimhäute. Auf diesen geschwächten Membranen können sich die Schimmelpilzsporen besonders gut einnisten und fangen dann an in Lunge und Luftsäcken zu wuchern. Im fortgeschrittenen Stadium werden auch andere Organe befallen.

Symptome

Atemnot, Stimmveränderung, Stimmverlust, Atemgeräusche, Atemnot, Backenblasen, Schwanzwippen beim Atmen, langgestreckter Hals beim Atmen, Schnabel im Käfiggitter eingehakt, um Atmung zu erleichtern. Bedingt durch den Sauerstoffmangel kann man bei Arten mit kahlem Gesichtsfeld Hautverfärbungen sehen. So wird die Haut bei Graupapageien z.B. aufgrund des Sauerstoffmangels bläulich, bei manchen Aras hingegen gelblich. Auch eine Dunkelverfärbung der Füße kann in schweren Fällen beobachtet werden. Durch die Schimmelpilzgifte kann es auch zu vermehrter Ausscheidung von Flüssigkeit (Polyurie), Durchfall, Erbrechen, Krämpfen und Gleichgewichtsstörungen kommen. Die Stoffwechselprodukte der Aspergillose-Schimmelpilze sind giftig. Hat ein Papagei Aspergillose, so kann er Vergiftungserscheinungen, wie z.B. Durchfall bekommen.

Diagnose

Die derzeit gängigsten Methoden zur Diagnose einer Aspergillose sind Röntgenbild oder Endoskopie des Vogels. Da für eine Endoskopie eine Anästhesie notwendig ist, birgt sie für ein am Atmungstrakt erkranktes Tier ein höheres Risiko, weshalb eine röntgenologische Untersuchung häufig vorgezogen wird.

Behandlung

Je nach Schwere der Erkrankung wird Aspergillose mit oralen Pilzmitteln oder einer Inhalations-Therapie behandelt. Letztere ist schonender, da das Mittel nur im Atmungstrakt des Tieres wirkt und Leber und Niere nicht angreift. In schwereren Fällen ist eine Inhalationsbehandlung allein jedoch nicht ausreichend.
Da viele Pilzmittel, die Stoffwechselprodukte der Pilze und auch die abgestorbenen Pilze über Leber und Niere ausgeschieden werden und diese angreifen können, sollte parallel zur Pilztherapie auch die Leber- und Nierenfunktion unterstützt werden. Außerdem können Mittel, die die Entgiftung unterstützen, gegeben werden. Besprechen Sie dies mit Ihrem vogelkundigen Tierarzt.

Aspiration

Einatmen von Fremdstoffen, z.B. Futterbrei. Wird allgemein umgangssprachlich als Verschlucken bezeichnet.

Aszites

Bauchwassersucht. Eine krankhafte Ansammlung von Flüssigkeit in der Bauchhöhle.

Ataxie
Störungen im Gleichgewicht und in der Bewegungskoordination.

Bakterien
Bakterien sind einzellige Lebewesen ohne echten Zellkern. Sie haben im Körper vielfältige Funktionen. So können „gute" Bakterien z.B. die Verdauung fördern, während krankmachende Bakterien die verschiedensten Erkrankungen hervorrufen können. Bakterien können durch Antibiotika abgetötet werden. Da sich jedoch mittlerweile viele Resistenzen gebildet haben, wird im Idealfall vor der Antibiotikagabe ein Antibiogramm erstellt, um festzustellen, welches Mittel am besten bei dem jeweiligen Krankheitserreger wirken würde.

Bariumsulfat
Bei akuten Schwermetallvergiftungen (Zink, Blei) wird Bariumsulfat in manchen Erste-Hilfe-Texten empfohlen. Aufgrund der hohen Gefahr eines Darmverschlusses bei unzulänglicher Flüssigkeitsversorgung, sollten Laien dieses Bariumsulfat auf keinen Fall in Eigenregie anwenden. Gute und wesentlich ungefährlichere Alternativen als Abführmittel sind Flohsamenschalen und Paraffinöl.

Basismassnahmen
Basismaßnahmen, auch allgemeine Fürsorgemaßnahmen genannt, sind solche Maßnahmen, die einem kranken oder verletzten Vogel helfen und dazu beitragen, seinen Allgemeinzustand zu verbessern. Basismaßnahmen sind unabhängig davon, worin die Verletzung oder Erkrankung besteht.

Diabetes
Zuckerkrankheit. Stoffwechselerkrankung, bei der Zucker mit dem Urin ausgeschieden wird.

EMA-Syndrom
Ekzema melopsittacus et agapornis. Unterflügelekzem, wenn es bei Wellensittichen und Agaporniden auftritt.

Enilkonazol
Markenname Imaverol. Pilzmittel für Inhalationstherapie.

Enrofloxazin
Markenname Baytril. Antibiotikum.

Fraktur
Knochenbruch

Hyperplasie
Vergrößerung eines Organs oder von Gewebe, z.B. Schilddrüsenhyperplasie.

Hypervitaminose
Vitaminvergiftung

Hypovitaminose
Vitaminmangel

Ileus
Störung der Darmpassage infolge von Darmlähmung oder Darmverschluss.

Infektionskrankheit
Erkrankung, die durch Eindringen und Festsetzen von Keimen in den Wirt und deren Vermehrung entsteht. Bekommt der Wirt durch die Vermehrung der Keime Krankheitssymptome, dann nennt man dies Infektionskrankheit.

Infektiös
Keime, die in den Wirt eindringen, sich dort festsetzen und vermehren können, sind infektiös

Infusion
Das Einbringen von Flüssigkeiten in den Körper. Bei Papageien ist dabei häufig das Spritzen von Flüssigkeiten unter die Haut gemeint. Andere Möglichkeiten der Flüssigkeitseinbringung sind in Venen, Arterien, Knochen oder Rektum.

Itrakonazol
Markenname Sempera, Sporanox. Schimmelpilzmittel. Wird von Graupapageien manchmal schlecht vertragen (Todesfälle!) und sollte deshalb bei ihnen nicht angewandt werden.

Ketokonazol
Markenname Nizoral. Eines der am meisten benutzten Schimmelpilzmittel bei Aspergillose, insbesondere bei Graupapageien. Generell gut verträglich, kann aber Nebenwirkung betreffend Leber und Nieren haben.

Konjunktivitis
Bindehautentzündung

Kontagiös
Ansteckend, z.B. eine ansteckende Krankheit

Konvulsionen
Schüttelkrämpfe der Gliedmaße oder des ganzen Körpers

Kortikosteroide
Als Kortikosteroide wird eine Gruppe von Steroidhormonen bezeichnet, die entweder in der Nebennierenrinde gebildet oder synthetisch hergestellt werden. Generell sind diese Hormone stark entzündungshemmend, werden von Papageien jedoch extrem schlecht vertragen und dürfen deshalb nur in lebensbedrohlichen Notfällen eingesetzt werden. Innerlich angewandt, können Kortikosteroide bei Papageien zu Nebennierenversagen mit Todesfolge führen. Äußerlich aufgetragen, kann durch sie die Haut absterben.

Lipom
Ein Lipom, auch Fettgeschwulst genannt, ist ein gutartiger Tumor der Fettgewebszellen.

Lugol'sche Probe
Stärke kann durch die Lila-Verfärbung einer jodhaltigen Lösung nachgewiesen werden. Verwendet man dazu eine Jod-Kaliumjodid-Lösung, die Lugol'sche Lösung genannt wird, so bezeichnet man diesen Test als Lugol'sche Probe.

Megabakteriose
Megabakteriosen kommen besonders häufig bei den kleineren Papageienarten wie z.B. Wellensittichen vor. Der Krankheitserreger ist ein Hefepilz, und die Krankheit ist ansteckend. Oft tragen gesunde Vögel den Krankheitserreger in sich. Kommt die Krankheit aber zum Ausbruch, wird der Magen-Darm-Trakt so stark gestört, dass die betroffenen Tiere trotz großem Appetit abmagern. In diesem Zustand nennt man die Krankheit auch Going-light-Syndrom. Die Symptome der Krankheit zeigen große Ähnlichkeit mit PDD.

Nystatin
Markennamen Mykostatin, Moronal, Candio-Hermal. Bei Hefepilzen im Magen-Darm-Trakt.

Pacheco
Die Pacheco'sche Krankheit beruht auf einem Herpesvirus. Die Krankheit kann sehr heftig verlaufen und innerhalb von wenigen Tagen zum Tode führen. Aber es gibt auch Vögel, die dem Virus erfolgreich widerstehen, nicht akut erkranken, dann aber zum Virenträger werden, der andere Papageienvögel anstecken kann. Auffallend bei der Krankheit ist der deutlich grüngelbe Kot, manchmal auch blutiger Durchfall. Den betroffenen Tieren geht es auffallend schlecht. In den USA gibt es einen Impfstoff, der aber in Deutschland nicht zugelassen ist. Zwar besteht die Möglichkeit, im Falle eines Ausbruchs im Bestand einen spezifischen Impfstoff erstellen zu lassen, doch reicht aufgrund der Heftigkeit und Geschwindigkeit der Erkrankung die Zeit meist nicht, die Tiere zu retten. Bei Aufnahme von neuen Tieren in den Bestand empfiehlt es sich dringend, eine strikte Quarantäne einzuhalten und die Vögel auf Pacheco-Viren testen zu lassen.

Papillomatose
Gutartige Wucherungen, die meist an der Kloake und im Schnabel-Rachenbereich auftreten. Es wird vermutet – ist aber nicht bewiesen – dass diese Erkrankung durch Herpesviren verursacht wird. Sie ist ansteckend und wird möglicherweise durch den Geschlechtsakt übertragen. Eine nachweislich zuverlässige Behandlung gibt es nicht. Eine Behandlung mit Herpesmitteln kann dem Tier manchmal Linderung der Symptome verschaffen.

Parasiten
Parasiten sind Schmarotzer, die auf Kosten eines anderen Organismus leben.

Man unterscheidet zwischen Endo- und Ektoparasiten. Endoparasiten leben im Inneren des Körpers, wie z.B. Würmer. Ektoparasiten leben außen am Körper, wie z.B. Milben.

Parenteral

Eine parenterale Gabe ist die Verabreichung von Medikamenten oder Nährstoffen unter Umgehung des Magen-Darm-Traktes, z.B. durch Inhalation, Spritze oder durch die Haut.

PBFD

Psittacine Beak and Feather Disease, kurz PBFD genannt, beruht auf einem Circovirus, der auch außerhalb des Wirtes extrem langlebig und widerstandsfähig ist. Die Krankheit ist nicht heilbar. Auch außerhalb des Wirtes gibt es nur wenige Mittel, mit denen das Virus zuverlässig abgetötet werden kann, z.B. Peressigsäure.

Die Krankheit zeigt unterschiedliche Verläufe. Bei sehr jungen Vögeln, die durch Dritte angesteckt werden, verläuft sie meist inerhalb kürzester Zeit tödlich. Nestlinge jedoch, deren Eltern bereits mit dem Virus infiziert waren, scheinen eine Resistenz zu haben. Auch Altvögel scheinen weitgehend resistent gegen den Virus zu sein.

Papageien, die im Alter zwischen ungefähr sechs Monaten und drei Jahren mit dem Virus in Berührung kommen, zeigen oftmals das ganze Krankheitsbild – Federschäden, insbesondere typische Einschnürungen an den Federschäften – bevor die Krankheit ihren tödlichen Lauf nimmt. Bei ihnen entwickelt sich die Symptomatik, die dieser Krankheit ihren Namen gibt: Federn wachsen gar nicht oder nur stark deformiert nach und auch Schnabel und Krallen zeigen Deformierungen und übermäßiges Wachstum. Schließlich erliegt der Vogel Sekundärinfektionen. Der PBFD-Test ist leider extrem unzuverlässig, sodass nicht mit Sicherheit gesagt werden kann, welche Bestände PBFD-frei sind und welche nicht. Da das Virus außerdem hochgradig ansteckend und langlebig ist, empfiehlt es sich, Kontakt mit andern Papageien, insbesondere durch den Besuch von Vogelschauen und ähnlichem weitestgehend zu vermeiden und nach Heimkehr eine gründliche Hygiene durchzuführen. Dazu gehört Duschen inklusive Haarewaschen sowie ein kompletter Kleidungswechsel, bevor Sie zu Ihren eigenen Tieren gehen.

Bei der Aufnahme von Neuzugängen in Ihren Bestand sollten Sie immer eine angemessene Quarantänezeit von mindestens sechs Wochen einhalten und unter anderem auch auf PBFD testen lassen. Beachten Sie bitte dabei, dass die Krankheit nach einem Erstkontakt erst nach einigen Wochen getestet werden kann. Es kann sich daher anbieten, den PBFD-Test gegen Ende der Quarantänezeit noch einmal zu wiederholen.

PDD

Proventricular Dilation Disease, kurz PDD genannt, aber auch Macaw wasting disease, Arakrankheit und neuropathische oder neurogene Drüsenmagendilatation, ist eine Krankheit, deren Ursache noch nicht abschließend geklärt ist. Es gibt Hinweise auf einen Zusammenhang mit PMV- oder Bornaviren. Bislang ist jedoch der Nachweis nicht gelungen, Papageien mit diesen Viren anzustecken und dabei PDD hervorzurufen. Weder das PMV- noch das Bornavirus treten bei allen PDD-betroffenen Tieren auf. Dennoch werden diese Viren häufig genug bei PDD-betroffenen Tieren vorgefunden, dass es naheliegt, einen Zusammenhang zu vermuten. Andere Wissenschaftler vermuten Prionen als Verursacher, oder dass es sich um ein Syndrom handelt. PDD äußert sich durch die Unfähigkeit des Tieres, Nahrung richtig zu verdauen und zu verarbeiten. Bei normaler Nahrungsaufnahme scheidet der Vogel unverdaute Körner aus und magert zunehmend ab, bis er verstirbt.

PMV

Der Paramyxovirus, kurz PMV genannt, ist eine Virenunterart mit mehreren Variationen (Serotypen), die unterschiedliche Symptome bei unterschiedlichen Vogelarten hervorrufen. Die für Papageien wichtigsten Serotypen dieses Virus sind PMV-1 und PMV-3.

PMV-1 ist der Erreger der gefürchteten Newcastle-Erkrankung. Symptome davon sind Atem- und Verdauungsbeschwerden, im fortgeschrittenen Zustand neurologische Ausfallerscheinungen. PMV-3 verläuft in der Regel milder, fällt aber besonders durch die neurologischen Ausfallerscheinungen auf. PMV ist ansteckend und wird vorwiegend über Kot- und Gefiederstaub verbreitet. Die damit zusammenhängenden Erkrankungen verlaufen oft tödlich.

Polyoma

Die Polyomaerkrankung, auch Französische Mauser oder Rennerkrankheit genannt, wird durch das Polyomavirus verursacht. Die Krankheit ist unheilbar und ansteckend. Sie wird durch Kot und Gefiederstaub übertragen. Insbesondere bei Jungtieren führt Polyoma zu plötzlichen Todesfällen, während die Krankheit bei erwachsenen Tieren oft symptomlos verläuft. Solche Tiere werden dann zu sogenannten Virenreservoirs, die völlig gesund wirken, das Virus aber ausscheiden und andere Tiere damit anstecken können. Anzeichen einer Polyomaerkrankung sind Störungen der Federbildung, z.B. verkrüppelte oder verdrehte Federn, sowie Federn, die in den Federschäften stecken bleiben. Auch der Ausfall von Schwung- und Schwanzfedern, Leberschädigungen, die sich durch gelbverfärbte Harnsäure äußern, und zentralnervöse Störungen gehören zum Krankheitsbild.

Polyurie

Die vermehrte Ausscheidung von Flüssigkeit bei normal geformtem Kotstrang wird als Polyurie bezeichnet. Ursache hierfür können z.B. vermehrte Flüssigkeitsaufnahme, Stress, Nierenprobleme und Vergiftungen sein.

Psittakose

Psittakose ist eine meldepflichtige und auch für den Menschen ansteckende und gefährliche bakterielle Infektionskrankheit, die durch Chlamydien verursacht wird.

Wichtige Symptome sind: grün verfärbte Harnsäure, eine gerötete und verdickte Bindehaut, Augen- und dünnflüssiger Nasenausfluss. Gehen Sie unbedingt zum Tierarzt, um dies abzuklären! Bitte schenken Sie den Ammenmärchen keinen Glauben, die besagen, dass an Psittakose erkrankte Papageien sofort eingeschläfert werden. Heutzutage gibt es zuverlässige und zugelassene Behandlungen für an Psittakose erkrankte Tiere. Das Tier aus Angst vor Zwangstötung nicht zum Tierarzt zu bringen, ist gefährlich für seine und Ihre Gesundheit – möglicherweise mit Todesfolge. Außerdem gibt es auch andere Erkrankungen, die ähnliche Symptome hervorrufen können und unbedingt vom Tierarzt behandelt werden müssen.

Achtung! Falls Sie eine langsam anfangende grippeähnliche Erkrankung bekommen mit Glieder- und starken Kopfschmerzen sowie sehr hohem Fieber über 39° C, sollten Sie vorsichtshalber Ihren Hausarzt darauf hinweisen, dass Sie Papageienhalter sind.

Resistenz

Als Resistenz bezeichnet man den Schutz von Organismen gegenüber Infektionen oder Giften. So sind z.B. viele Bakterien gegen die unterschiedlichsten Antibiotika resistent – also widerstandsfähig – geworden, was die Behandlung bestimmter Krankheiten erschwert oder sogar unmöglich macht. Solche Resistenzen entstehen unter anderem durch Mutationen, wenn die Antibiotikagabe unterbrochen und nicht alle Bakterien abgetötet wurden. Deshalb ist es sehr wichtig, dass verschriebene Antibiotika präzise zu den angegebenen Zeiten gegeben werden und die Behandlung wirklich bis zum Schluss durchgeführt wird.

Schreckmauser

Bei plötzlichem Stress und bei Todesangst werfen manche Papageien Federn ab. Bei den kleineren Arten ist oft ein heftiges Ausfallen des Körperdeckgefieders zu beobachten. Bei langschwänzigen Arten, werden oft nur die langen Schwanzfedern spontan abgeworfen. Dies ist ein Schutzmechanismus, um Raubtieren zu entkommen. So wurden z.B. Aras bei einem Angriff von Raubvögeln dabei beobachtet, wie sie sich einfach kopfüber von ihrem Sitzast hängen ließen. Der Raubvogel flog nur mit einer Handvoll Schwanzfedern davon. Für den Vogelbesitzer bedeutet das Risiko einer Schreckmauser, dass er mit schreckhaften Vögeln besonders vorsichtig und rücksichtsvoll umgehen sollte. Leider sind mir auch Fälle bekannt, in denen ein Wutausbruch des Besitzers oder Fangversuche in einer Schreckmauser resultierten. Sie sollten sich darüber im Klaren sein, dass dies bedeutet, dass ein Vogel, der sich so benimmt in Todesangst versetzt wurde.

Sinusitis

Entzündung der Nasennebenhöhlen, die häufig durch Bakterien ausgelöst wird.

Stockmauser

Eine Stockmauser ist eine Störung im normalen Mauservorgang. Sie kann durch vielfältige Ursachen hervorgerufen werden, wie z.B. durch Hormonstörungen, Mangelernährung und chronische Erkrankungen.

Stresslinien

Stresslinien sind querverlaufende, lichtdurchlässige Linien an den Federn. Sie werden hervorgerufen durch: Mangelernährung, Stress, verschiedene Erkrankungen und Gefiederprobleme.

Subkutan

Unter die Haut, z.B. kann eine Infusion bei Vögeln durch eine subkutane Spritze gegeben werden. Die subkutane Verabreichung von Medikamenten ist einfacher und schneller zu bewerkstelligen als die intravenöse. Sie ist relativ schmerzarm.

Sudan-III-Reaktion

Sudan-III ist ein fettlöslicher Azofarbstoff. Durch seine Fähigkeit Fette zu färben, kann man ihn auch dazu benutzen, Fette nachzuweisen.

Terbinafin

Markenname Lamisil. Pilzmittel mit wenig Nebenwirkungen, das in den Schnabel oder per Inhalation verabreicht wird. Es kann allerdings eine längere Anwendung erforderlich sein, bevor eine Besserung eintritt.

Unterflügelsyndrom

Eine bei Papageien häufig unter dem Flügel auftretende Hautinfektion. Betroffen ist eine große Vielfalt von Papageienarten, von Wellensittichen bis hin zu Hyazintharas. Die genaue Ursache ist ungeklärt, aber es wird davon ausgegangen, dass Ernährung, Stress, Genetik, Beeinträchtigungen des Immunsystems und externe Irritationen, z.B. durch das Auftragen von Salben, zu der Erkrankung beitragen können. Stress scheint einer der wichtigsten auslösenden Faktoren zu sein.

Viren

Viren sind kleinste Partikel, die meistens Krankheitserreger sind und Zellen infizieren können. Sie können sich nicht selbst vermehren, sondern benötigen dazu Wirtszellen. Man könnte Viren daher auch als Zellparasiten bezeichnen.

Virenerkrankungen

Es gibt bei Papageien verschiedene Virenerkrankungen, wie z.B. Pacheco, PBFD (Psittacine Beak and Feather Disease), Polyoma, PMV, um nur ein paar der wichtigsten Erkrankungen zu nennen. Fast alle zeichnen sich dadurch aus, dass manche Tiere klinisch erkranken, oft mit Todesfolge, während anderen Tieren nichts anzumerken ist. Das Perfide ist, dass diese gesund wirkenden Tiere Virenreservoirs bilden und andere Tiere anstecken können. Bei diesen kann dann die Krankheit im vollen Zuge zum Ausbruch kommen. Dies gilt besonders für Tiere mit schwachen Abwehrkräften, wie z.B. Vögel, die sehr alt, sehr jung, gestresst, fehlernährt, falsch gehalten oder bereits krank sind.

Hinzu kommt, dass einige dieser Krankheiten hochansteckend und derzeit nicht heilbar sind. Das heißt, Sie können nur Symptome und Sekundärerkrankungen behandeln sowie allgemeine Maßnahmen zur Unterstützung des Immunsystems durchführen. Die eigentliche Krankheit entzieht sich jedoch unserem Zugriff. Die wichtigste Ansteckungsursache für diverse Virenerkrankungen sind andere Papageien. Insbesondere neue Tiere, die in den Bestand aufgenommen werden, ohne tierärztliche Übernahmeuntersuchung und ausreichende Quarantäne durchzuführen, bilden eine Gefahr für bereits vorhandene Tiere. Deshalb ist es von herausragender Bedeutung, dass Sie neu akquirierte Tiere, bevor sie auch nur in die Nähe Ihrer Alttiere kommen, gründlich von einem vogelkundigen Tierarzt untersuchen lassen und eine strikte Quarantäne einhalten, bis die Untersuchungsergebnisse vorliegen.

Zyanose

Als Zynose beschreibt man die Blaufärbung von Haut oder Schleimhäuten infolge von Sauerstoffmangel. Bei an Aspergillose erkrankten Papageien kann man dies bei manchen Arten an unbefiederten Hautstellen, z.B. an den Füßen oder an der weißen Haut um die Augen, sehr gut sehen. Insbesondere bei Stress verfärbt sich die Haut an diesen Stellen bläulich.

13. Bibliografie

ABRAMSEN, Joanne; THOMSEN, Jorgen B.; MELLO, Marsha. The Large Macaws. Their Care, Breeding and Conversation. 1. Auflage. Raintree Publications, 1996

AENGUS, Wendi L.; MILLAM, James R. Taming parent-reared orange-winged amazon parrots by neonatal handling. Zoo Biology 18, 177-187, 1999

BALHAK, Silvia. Stellungnahme zur Handaufzucht bei Papageien. Tierärztliche Vereinigung für Tierschutz e.V. TVZ, 2006

BIESALSKI, H.K.; GRIMM, P. Taschenatlas der Ernährung. 3. Auflage. Georg Thieme Verlag, 2004

BOEHRICKE, William. Handbuch der homöopathischen Materia medica. Karl F. Haug Verlag, 2004

BROWN, Danny. Under the Microscope. Use and Pathogen Identification in Birds and Reptiles, Abk Pubns, Taschenbuch 2003

COLLETE, J.C.; MILLAM, J.R.; KLASING, K.C.; WAKENELL, P.S. Neonatal handling of Amazon parrots alters the stress response and immune function. Applied Animal Behaviour Science, 2000

Consilium Cedip Practicum. Handbuch für Diagnose und Therapie. 28. Auflage. JMS Verlag, 2005

DAUBORN, Sylvia. Lehrbuch für Tierheilpraktiker, Sonntag, 2000

DOANE, Bonnie Munro; VOGEL, Martha. The Parrot in Health and Illness. An Owner´s Guide. Prentice Hall, 1991

Dorenkamp, Bernard. Natural Health Care for your Bird. Barron's, 1998

DÜHR, Doris. Notfallhilfe für Papageien. Arndt Verlag

ENGEL, Cindy. Wild Health, English edition, Phoenix Press, 2003

GARNER, J.P.; MEEHAN, C.L.; FAMULA, T.R.;MENCH, J.A. Genetic, environmental, and neighbor effects on the severity of stereotypies and feather picking in Orange-winged Amazon parrots (Amazona amazonica). An epidemiological study. Applied Animal Behaviour Science 96, 153-168, 2006

GIENOW, Peter. Homöopathische Miasmen: Die Psora. Ein Lern- und Praxisbuch. Johannes Sonntag Verlagsbuchhandlung, 2000

HARRISON; LIGHTFOOT. Clinical Avian Medicine. Vol. 1-2. Spix Publishing, 2006

HAWCROFT, Tim. First Aid for Birds: The Essential Quick-Reference Guide, Howell Book House, 1994

HIGDON, Pamela L. Holistic Care for Birds: A Manual of Wellness and Healing, Howell Book House Inc. U.S., 2000

KALETA, Erhard F; KRAUTWALD-JUNGHANNS, Marie-Elisabeth. Kompendium der Ziervogelkrankheiten: Papageien, Tauben, Sperlingsvögel. Für Studium und Praxis, 1. Auflage. Schlütersche, 1999

KLASING, Kirk C. Comparative Avian Nutrition. CABI Publishing, 1998

KÜBLER, Heidi. Bach-Blüten-Therapie in der Tiermedizin. Grundlagen und Praxis. Sonntag, 1999

LIPPE, Adolph. Handbuch homöopathischer Charakteristika. Karl F. Haug Verlag, 2003

LOGAN, Robin. Ekzeme – homöopathisch behandelt. Sonntag, 2003

MCWATTERS, Alicia. A Guide to a Naturally Healthy Bird: Nutrition, Feeding and Natural Healing Methods for Parrots, Revidierte Auflage, Safe Goods Publishing, Taschenbuch 1997

MCCLUGGAGE, David; LEIS HIGDON, Pamela. Holistic care for birds. A Manual of Wellness and Healing. Howell Book House, 1999

MEEHAN, C.L.; Garner, J.P.; MENCH, J.A. Isosexual pair housing improves the welfare of young Amazon parrots. Applied Animal Behaviour Science 81, 73-88, 2003

PEES, Michael. Leitsymptome bei Papageien und Sittichen. Diagnostischer Leitfaden und Therapie. 1. Auflage. Enke, 2004

PEPPERBERG, Irene M. The Alex Studies. Cognitive and Communicative Abilities of Grey Parrots. 1. Auflage. Harvard University Press, 2000

Pschyrembel. Klinisches Wörterbuch. Walter de Gruyter, 2004

RACH, Julie Ann. First Aid for Birds (Owner´s Guide to a Happy, Healthy Pet), Howell Books, 1998

RUPP, Peter. Consilium Cedip compact Notfallmedizin. Handbuch für den Bereitschaftsdienst. CEDIP, 2003

SCHEFFER, Mechthild. Bach Blütentherapie. Theorie und Praxis.

SCHMIDT, Rachel. The Influence of Breeding Methods on the Behaviour of adult African Grey Parrots. Universität Bern, Inaugural Dissertation, 2004

SCHROYENS, Frederik. Synthesis. Repertorium homoeopathicum syntheticum. Edition 9.1. Hahnemann Institut für homöopathische Dokumentation, 2005

SHETTY, Prakash S. Diet, Nutrition and Chronic Disease: An Asian Perspective, Smith-Gordon & Co Ltd., 1998

SONNENSCHMIDT, Rosina. Kraulschule für zahme Vögel. Akupressur und andere Heilmethoden. Ulmer, 1997

SONNENSCHMIDT, Rosina. Ganzheitliche Vogeltherapie mit Homöopathie und TCM. Sonntag, 2001

SOUCI; FACHMANN; KRAUT. Lebensmitteltabelle für die Praxis, Deutsche Forschungsanstalt für Lebensmittelchemie, 2003

STEINGASSNER, Hans Martin. Homöopathische Materia medica für Veterinärmediziner. 3. Auflage. Verlag Wilhelm Maudrich, 2004

WEDEL, Angelika. Ziervögel. Parey, 1999

WIESENAUER, M.; ELIES, M. Homöopathische Praxis, Memorix. Hippokrates, 2001

Lories am Nektarnapf

Die Vogelschule
Clickertraining
Ann M. Castro
Mit extra Kapitel: Zähmen
für Papageien, Sittiche und andere Vögel
DVS

Die Vogelschule
Mehr Clickertraining
Ann M. Castro
Beinhaltet: Pflegemaßnahmen
Band II
für Papageien, Sittiche und andere Vögel
DVS

Die Vogelschule
Beißen & Aggressionen
Ann M. Castro
Band III
Probleme lösen mit Clickertraining
bei Papageien, Sittichen & anderen Vögeln
DVS

Die Vogelschule
Schreien & Kreischen
Ann M. Castro
Probleme lösen mit Clickertraining
Band IV
bei Papageien, Sittichen und anderen Vögeln
DVS

Die Vogelschule
Gesundheitspass
Ann M. Castro
für Papageien, Sittiche und andere Vögel
DVS

Ann M. Castro
Papageiengeflüster
Geschichten aus der Vogelschule
DVS

Ann M. Castro
Costa Rica
Heimat der Papageien
Die Vogelschule auf Reisen
DVS

Ann M. Castro
Die Papageienflüsterin
Mehr Geschichten aus der Vogelschule
DVS

Ann M. Castro
Das Papageienparadies
Neue Geschichten aus der Vogelschule
DVS

Publikationen von Ann Castro

Aus der Vogelschule-Serie

Clickertraining für Papageien, Sittiche und andere Vögel (Band I)

Das Clickertrainingbuch für Einsteiger erklärt, wie Clickertraining funktioniert. Es führt Sie Schritt für Schritt durch alle Anfängerübungen und zeigt Ihnen, wie Sie Ihren Vögeln nützliche und unterhaltsame Verhaltensweisen beibringen können. Das Training wird Ihnen und Ihren Vögeln garantiert Spaß machen und Ihre Beziehung festigen.
Taschenbuch, ISBN-13: 978-3939770015

Mehr Clickertraining für Papageien, Sittiche und andere Vögel (Band II)

Wenn Sie Lust auf mehr Clickertraining haben, zeigt Ihnen dieses Buch fortgeschrittene Übungen wie zum Beispiel Namen lernen, Auf Deinen Platz, Bleib, In den Käfig, Füßchen geben, Apportieren, Such-Verloren, In die Transportbox gehen, Krallen schleifen, Aus der Spritze trinken, Fuß untersuchen und behandeln, Drei-Finger-Griff, Flügel untersuchen.
Taschenbuch, ISBN-13: 978-3939770060

Beißen & Aggressionen. Probleme lösen mit Clickertraining (Band III)

Papageienexpertin Ann Castro erläutert Ihnen in diesem Verhaltenstherapiebuch für beißende oder aggressive Papageien und Sittiche, wie Sie mithilfe des Clickertrainings Ihren Papagei oder Sittich bei sich zu Hause selbst therapieren können.
Taschenbuch, ISBN-13: 978-3939770442

Schreien & Kreischen. Probleme lösen mit Clickertraining (Band IV)

Papageienexpertin Ann Castro erläutert Ihnen in diesem Verhaltenstherapiebuch für schreiende oder kreischende Papageien und Sittiche, wie Sie mithilfe des Clickertrainings Ihren Papagei oder Sittich bei sich zu Hause selbst therapieren können.
Taschenbuch, ISBN-13: 978-3939770480

Gesundheitspass für Papageien, Sittiche und andere Vögel

Der Gesundheitspass erlaubt Ihnen, alle wichtigen gesundheitlichen Informationen zu Ihren Vögeln auf einen Griff zur Hand zu haben. Es werden alle erforderlichen Untersuchungen detailliert aufgeführt sowie Erkrankungen und Unfälle. Abgerundet wird der Gesundheitspass mit einer fünfjährigen wöchentlichen Gewichtstabelle.

Taschenbuch, ISBN-13: 978-3939770046

Aus der Geschichten-aus-der-Vogelschule Serie

Die bekannte Papageienexpertin und -buchautorin Ann Castro erzählt auf amüsante Weise aus den Anfangsjahren ihres Lebens mit Papageien. Eindrucksvoll schildert sie den Einsatz für jedes einzelne Papageienleben. Sie beschreibt, wie diese intelligenten Tiere dies mit tiefer Zuneigung honorieren. Ob Buchhalter, Mauerblümchen oder Klassenclown – wir lernen Papageien in diesem Buch nicht nur als Tiere, sondern als eigenständige Persönlichkeiten kennen, die eine interaktive Beziehung mit ihrem Menschen aufbauen.

Papageiengeflüster. (Band I)
Geschichten aus der Vogelschule
Taschenbuch, ISBN-13: 978-3939770282

Costa Rica. Heimat der Papageien. (Band Ia)
Die Vogelschule auf Reisen
Taschenbuch, ISBN-13: 978-3939770404

Die Papageienflüsterin. (Band II)
Mehr Geschichten aus der Vogelschule
Taschenbuch, ISBN-13: 978-3939770329

Das Papageienparadies. (Band III)
Neue Geschichten aus der Vogelschule
Taschenbuch, ISBN-13: 978-3939770367

Unter dem Namen Anna G. Shiney

Clickertraining für Ihre Wünsche:
Behandeln Sie das Universum wie einen Hund!

Verwenden Sie die Prinzipien des Clickertrainings, um erfolgreich Ihre Wünsche zu manifestieren.
ISBN-13: 978-3939770756

Meine Publikationen gibt es größtenteils auch als kostengünstige Ebook-Ausgaben (Kindle, epub und PDF).

FSC
www.fsc.org
MIX
Papier | Fördert
gute Waldnutzung
FSC® C083411

Kolibri 360 GmbH
Ferdinand-Jühlke-Straße 7
99095 Erfurt, Deutschland
produktsicherheit@kolibri360.de